无机非金属材料实验技术

高里存　任　耘　编著

北　京
冶　金　工　业　出　版　社
2008

内 容 提 要

本书内容包括：实验方案的设计及数据处理，各种实验设备、温度测量及控制，制样设备和试样的采取与制备，耐火材料实验原理及影响实验结果的因素，耐火材料性能实验，材料光学显微分析方法，近代测试方法实验，综合设计性实验等，力求使无机材料实验从实验技术到内容、方法构成了一个有机的完整体系。

本书内容丰富，实用性强，可供无机非金属材料专业的技术人员阅读，也可作为高校无机非金属材料专业本科生、大专生试用教材，也可供相关专业科研、技术人员参考使用。

图书在版编目(CIP)数据

无机非金属材料实验技术/高里存等编著．—北京：冶金工业出版社，2007.3（2008.8 重印）

ISBN 978-7-5024-4223-1

Ⅰ．无…　Ⅱ．高…　Ⅲ．无机材料：非金属材料—实验　Ⅳ．TB321.02

中国版本图书馆 CIP 数据核字（2007）第 030817 号

出 版 人　曹胜利

地　　址　北京北河沿大街嵩祝院北巷 39 号，邮编 100009

电　　话　(010)64027926　电子信箱　postmaster@cnmip.com.cn

责任编辑　章秀珍　美术编辑　李　心　版式设计　张　青

责任校对　刘　倩　李文彦　责任印制　牛晓波

ISBN 978-7-5024-4223-1

北京鑫正大印刷有限公司印刷；冶金工业出版社发行；各地新华书店经销

2007 年 3 月第 1 版，2008 年 8 月第 2 次印刷

850mm × 1168mm　1/32；10.25 印张；274 千字；310 页；3001-6000 册

28.00 元

冶金工业出版社发行部　电话：(010)64044283　传真：(010)64027893

冶金书店　地址：北京东四西大街 46 号(100711)　电话：(010)65289081

（本书如有印装质量问题，本社发行部负责退换）

前　言

无机非金属材料的科学技术与实验科学密切相关，材料的各项性能指标现阶段仍然依靠实验测试获得。因为任何一种新材料的诞生都离不开实验研究，任何一种新技术、新工艺的开发也离不开实验研究。作为无机非金属材料科学技术工作者，必须具备一定的实验设计知识，掌握实验技术，熟悉实验原理和操作技能，处理实验数据，分析实验结果和编写实验报告。通过这门课程的学习，使学生进一步巩固和应用学到的材料科学与工程方面的基本理论，掌握材料制备与材料性能测试的基本知识和基本技能，培养和提高学生的自学、动手、创新能力，为研究开发新材料、检测新材料和生产材料及合理应用材料打好基础，达到培养学生从事科学研究能力的目的。

本书内容包括：实验方案的设计及数据处理，各种实验设备、温度测量及控制，制样设备和试样的采取与制备，耐火材料实验原理及影响实验结果的因素，耐火材料性能实验、材料光学显微分析方法、近代测试方法实验、综合设计性实验等。实验教学课应处理好与理论教学课的关系，应建立独立的实验教学体系，使无机材料实验从实验技术到内容等，构成一个有机的完整体系，全书特别配备了各种实验方法的应用举例，并尽可能取材于科研实例，反映了实验过程最本质的规律。全书体现了以突出应用和实验方法为重点的特点，不仅便于学生自学，而且有利于学生整体科研素质的培养和提高。

本书由西安建筑科技大学的教师编写，参编人员有：前言、目录、第1章、第2章1～2节、8～9节、第3章、第4章、第5章8～14节、第8章1～2节、4～5节由高里存编写；第6章、第7章及附录2、3由任耘编写；第2章3～7节、第5章1～7节及附录1由武志红编写；第8章3节由尹洪峰编写。全书由高里存统稿定稿。尹洪峰教授对本书提出了修改意见，在此表示感谢。

本书是编者结合多年教学与科研工作的体验，并参考了有关文献资料编写而成。在此谨向所有文献资料作者致以衷心感谢！限于篇幅，所用参考文献未能悉数列出，祈请未予列入的作者谅解，并深致歉意。

由于编者学识所限，尤其将实验技术与实验相关的基础知识及各项实验融为一体尚属初试，难免有不妥之处，敬请读者批评指正。

编 者
于西安建筑科技大学

目　录

1 实验方案的设计及数据处理

1.1 实验设计的必要性

在耐火材料的生产和科研中,对耐火材料工艺参数及制品性能方面要做许多实验。实验方案设计得好,就能以较少的实验次数得到满意的结果,如果实验方案设计得不好,不仅实验次数多,而且结果还不一定满意。因为实验次数多,必然浪费大量的人力、物力,有时由于实验时间拖长,实验条件的改变,也会使实验失败。因此,如何合理地设计实验方案是很值得研究的一个问题。

【例 1】 设有 3 个镁炭砖配方 A、B、C,拿到耐火厂去进行生产试验,以比较鉴别其质量优劣。

一种方法是把 3 个配方分别送到 3 个耐火厂去进行试制生产,结果配方 A 的质量高,配方 B 次之,配方 C 最差,那么能否下结论说配方 A 的质量最好呢?仔细考虑一下就会发现,3 个配方分到 3 个耐火厂去试验,3 个耐火厂的工艺包括成型压力,打击次数、混练时间是不同的,那么配方 A 的质量高不一定说明配方 A 最好,因为这里配方好坏与工艺因素混在一起了。如果结论是配方 A 最好,那就可以下结论了。

至于 3 个耐火厂都对 3 个配方进行试验,结果是 3 个耐火厂得出的结论各不相同,这又如何比较鉴别呢?这是不同的配方和不同的工艺是否相适应的问题,这种情况在耐火材料工艺和生产上是存在的,如要进一步做试验,那就要把 3 个耐火厂的工艺进行对比试验,从中找出工艺因素与原料配方之间是否适应的原因来。

耐火材料实验中经常遇到的是多因素问题,如何在较少的实验次数下,得出较全面的结论,先看下面的简单例子。

【例 2】 某厂欲提高不烧复合镁炭砖的质量,对配方中的三种添加剂最佳加入量进行实验。

1.1.1 因素位级

因素位级见表 1-1。

在表 1-1 的多因素问题中，如何用较少的实验次数，又能得出全面的结论，这就需要用科学的方法进行合理的安排。采用二位级三因素的正交实验，即可得出满意的结果。

表 1-1 因素位级表

因素 / 位级	Al_2O_3 超细粉（<1 μm）(A)	Si (B)	SiC (C)
1	A_1	B_1	C_1
2	A_2	B_2	C_2

1.1.2 实验计划和实验结果

实验计划和实验结果见表 1-2。

表 1-2 实验计划与实验结果

实验号	实验计划			实验结果			
	Al_2O_3 超细粉(A)	Si (B)	SiC (C)	显气孔率/% a	体积密度 $/g\cdot cm^{-3}$ b	耐压强度 /MPa c	烘干后抗折强度/MPa d
1	A_1	B_1	C_1	2.1	2.89	48.9	18.6
2	A_2	B_2	C_2	2.4	2.86	47.4	17.6
3	A_3	B_3	C_3	2.6	2.86	45.9	17.2
4	A_4	B_4	C_4	2.2	2.88	48.1	18.3

1.1.3 数据处理

$(-a+b+c+d)$即试验结果之和（各指标综合评比法）

1 号 68.29　2 号 65.46　3 号 63.36　4 号 67.08

1.1.4 结果分析

通过比较上述 4 个实验结果,可得出最好配方为 $A_1B_1C_1$。

按照该配方生产的不烧复合镁碳砖具有抗渣性好,抗冲刷性好,抗热震性优良等优点,在上钢五厂 15 t 转炉上砌炉,最高使用寿命为 1698 炉,使吨钢耐材消耗从 22~24 kg 降到 20 kg。

【例 3】 某厂想增加镁铬砖中废料使用量,以降低生产成本,进行正交实验设计。

(1) 主攻目标:

1) 寻求最佳工艺,增加废料使用量,降低生产成本。

2) 实验指标:荷重软化温度不小于 1560℃,耐压强度不小于 20 MPa。

(2) 因素位级:

1) 影响制品荷重软化温度、耐压强度的因素很多,如原料、配料、混练、成型、烧成等,但影响本实验指标的主要因素是配料,因而选取如下的因素及其位级,见表 1-3。

表 1-3 因素位级表

因素 / 位级	废镁铝料加入量/% A	废镁铬料加入量/% B	纸浆废液加入量/% C
1	5	15	2.3
2	10	20	2.5
3	15	25	2.7

2) 正交表的选择 $L_9(3^4)$正交表,见表 1-4。

表 1-4 $L_9(3^4)$正交表

位级 / 实验号	因素			
	1	2	3	4
1	1	1	1	1
2	1	2	2	2

续表 1-4

实验号 \ 位级	因素 1	因素 2	因素 3	因素 4
3	1	3	3	3
4	2	1	2	3
5	2	2	3	1
6	2	3	1	2
7	3	1	3	2
8	3	2	1	3
9	3	3	2	1

(3) 实验安排和实验结果,见表 1-5。

表 1-5　实验安排和实验结果

实验号 \ 位级 \ 因素	废镁铝料/% A		废镁铬料/% B		纸浆废液/% C		实验结果	
							荷重软化温度/℃	耐压强度/MPa
1	(1)	5	(1)	15	(1)	2.3	1620	43.3
2	(1)	5	(2)	20	(2)	2.5	1610	42.0
3	(1)	5	(3)	25	(3)	2.7	1570	38.4
4	(2)	10	(1)	15	(2)	2.5	1610	41.2
5	(2)	10	(2)	20	(3)	2.7	1630	47.8
6	(2)	10	(3)	25	(1)	2.3	1560	39.5
7	(3)	15	(1)	15	(3)	2.7	1610	42.3
8	(3)	15	(2)	20	(1)	2.3	1590	41.4
9	(3)	15	(3)	25	(2)	2.5	1550	39.5

(4) 结果分析:根据直观分析,由表 1-5 的实验结果直接比较得第 5 号实验最好,因为此方案符合荷重软化温度较高,耐压强度越大,产品质量越好的要求。

故可得最佳配方为:镁铝质废料 10%,镁铬质废料 20%,纸浆废液 2.7%。

从该试验也可看出,泥料组成(即配方)的变化对制品的性能影响很大,它是影响制品质量的主要因素。

鞍钢耐火厂为了提高镁铝炉顶砖的耐崩裂性,利用正交实验法寻求最佳工艺参数,选用 $L_{16}(4^4 \times 2^3)$ 正交表进行试验,据测试结果,得出以下五种情况为最佳工艺条件:砖料粒度 3~1 mm 的颗粒为 60%~65%;砖中 Al_2O_3 含量为 8%;成型体积密度为 3.0 g/cm³;烧成温度大于 1550℃,保温时间 18 h;或烧成温度大于 1600℃,保温时间 2 h。同时从实验结果中看出:砖中 Al_2O_3 含量的波动对耐崩裂性的影响最大,砖料粒度与砖坯成型密度居中,烧成温度与保温时间的影响最小。

综上所述,我们明白了实验设计是数理统计的一门重要分支,其主要内容是讨论实验的合理安排以及实验后的数据分析处理。正交实验法可用来解决耐火材料科研、生产实验中的多因素、多水平、多指标问题。

1.2 正交实验法

正交实验法的理论、方法有关课程中已介绍,下面以一个科研实验的全过程介绍正交实验法在耐火材料科研中的实际应用。

【例 4】 试制宝钢二期工程焦炉用硅砖,要求其技术指标不能低于日本硅砖标准(MS 标准)。

(1) 主攻目标:达到宝钢一期工程焦炉用硅砖质量技术标准(日本硅砖 MS 标准),赶超世界先进水平。

(2) 现状调查及原因分析:1983~1984 年焦炉硅砖主要质量指标特性值见表 1-6。

表 1-6 1983~1984 年焦炉硅砖主要质量指标特性值

产品规格	GB2605—1981 JG-93 焦炉用炉壁硅砖								
特性值名称	SiO_2/%	Al_2O_3/%	Fe_2O_3/%	气孔率/%	常温耐压强度/MPa	真密度/g·cm^{-3}	荷重软化温度/℃	耐火度/℃	热膨胀率(1000℃)/%
GB 技术标准	≥93			≤23	≥25	≤2.36	1620	1690	
MS 技术标准	≥93			≤22	≥35	≤2.34	1580	1710	1.25

续表 1-6

产品规格			GB2605—1981	JG-93 焦炉用炉壁硅砖							
特性值名称			SiO_2/%	Al_2O_3/%	Fe_2O_3/%	气孔率/%	常温耐压强度/MPa	真密度/$g \cdot cm^{-3}$	荷重软化温度/℃	耐火度/℃	热膨胀率(1000℃)/%
特性数值	N	1983 年	9	9	9	42	15	57	12	12	
		1984 年	8	7	7	33	7	36	4	8	
	$\bar{x}$	1983 年	95.01	0.42	1.44	18.8	41.8	2.35	1660	1710	1.29
		1984 年	95.49	0.43	1.23	19.55	36.5	2.35	1663	1710	1.29
	S	1983 年	0.45	0.039	0.173	2.30	11.6	0.02		2.887	
		1984 年	0.23	0.094	0.18	1.77	8.1	0.01	5	5.35	
	R	1983 年	1.05	0.12	0.57	5	36.8	0.04	20	10	
		1984 年	0.54	0.30	0.49	9	17.8	0.04	10	20	

由表 1-6 可看出炉壁砖七项主要指标中有五项达到 MS 标准,有两项指标未达到 MS 标准。耐压强度虽然达标,但波动较大不可忽视。

差距按主次排队,真密度是主攻方向,是试制宝钢二期工程焦炉用硅砖的关键,而热膨胀率与真密度有关,不需另采取措施。耐压强度波动,靠稳定工艺,保证制品的体积密度,减少波动范围来解决。

依据工艺理论与生产实践经验,分析与真密度有关的工艺因素(原料、配料、混合、成型烧成)等工序,得出降低真密度的着眼点,应放在配料和烧成两大工序上。即配料工序中临界粒度的大小,细粉加入量,废砖加入量,矿化剂数量和烧成工序中最高烧成温度及该温度下的保温时间是影响真密度的主要因素。

(3) 相关分析:为找出各工艺因素对真密度的影响程度,首先进行单因素相关分析以确定合理的位级。

$$\bar{x}(\text{样本均值}) = \frac{1}{n}\sum_{i=1}^{n} x_i$$

式中　n——样本数。

$$S(\text{标准差}) = \sqrt{\frac{1}{n-1}\sum_{i=1}^{n}(x_i - \bar{x})^2}$$

$$R(极差)=x_{max}-x_{min}$$

1) 硅石骨料粒度－真密度关系，如图 1-1 所示。

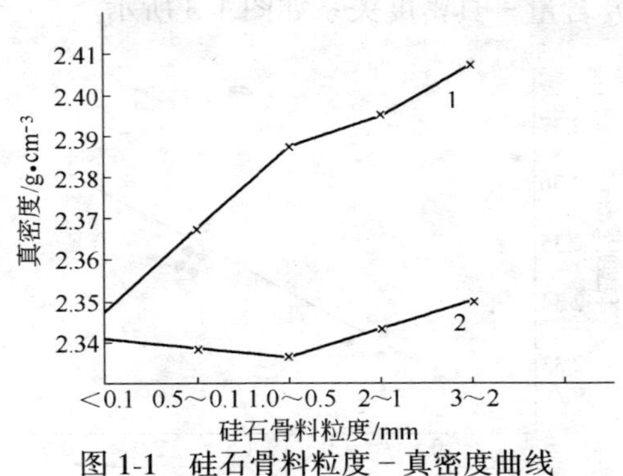

图 1-1 硅石骨料粒度－真密度曲线

1—1400℃；2—1420℃

说明：在配料中按上述各种颗粒过筛后加入 30％细粉（即颗粒料加入量为 70％），制成样块经 1400℃和 1420℃焙烧后，检验其真密度（去掉加入细粉的因素）得出本曲线。图 1-1 说明：①在相同温度下，制砖坯料中骨料临界粒度愈大真密度愈高；②骨料临界粒度相同，温度愈高，制品真密度愈低。

2) 加入废砖量－真密度的关系（见图 1-2）。

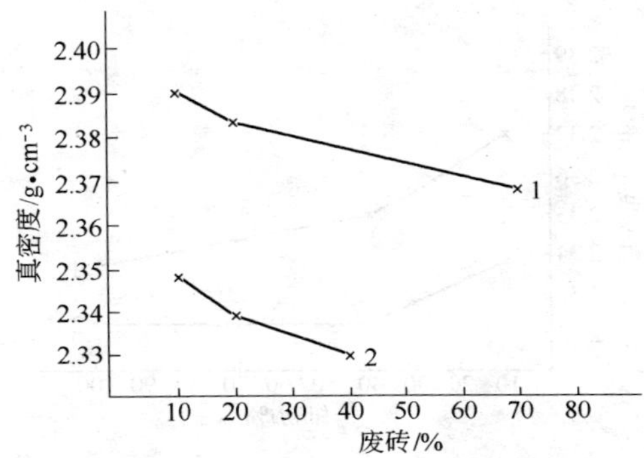

图 1-2 加入废砖量－真密度曲线

1—1400℃；2—1420℃

图 1-2 说明:①相同温度下制品中废砖加入量愈多真密度愈低;②在制品中加入相同量的废砖,则温度愈高,真密度愈低。

3) Fe_2O_3 含量 - 真密度关系如图 1-3 所示。

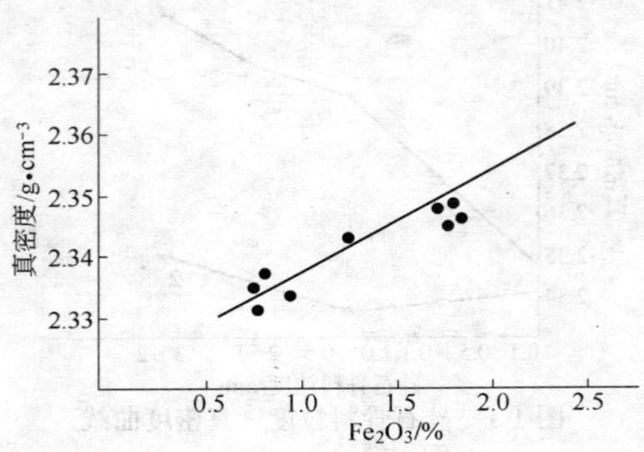

图 1-3　Fe_2O_3 含量 - 真密度曲线(散布图)

图 1-3 说明:①焦炉硅砖中 Fe_2O_3 含量和真密度关系密切,Fe_2O_3 含量愈高,则真密度愈高。因此必须控制 Fe_2O_3 含量不超过 1.2%。宝钢引进日本黑崎产品 Fe_2O_3 仅为 0.5%,该厂试制品目前为 1%左右。

4) 加入细粉量 - 真密度关系如图 1-4 所示。

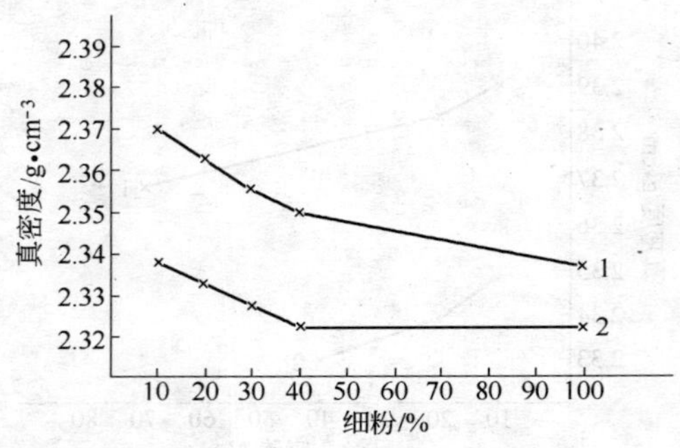

图 1-4　加入细粉量 - 真密度曲线

1—1400℃;2—1420℃

图 1-4 说明:①相同温度下硅质制品中,细粉愈多则真密度愈低。②细粉加入量相同,则温度愈高真密度愈低。

根据以上分析结果,选取表 1-7 的因素位级进行正交实验。

(4) 程序设计:

1) 因素位级见表 1-7。

表 1-7 因素位级

位级＼因素	临界粒度/% >2 mm	细粉加入量/% <1 mm	矿化剂 Fe_2O_3/%	烧成温度含保温时间/℃,h
1	20	20	0.8	1400,38
2	15	30	1.5	1400,35
3	10	40	1.2	1420,42

注:选用 $L_9(3^4)$正交表。

2) 实验安排与实验结果见表 1-8。

极差 R 的大小反映了相应因素作用的大小,极差大的因素通常是主要因素,反之亦然。由表 1-8 看出降低真密度的关键因素是烧成温度(含保温时间),其次是小于 0.1 mm 的细粉加入量。直接看结果 8 号最好。对于正交实验还可根据Ⅰ、Ⅱ、Ⅲ计算的大小来决定。本实验要求指标越小越好,则取Ⅰ、Ⅱ、Ⅲ中最小者所对应的位级,即 A_2、B_3、C_1、D_3 为较优生产条件。

表 1-8 实验安排与实验结果

实验号＼位级＼因素	细粉加入量/% <0.1 mm	临界粒度/% >2 mm	Fe_2O_3/%	烧成温度(含保温时间)/℃,h	实验结果
	A	B	C	D	真密度 /$g\cdot cm^{-3}$
1	20(1)	20(1)	0.8(1)	1400,38(1)	2.378
2	20(1)	15(2)	1.5(2)	1400,35(2)	2.383
3	20(1)	10(3)	1.2(3)	1420,42(3)	2.338
4	30(2)	20(1)	1.5(2)	1420,42(3)	2.338
5	30(2)	15(2)	1.2(3)	1400,38(1)	2.369

续表 1-8

实验号 \ 位级 \ 因素	细粉加入量/% <0.1 mm	临界粒度/% >2 mm	Fe_2O_3/%	烧成温度(含保温时间)/℃,h	实验结果
	A	B	C	D	真密度 /g·cm^{-3}
6	30(2)	10(3)	0.8(1)	1400,35(2)	2.362
7	40(3)	20(1)	1.2(3)	1400,35(2)	2.375
8	40(3)	15(2)	0.8(1)	1420,42(3)	2.332
9	40(3)	10(3)	1.5(2)	1400,38(1)	2.368
Ⅰ	7.099	7.091	7.072	7.115	因素主次 DABC 较优生产条件: $A_2B_3C_1D_3$
Ⅱ	7.069	7.084	7.089	7.120	
Ⅲ	7.075	7.068	7.082	7.008	
R	0.03	0.023	0.017	0.112	

表中Ⅰ表示每列中凡是对应(1)的实验数据相加,如 A 列Ⅰ= 2.378+2.383+2.338=7.099,D 列Ⅰ=2.378+2.369+2.368=7.115,Ⅱ、Ⅲ的意义相同。R 是Ⅰ、Ⅱ、Ⅲ的最大值与最小值之差。

如:B 列 $R=7.091-7.068=0.023$

看一看好条件为 8 号实验:即小于 0.1 mm 40%,大于 2 mm 15%,Fe_2O_3 0.8%,烧成最高温度 1420℃,并保温 42 h。

算一算好条件为 A_2、B_3、C_1、D_3,即小于 0.1 mm 30%,大于 2 mm 10%,Fe_2O_3 0.8%,烧成最高温度 1420℃,并保温 42 h。

算一算的目的是为了展望一下更好的工艺条件,因此算一算的好条件还只是一种可能的好配合,当然在选最佳生产条件时,还应考虑因素的主次。对于主要因素,一定要按有利于指标的要求选取该因素的位级。

(5) 工业试验:根据小试阶段所得出的初步结论,先后进行 5 次工业试验,5 次工业试验的工艺参数及质量指标见表 1-9。

表 1-9 5 次工业试验工艺参数与质量指标

工艺参数与指标＼试验次数	第 1 次	第 2 次	第 3 次	第 4 次	第 5 次	
<2 mm/%	70	70	50	60	70	60
<0.1 mm/%	15	15	25	20	15	20
<5 mm/%(废砖)	15	15	25	20	15	20
铁鳞/%	0.5	0.5	0.5	0.5	0.5	0.5
纸浆废液/%	0.5	0.5	0.5	0.5	0.5	0.5
三聚磷酸钠/%	—	—	—	0.2	—	—
最高烧成温度及保温时间/℃,h	1400,36	1430,36	1415,39	1420,36	1420,39	
真密度≤2.34 g/cm³ 所占/%	0	93	61	78	98.5	98.5
产品合格率/%	79	66	88.6	87	93.8	90.5

第 5 次工业试验泥料粒度组成(平均值)见表 1-10。

表 1-10 第 5 次工业试验泥料粒度组成(%)

编号＼粒度	>2 mm	2~1 mm	1~0.5 mm	0.5~0.1 mm	<0.1 mm
715	11.1	15.1	12.3	27.5	34
622	11.2	13.5	11.1	28.5	35.8

注:715 配方即小于 2 mm 骨料 70%,小于 0.1 mm 细粉 15%,小于 5 mm 废砖 15%。

现将 5 次批量生产情况做如下分析:

1) 第 1 次试验合格率较低,由于采用现行的焙烧制度,最高焙烧温度仅 1400℃,故真密度及热膨胀率均未达到预期效果。

2) 第 2 次试验把焙烧温度提高到 1430℃,真密度虽明显降低,但却带来大量的裂纹废品,合格率下降到 66%。

3) 第 3 次试验主配方将细粉和废砖的加入量分别提高到 25%,并将焙烧温度调整到 1415℃,将保温时间延长到 39 h,虽然各项指标基本达到试验要求。但真密度平均值仅为 2.34 g/cm³,且标准偏差较大,2.34 g/cm³ 以下者占 61%。

4) 第 4 次试验为了减少裂纹和提高成型效率,又调整了配料比和焙烧温度，由于部分配方中加入 $Na_5P_3O_{10}$（三聚磷酸钠）产生网状裂纹，合格率仍不理想，真密度标准偏差仍较大。

5）在综合前 4 次试验结果的基础上，取长补短，进行了第 5 次实验，结果较理想，各项指标全部达到 MS 标准。真密度接近宝钢一期用砖实际水平。

(6) 结论：

1）用铁门硅石可制出符合 MS 标准的优质焦炉硅砖，通过工艺实验和批量生产已获得成功。

2）工艺上的关键因素在于选择砖料的颗粒组成及焙烧制度，可归纳为下列两点：

① 硅石骨料大于 2 mm 加入 10%，细粉加入 20%，废砖加入 15%～20%为宜。

② 最高烧成温度不低于 1420℃，保温时间 39 h 以上。

根据上述主要工艺参数制订的宝钢二期工程焦炉用硅砖的生产操作要点，可制出达到 MS 标准的优质焦炉硅砖。

通过上述四个例子，既了解了实验为什么要设计，同时也初步掌握了正交实验法。实验设计是数理统计的一个分支，而正交实验法仅是实验设计的一种方法，是在生产实际中应用最广泛的一种方法，我们必须予以掌握和应用。

1.3　回归分析实验法——直线关系式的建立

在设计实验方案和分析实验数据时，经常遇到两个变量的测定值。例如耐火材料的气孔率与常温耐压强度；抗压强度与抗折强度；气孔率与抗热震性；成型压力与制品体积密度；硅砖真密度与最高烧成温度（含保温时间）等，希望能找到两个变量之间的关系，并建立两个变量间的经验相关公式，也就是常说的配经验直线或找经验公式的问题。

两个变量间最简单的关系是直线关系，其通式为：

$$y = a + bx$$

式中　y——因变量；

x——自变量;

a——常数或截距;

b——回归系数或斜率。

下面介绍建立两个变量间直线关系式的几种方法。

1.3.1 作图法

【例5】 测得某耐火制品的耐压强度(八组)与抗折强度(八个)对应值见表1-11。

表1-11 耐火制品的耐压强度与抗折强度对应值

组(个)		1	2	3	4	5	6	7	8
x(R折)/MPa	实测	6.5 6.1	40.4 41.4	12.0 13.0	38.0 39.2	20.0 19.0	20.8 22.2	24.8 25.6	30.9 32.9
	平均	6.3	40.9	12.5	38.6	19.5	21.5	25.2	31.9
y(R压)/MPa		26.1	62.6	29.0	58.4	37.1	41.1	45.7	52.6

求耐压强度($R_{压}$)与抗折强度($R_{折}$)的直线相关公式。

【解】 用坐标纸作图,以横坐标代表抗折强度($R_{折}$),以纵坐标代表耐压强度($R_{压}$)。将八对测定值绘于图1-5中得8个点,通过8个点画一条直线,使8个点在直线两侧均匀分布,这条直线的表示式 $y = a + bx$ 就是$R_{压}$与$R_{折}$的相关式。

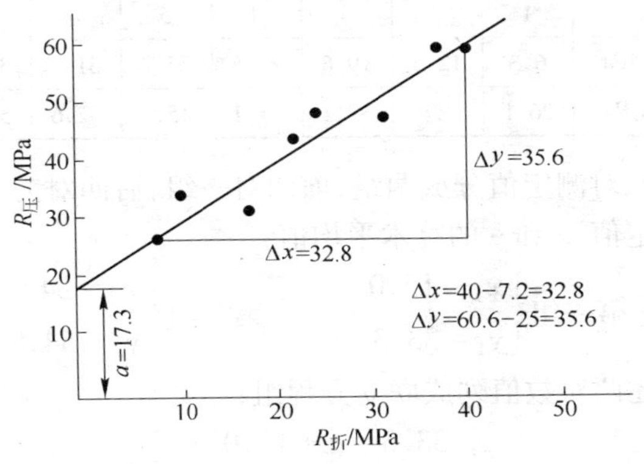

图1-5 $R_{压}$ 与$R_{折}$ 的关系

延长直线使之纵坐标轴（R 压轴）相交，交点至零点的距离即为截距，$a=17.3$ MPa，系数 b 为直线斜率，$b=\dfrac{\Delta y}{\Delta x}=\dfrac{35.6}{32.8}=1.0854$。则 $R_{压}$ 与 $R_{折}$ 的直线关系式为：

$$R_{压}=17.3+1.0854\ R_{折}$$

有了经验公式，就可以用 $R_{折}$ 推算 $R_{压}$，例如测得抗折强度 $R_{折}=30$ MPa，代入上述公式得抗压强度 $R_{压}=49.9$ MPa。

用作图法求两个变量间的直线经验公式时，特别要注意截距 a 和斜率 b 的正负号。相关直线与 y 轴（纵坐标）的交点在零点以上时，a 为正值。交点在零点以下时，a 为负值。因变量 y 值随自变量 x 值增大而增大，随 x 值的减小而减小，则斜率 b 值为正值。y 值随 x 值的增大而减小，随 x 值的减小而增大，则 b 值为负值。

1.3.2 平均法

【例 6】 测得某耐火制品的耐压强度（八组）与抗折强度（八个）的测定值。

【解】 先将抗折强度 $R_{折}$（八组）平均值和耐压强度 $R_{压}$（八个）测定值按大小次序排列，见表 1-12。

表 1-12 抗折强度平均值和耐压强度测定值按大小次序排列

组（个）	1	2	3	4	5	6	7	8
$x(R_{折})$/MPa	6.3	12.5	19.6	21.5	25.2	31.9	38.6	40.9
$y(R_{压})$/MPa	26.1	29	37.1	41.1	45.7	52.6	58.4	62.6

再将八对测定值分成两组，前四对一组，后四对为一组。并求出两组测定值 x 和 y 的算术平均值：

$$第一组\begin{cases}\bar{x}_1=15.0\\ \bar{y}_1=33.3\end{cases}\qquad 第二组\begin{cases}\bar{x}_2=34.2\\ \bar{y}_2=54.8\end{cases}$$

将上述两对数值列成联立方程组：

$$33.3=a+15.0\ b \tag{1-1}$$

$$54.8=a+34.2\ b \tag{1-2}$$

解方程组,(1-2)-(1-1)得:

$$21.5=19.2b \qquad b=1.1198 \tag{1-3}$$

将(1-3)式代入(1-1)式得 $a=16.503\approx16.5$

求得 a 值和 b 值即可写出 $R_{折}$ 与 $R_{压}$ 的直线关系式:

$$R_{压}=16.5+1.1198\ R_{折}$$

如果测得 $R_{折}=30$ MPa,代入上式得 $R_{压}=50.1$ MPa

1.3.3 最小二乘法

最小二乘法原理是使各测定值与统计得到的关系直线间的误差的平方和为最小。这是一种最常用的统计方法。经过数学推导得到回归方程的截距 a,回归系数 b,相关系数 r,剩余标准差 S_y 和变异系数 C_v 的计算公式为:

方程:$y=a+bx$

截距:$a=\dfrac{\sum xy\times\sum x-\sum y\times\sum x^2}{(\sum x)^2-n\sum x^2}$($a$ 常数项)

斜率:$b=\dfrac{\sum x\times\sum y-n\sum xy}{(\sum x)^2-n\sum x^2}$($b$ 回归系数)

相关系数:$r=\dfrac{n\sum xy-\sum x\sum y}{\sqrt{[n\sum x^2-(\sum x)^2]\times[n\sum y^2-(\sum y)^2]}}$

剩余标准差:$S_y=\sqrt{1-r^2}\times\sqrt{\dfrac{n\sum y^2-(\sum y)^2}{n\times(n-2)}}$

变异系数:$C_v(\%)=\dfrac{\sigma}{\bar{x}}\times100$(反映相对波动的大小)

这里所述的剩余标准差 S_y 和变异系数 C_v 是双因素(含 x,y 两个变量)的剩余标准差和变异系数,与单因素的标准差和变异系数涵义不同,计算公式不能混淆和借用。

【例 7】 测得某耐火制品的耐压强度(八组)与抗折强度(八个)。

【解】 先将测定值经过列表计算得到$\sum x$,$\sum y$,$\sum x^2$,$\sum y^2$,$\sum xy$,n、$\bar{x}$,$\bar{y}$、等数值(见表 1-13),然后再代入上述公式计算得 a、b、r、S_y 和 C_v 值。

表 1-13　一元回归计算表

n	$y(R_{压})$	$x(R_{折})$	y^2	x^2	xy
1	26.1	6.3	681.21	39.69	164.43
2	62.6	40.9	3918.76	1672.81	2560.34
3	29.0	12.5	841.00	156.25	362.50
4	58.4	38.6	3410.56	1489.96	2254.24
5	37.1	19.6	1376.41	384.16	727.16
6	41.1	21.5	1689.21	462.25	883.65
7	45.7	25.2	2088.49	635.04	1151.64
8	52.6	31.9	2766.76	1017.61	1677.94
$\sum$	352.6	196.5	16772.40	5857.77	9781.90

$$n=8 \qquad \bar{x}=\frac{\sum x}{n}=24.5625$$

$$\bar{y}=\frac{\sum x}{n}=44.075$$

代入公式得

$$a=\frac{9781.90\times196.5-352.6\times5857.77}{(196.5)^2-8\times5857.77}=17.371=17.4$$

$$b=\frac{196.5\times352.6-8\times9781.90}{(196.5)^2-8\times5857.77}=1.0872$$

得到 a 值和 b 值后即可写出 $R_{折}$ 与 $R_{压}$ 的直线关系式：

$$R_{压}=17.4+1.0872\ R_{折}$$

另外，再将列表计算得到的数值代入 r，S_y 和 C_v 公式中计算得到：

$$r=0.9949$$

$$S_y=1.4314\ \text{MPa}$$

$$C_v=5.83\%$$

如果测得 $R_{折}=30$ MPa，代入上述直线关系式中得出 $R_{压}=50$ MPa；相关系数的绝对值愈接近于 1 说明统计得到的直线公式与测定值间的线性相关性很好，公式使用可靠性大，用公式计算的结果很接近实测值。

用最小二乘法统计直线关系公式的计算较为复杂时,利用有线性回归功能的计算工具 3~5 min 即可完成。

一般用上述三种方法统计得到的相关公式只适用于统计数字范围内。

1.4 数据处理

1.4.1 基本概念

耐火材料的工艺参数和理化性能都可通过实验测试定量地反映出来。测试可分为直接测试和间接测试,前者是可以直接地确定未知量的测试;例如用游标卡尺测量长度;用天平称量物质的质量;用温度计测量温度等均属于直接测试。后者是所测的未知量要由若干个直接测定的数据通过公式计算方能求得,例如用顶杆式膨胀仪测定耐火材料的线膨胀系数,既要测定试样的长度,也要测定试样被加热的温度及其对应伸长的长度,然后通过公式计算出耐火材料的线膨胀系数。耐火材料性能测试多属于这种间接测试。

但在实际测试中所得到的测定值是有误差的。误差又分为取样误差和测定误差。

由于研究对象的非均质性,非一致性等耐火材料自身固有的性质以及取样方法的局限性造成取样误差,对于这样的研究对象一般无所谓真值可言。但如在研究对象的母体中抽取大量的子样,尽可能准确地进行测定,则这些测定值往往是围绕着一个确定的数值(母体平均值)而左右摇动。这时我们将测定值与母体平均值之差称为取样误差。

由于测试仪器有误差,测试方法不完善以及各种因素的影响,尽管测试仪器、测试方法环境条件都相同,但各人各次的测定值彼此之间还是有不同程度的偏离,不能完全反映测量的真值,这种测定值与真值之间存在的这一差值,称为测定误差。大量实践表明,一切实验测量结果都具有这种误差。

在取样误差和测定误差同时存在的条件下,取样误差的数值其绝对值常较测定误差大。但在另一些情况下,例如测定耐火材料的质量,试样上两点间的距离,试样的外形尺寸等则主要考虑测定误差的影响。

应该指出,测试过程中测量误差的存在是不可避免的,任何测定值都只能近似地反映出被测量的真值,所以绝对的真值是不可知的,但是随着人类认识的发展,可以无限地逐步逼近它。我们了解误差基本知识的目的,就在于分析这些误差产生的原因,采取一定措施,最大限度地加以消除,同时科学地处理测试数据,使测试结果最大限度地反映真值。并由各测定值的误差积累,计算出测定结果的精度,用以鉴别测试结果的可靠程度和测试者的实验水平,或根据科研生产的实际需要,预先定出测试结果的允许误差,选择合理的测试方法和合适的仪器设备,以便使测试结果达到预期的精度要求。因此,不论是测试工作或数据处理,树立正确的误差概念是很有必要的。

1.4.2 测量误差

根据误差产生的原因,按照误差的性质,可把测量误差分为系统误差、偶然误差(随机误差)和过失误差。

1.4.2.1 系统误差

这种误差是由一定原因引起的,在相同条件下多次重复测试同一物理量时,使测量结果总是朝一个方向偏离,其绝对值大小和符号保持恒定,或按一定规律变化,因此称为系统误差或恒定误差。

系统误差主要由下列原因引起:

(1) 仪器误差:由于测量结构上不完善,仪器刻度不准,或刻度的零点发生变动,样品不符合要求等引起。

(2) 装置误差:由于测量设备和电路的安装、布置、调整不当所产生的误差。如用干电池作电位差计的工作电源,由于它不断放电,使得电势不断下降,若不随时和标准电池校正,就会形成误差。

(3) 人为误差:由于观察者的最小分辨率和某些固有的习惯引起的误差。如读取仪表读数时总是把头偏向一边。读百分表压力计的误差就属此类。

(4) 外界误差:由于外界环境(如温度、湿度等)的影响而造成的误差。如测热导率时,室内未装空调,冬夏室温不恒定,引起测量误差。

(5) 方法误差:由于测试方法的理论根据有缺点或引用了近似公式所造成的误差。如原 YB 测真密度的方法,把装满试样和液体的比重瓶放在液体中称量,太细的颗粒经常漂出比重瓶,致使结果不准确,而且小于 0.2 mm 的细粉还存在闭口气孔,在 GB 5071—1985 中才纠正过来。

系统误差的出现一般是有规律的,其产生原因往往是可知的或能掌握的。应尽可能设法预见到各种系统误差的具体来源,并极力设法消除其影响。

1.4.2.2 偶然误差(随机误差)

这类误差是由不能控制、不能预料的原因造成的。例如实验者对仪器最小分度值的估读(如热膨胀仪中百分表第三位数),很难每次严格相同,测量仪器的某些活动部件所指示的测量结果,如动弹仪每次所指示的弹性模量,在重复测量时很难每次完全相同,尤其在使用年久或质量较差的仪器时更为明显。

耐火材料的许多物理化学性质都与温度有关,在许多实验测定过程中,温度应控制恒定,但温度恒定有一定限度,在此限度内总有不规则的变动,导致测量结果发生不规则的变化。由于上述因素的影响,在完全相同的条件下进行重复测量时,使得测量值或大或小,或正或负,起伏不定,它的出现完全是偶然的,无一定规律性,所以称之为偶然误差。

偶然误差就个体而言是无规律的,不能通过实验的方法来消除它。但是只要在等精度条件下进行测量,且测试次数足够多,那么就会发现;从总体来说偶然误差(随机误差:由随机因素产生,随机因素是指测量者无法严格控制的因素)服从一定的统计规律,利用概率论的理论和统计学的方法,可以从理论上来估计随机误差对测量结果的影响。

1.4.2.3 系统误差与偶然误差的关系

偶然误差与系统误差既有区别又有联系,二者之间并无绝对的界限,在一定的条件下可以相互转化。对某一具体误差,在某一条件下为系统误差,而在另一条件下可为偶然误差,反之亦然。过去视为偶然误差的测量误差,随着对误差认识水平的提高,有可能分离出来作为系统误差处理;而有一些变化规律复杂,难以消除或没有必要花费很大代价消除的系统误差,也常当作偶然误差处理。

1.4.2.4 过失误差

过失误差是一种与事实不符的显然误差。这种误差是实验粗心,操作不正确或测量条件突然变化所引起的。如仪器有毛病,放置不稳,读错数据,记错数据,计算时单位搞错等都会引起过失误差。过失误差就其数值而言往往大大超过同样测量条件下的系统误差和偶然误差,它对测量结果的歪曲是严重的,以至于使测得的数据完全不可信赖。因此过失误差一经发现,必须从测量数据中剔除。

上述三类误差都会影响测试结果。显然,过失误差在实验中是不允许的。消除过失误差的办法是测试人员要提高对实验的认识,细心操作,认真读记实验数据,实验结束后,要认真检查实验数据,发现问题要及时纠正。

1.4.2.5 不确定度、准确度和精密度

以往在科学实验中,常常用“精度”、“准确度”等名词对实验结果的好坏进行评价。这些词语之间仅仅一字之差,词义含混不清,这种评价缺乏统一标准。目前,国际计量局提出用“不确定度”作为这种评价的标准用词。1982 年,我国国家计量总局批准了《常用计量名词术语及定义》(JJG 1001—1982)的使用。于 1983 年 1 月 1 日起施行。曾经混乱过的主要误差名词将会逐步统一起来。

(1) 不确定度 Δ。不确定度是表征被测量真值在某一个量值范围内的一种数量评定,用 Δ 表示,其含义如下。

设在相同条件下,对某量进行独立的无系统误差的测量、得值 $x_1,x_2,\cdots,x_n$,其算术平均值为 $\bar{x}$,测量值序列图如图 1-6 所示。

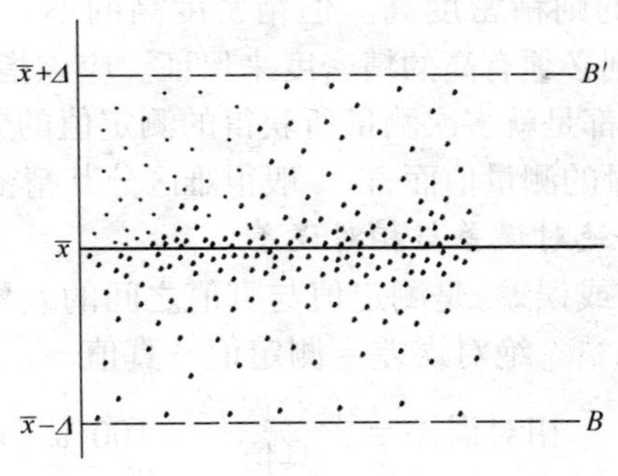

图 1-6 测量值序列图

由图可见,单个测量值一般落在 BB' 两条水平线所夹的范围内,这个范围为误差带,误差带两边的界值为 $\bar{x}-\Delta$ 和 $\bar{x}+\Delta$,Δ 称作不确定度,(随机不确定度),数值由下式确定:

$$\Delta = C\,S$$

式中,C 为置信系数,一般可取 $C=3\sim2$,Δ 越小,说明测得值 x_i 越接近真值,测得值的质量越高。显然标准偏差 S 是计算 Δ 的基础,在相同的置信系数下,S 越小,Δ 也越小。

由于历史原因,准确度、精密度仍见于一些书籍中,其含义如下。

(2) 准确度。准确度是指测量结果的正确性,即与所谓真值偏离的程度。实际测得值都只能是近似值,这里所指的真值是用校正的仪器多次测量所得的算术平均值或载于文献、手册上的公认值。

(3) 精密度。精密度则指测量结果的可重复性及测得数值的有效数字位数。也就是单次测量值与多次测定结果的算术平均值的偏差程度,称为测量的精密度。

如用两支水银温度计测量水温,一支温度计最小分度为1℃,多次测量的平均结果是(25.2±0.2)℃。另一支温度计的最小分度是0.1℃,多次测量的平均结果是(25.18±0.02)℃,后者的读数精密度较前者高。用同一仪表对同一物质进行重复测量,测量的可重复性高的则精密度高。但精密度高的不一定准确度也高,而高的准确度则必须有高的精密度来保证。应该指出,不论是准确度还是精密度,都是就多次测量所获得的测定值的分布而言的。如果仅就一次测量的测量值而言,一般很难区分其精密度与准确度。

1.4.2.6 绝对误差与相对误差

绝对误差(或误差)是测定值与真值之间的差异。

$$绝对误差 = 测定值 - 真值$$

$$相对误差 = \frac{绝对误差}{真值} \times 100\%$$

相对误差是绝对误差与真值之比,常用百分数表示。

绝对误差或正或负,当测定值大于被测量的真值时,误差符号为正;当测定值小于真值时,误差符号为负。绝对误差的单位与被测之量相同,而相对误差则是无因次的。另外,绝对误差的大小与测试量的大小无关,而相对误差则与测试量的大小及绝对误差的数值都有关系。因此,不论是比较各种测量的精度,或是评定测量结果的质量,采用相对误差就更为合理。

在实验中,不能单纯从误差的绝对值来衡量数据的精确程度,而与测量数据本身的大小也很有关系。例如电炉顶高铝砖(D-80)耐压强度为81.2 MPa准确到0.1 MPa就够了,而0.4泡沫轻质高铝砖耐压强度为0.7 MPa,即使精确到1000 Pa也不能算精确,两者绝对误差相差100倍,相对误差后者比前者大,后者是前者的1.17倍(前者0.12%,后者0.14%)。因此,比较各测量值的精确度或评定测量结果的质量,采用相对误差更为合理。

1.4.3 平均值的计算方法

1.4.3.1 算术平均值(适用于等精度重复测量)

据算术平均值原理:测定值子样的算术平均值是被测量真值

的最佳估计(可用概率论证明)。对于大多数耐火材料性能实验,由于试样本身不均匀(从几块制品上取),所以取平均值最有实际意义,只有平均值才能反映一批产品性能的实际情况。因此算术平均值是最常用的一种平均值,计算公式为

$$\bar{x} = \frac{x_1 + x_2 + \cdots + x_n}{n} = \frac{1}{n}\sum_{i=1}^{n} x$$

式中,$\bar{x}$ 为测量值的算术平均值;$x_1, x_2, \cdots, x_n$ 为各测量值;$\sum_{i=1}^{n} x_i$ 为各测量值的总和;n 为测量值的个数。

【例 8】 万能材料试验机测得三块高铝砖试样的常温耐压强度为 57.6 MPa、58.4 MPa、61.9 MPa,求此材料的常温耐压强度平均值。

【解】 $\bar{x} = \frac{57.6 + 58.4 + 61.9}{3} = \frac{177.9}{3} = 59.3\ \text{MPa}$

所以该高铝砖的常温耐压强度平均值为 59.3 MPa,其单值分别为 57.6 MPa、58.4 MPa、61.9 MPa。

1.4.3.2 均方根平均值

均方根平均值对测量值大小跳动反应较为灵敏,其计算公式为

$$u = \sqrt{\frac{x_1^2 + x_2^2 + x_3^2 + \cdots + x_n^2}{n}} = \sqrt{\frac{1}{n}\sum_{i=1}^{n} x_i^2}$$

式中,u 为测量值的均方根平均值;$x_1, x_2, x_3, \cdots, x_n$ 为各测量值;$\sum_{i=1}^{n} x_i^2$ 为各测量值平方的总和;n 为测量值的个数。

【例 9】 4 次测定粉碎车间的粉尘含量,结果为 4.7 mg/m³、4.4 mg/m³、8.9 mg/m³、5.2 mg/m³,求粉碎车间的平均含尘量。

【解】 用均方根平均值法求平均含尘量为

$$u = \sqrt{\frac{4.7^2 + 4.4^2 + 8.9^2 + 5.2^2}{4}} = \sqrt{\frac{147.7}{4}} = 6.08\ \text{mg/m}^3$$

1.4.3.3 加权平均值

在非等精度的测量中,被测量真值的最佳估计值是测定值的

加权平均值。加权平均值是考虑了每个测量值的对应权的算术平均值。计算公式为

$$m = \frac{\omega_1 x_1 + \omega_2 x_2 + \omega_3 x_3 + \cdots + \omega_n x_n}{\omega_1 + \omega_2 + \omega_3 + \cdots + \omega_n} = \frac{\sum_{i=1}^{n} \omega_i x_i}{\sum_{i=1}^{n} \omega_i}$$

式中，m 为测量值的加权平均值；$x_1, x_2, \cdots, x_n$ 为各测量值；$\omega_1, \omega_2, \omega_3, \cdots, \omega_n$ 为各测量值的对应权；$\sum_{i=1}^{n} \omega_i x_i$ 为各测量值与对应权乘积的总和；$\sum_{i=1}^{n} \omega_i$ 为各对应权的总和。

【例 10】　某厂有三条隧道窑，1 号隧道窑年产量 21000 t，平均合格率 88.5%，2 号隧道窑年产量为 22000 t，平均合格率 87.2%，3 号隧道窑年产量 20000 t，平均合格率 89.5%，求全厂年平均合格率。

【解】　全厂年平均合格率为

$$m = \frac{21000 \times 88.5\% + 22000 \times 87.2\% + 20000 \times 89.5\%}{21000 + 22000 + 20000}$$

$$= 88.4\%$$

1.4.4　有效数字及计算规则

在实验过程中，任何测量的准确度都是有限的，只能以一定的近似值表示测量结果。因此，测量结果数值计算的准确度不应超过测量的准确度，如任意将近似值保留过多的位数，反而会歪曲测量结果的真实值。所以在测试和数字运算中，确定该用几位数字来代表测试值和计算结果，是一个很重要的问题。

1.4.4.1　*一次读数的有效数字表示法*

任何仪器都有一定读数的分辨率，在读数分辨率以下，测试量的数值就不准确。因此，所有读数都只需读到能分辨的最小单位(通常是仪器标尺的最小分度或它的十分之一)，这是在不变动仪器和实验条件的情况下，能够重复读定的最小单位，例如用钢卷尺

测量耐火制品的外形尺寸时,一般最多只能读到十分之一毫米,这就是分辨率的最小单位。

为了如实地反映读数,记录测量数值时应当不多不少地确定读得的全部数值。如用钢卷尺测量标形砖的长度为230.6 mm,其中230 mm是完全正确的,末位6是不确定的或称可疑数字,不同的人读取这个数值时,可读为230.5 mm或230.7 mm,所以国标中耐火制品的外形尺寸最小单位规定为mm,其尺寸公差一般为±2 mm,不考虑不确定数字。又如万分之一天平称量耐火制品试样的质量为(2.5546±0.0001)g,其中2.554是完全确定的,末位数字6是可疑的。我们把所有确定的数字(不包括表示小数点位置的"0")和这位可疑数字一起称为有效数字。亦即230.3和2.5546是完全确定的,末位数字6是可疑的。我们把所有确定的数字(不包括表示小数点位置的"0")和这位可疑数字一起称为有效数字。亦即230.6和2.5546分别为四位、五位有效数字。

有效数字还能反映测量的精度。如用游标卡尺测量上述标型砖长度时,读数可能是230.62 mm,有效数字是五位,为什么用两种不同的仪器测量同一砖样会得到不同的有效数字位数呢?这是因为游标卡尺的最小分辨率为2/100 mm,百分位上的数字还能读得出来;说明游标卡尺的精密度比钢卷尺高,因此在记录测量数据时,有效数字的位数必须与仪器的精度高低相符,不能多写也不能少写,各个实验中应注意此问题。

1.4.4.2 有效数字运算规则

(1) 记录测量数据时,只保留一位可疑数据。在确定有效数字时,必须注意"0"这个符号,若"0"前面有有效数字时,如1.0001应算为五位有效数字;若"0"前面无有效数字,则"0"只起定位作用,如0.0047应算为两位有效数字。

(2) 有效数字位数确定之后,则按照GB 1.1—1981《标准化工作导则,编写标准的一般规定》,附录C"数字修约规则"进行处理。

例如,14.2432和26.4843取三位有效数字时,则分别修约为

14.2 和 26.5，又如 1.0501 保留一位小数时则修约后记为 1.1，这是因为在拟舍弃的数字中，若左边第一个数字等于 5，其右边的数字并非全部为零时，则进一。又如 0.3500 和 0.4500 及 1.050 取小数后一位有效数字时，则修约后分别记为 0.4 和 0.4 及 1.0，这是因为在拟舍弃的数字中，若左边的第一个数字为 5，其右边的数字全为零时，所拟保留的末位数字为奇数则进 1，为偶数（包括 0）则不进。又如 15.4546，正确的修约是修约后为 15，不正确的修约是 15.4546→15.455→15.46→15.5→16，这是因为所拟舍弃的数字中，若为两位以上数字时，不得连续进行二次和二次以上的修约，只能一次修约出结果。该修约规则与传统的“四舍五入”法比较，优点是避免了数据偏向一边的倾向。

（3）在运算过程中，当数值的首位大于 8，则可多算一位有效数字，如 9.12 在运算时可看成四位有效数字 9.120。

（4）进行加减运算时，保留各小数点后的数字位数与最少的相同。例如 0.12 + 12.232 + 1.5683 应取为 0.12 + 12.23 + 1.57 = 13.92。

（5）在乘除运算中，各数值保留的位数，以有效数字位数最少的为标准，例如 0.0121×25.64×1.05782 时，其中 0.0121 的有效数字位数最少，所以改成 0.0121×25.6×1.06＝0.328。

（6）应用对数计算时，所取对数位数（对数首数除外）应与真数有效数字相同。

（7）计算平均值时，若参加平均的数值有 4 个以上（如耐火制品常温、高温抗折强度各 6 个试样），则平均值的有效数字可多取一位。例如计算下列数值的平均值：

$$\bar{x} = \frac{1.58 + 1.57 + 1.56 + 1.55}{4} = 1.565$$

（8）表示误差的有效数字最多用两位，例如 22.84±0.12，而当误差第一位数为 8 或 9 时，只需保留一位。测量值的末位数应与误差的末位数对应。

如测量结果：$x_1 = 1001.77 \pm 0.033$

$x_2 = 237.464 \pm 0.127$

$x_3 = 123357 \pm 878$

化整结果：$x_1 = 1001.77 \pm 0.03$

$x_2 = 237.464 \pm 0.13$

$x_3 = (1.234 \pm 0.009) \times 10^5$

(9) 计算式中的常数为 π、e、$\sqrt{2}$和一些取自手册上的常数可以按需要取有效数字，如算式中有效数字最低是三位，则上面常数取三位或四位均可。

1.4.5 误差计算

1.4.5.1 极差

极差也称范围误差，是测量值中最大值与最小值之差。极差是反映数据波动大小的一个重要指标。例如，例[4]中耐压强度即使平均值符合要求，但极差大，说明数据波动太大，结果分散度大，还是不能令人满意。极差就是表示这种波动程度的，表达式为

$$R = \max\{x_1, x_2, \cdots, x_n\} - \min\{x_1, x_2, \cdots, x_n\}$$

式中，$\max\{x_1, x_2, \cdots, x_n\}$ 和 $\min\{x_1, x_2, \cdots, x_n\}$ 分别表示 $x_1, x_2, \cdots, x_n$ 中最大值和最小值。

由于极差没有充分利用数据提供的情报，因此反映实际情况的精确度较差。

【例 11】 万能材料实验机测得三块高铝砖的耐压强度为 52.1 MPa，56.3 MPa，57.2 MPa，则此组试样耐压强度的极差为：

$$R = 57.2 - 52.1 = 5.1 \text{ MPa}$$

1.4.5.2 算术平均误差

对 n 次试验，由于它考虑到全体误差的贡献，显然比极差更合理些。算术平均误差的计算公式为：

$$\delta = \frac{|x_1 - \bar{x}| + |x_2 - \bar{x}| + |x_3 - \bar{x}| + \cdots + |x_n - \bar{x}|}{n}$$

式中，δ 为测量值的算术平均误差；$x_1, x_2, x_3, \cdots, x_n$ 为各测量值；

$\bar{x}$ 为测量值的算术平均值；n 为测量值的个数。

【例 12】 万能材料实验机测得三块高铝砖的耐压强度为 52.1 MPa，56.3 MPa，57.2 MPa，求算术平均误差。

【解】 (1) 这组试样耐压强度算术平均值：

$$\bar{x}=\frac{52.1+56.3+57.2}{3}=55.2\ \mathrm{MPa}$$

(2) 算术平均误差：

$$\delta=\frac{|52.1-55.2|+|56.3-55.2|+|57.2-55.2|}{3}=2\ \mathrm{MPa}$$

1.4.5.3 *均方根误差(标准偏差)*

均方根误差是表征整个测定值离散程度的特定值。S 与 δ 相比反映误差更为合理，优点是，如果某次误差偏大一些，经过平方后，它的贡献就得到更明显的反映，因此，在精度要求较高的测量中，都是用标准偏差估算测量结果的误差。其计算公式为

$$S=\sqrt{\frac{(x_1-\bar{x})^2+(x_2-\bar{x})^2+(x_3-\bar{x})^2+\cdots+(x_n-\bar{x})^2}{n-1}}$$

$$=\sqrt{\frac{\sum(x-\bar{x})^2}{n-1}}$$

式中，S 为均方根误差(或标准偏差)；$x_1,x_2,x_3,\cdots,x_n$ 为各测量值；$\bar{x}$ 为测量值的算术平均值；n 为测量值的个数。

【例 13】 某耐火厂 7 月份共生产 10 个批量的钢包用高铝质衬砖，其耐压强度(MPa)为 37.3、35、38.4、35.8、36.7、37.4、38.1、37.8、36.2、34.8(见表 1-14)，求月标准偏差。

【解】 10 批衬砖的算术平均耐压强度为

$$\bar{x}=\frac{1}{n}\sum_{i=1}^{n}x_i=\frac{367.5}{10}=36.75\approx 36.8\ \mathrm{MPa}$$

表 1-14　高铝质衬砖的耐压强度

耐压强度	x_1 37.3	x_2 35	x_3 38.4	x_4 35.8	x_5 36.7	x_6 37.4	x_7 38.1	x_8 37.8	x_9 36.2	x_{10} 34.8
$x_i-\bar{x}$	0.5	−1.8	1.6	−1.0	−0.1	0.6	1.3	1.0	−0.6	−2.0
$(x_i-\bar{x})^2$	0.25	3.24	2.56	1	0.01	0.36	1.69	1.0	0.36	4

$$\sum_{i=1}^{n}(x_i - \bar{x})^2 = 14.47$$

$$\text{标准偏差 } S = \sqrt{\frac{1}{n-1}\sum_{i=1}^{n}(x_i - \bar{x})^2} = \sqrt{\frac{14.47}{9}} = 1.268\ \text{MPa}$$

也可以用方差(离散度)S^2 来衡量数据的波动,S 越大波动越大;S 越小波动越小。S 比极差 R 反映问题精确,但计算复杂。高铝衬砖耐压强度波动大,说明工艺参数不稳定(配料、成型、烧成等工序),所以工艺技术人员应该找出原因,采用相应工艺措施,以稳定产品质量。

1.4.5.4 变异系数

变异系数也称离差系数。因极差 R 和标准偏差 S 只反映绝对波动的大小,要反映相对波动的大小,就要用变异系数来表达。其计算公式为

$$C_v = \frac{S}{\bar{x}} \times 100\%$$

式中,S 为测量值的标准偏差;$\bar{x}$ 为测量值的算术平均值。

【例 14】 甲乙两厂均生产高铝质衬砖,甲厂高铝质衬砖常温耐压强度平均值为 39.8 MPa,标准偏差为 1.68 MPa;乙厂高铝质衬砖常温耐压强度平均值为 36.2 MPa,标准偏差为 1.62 MPa,求各厂的变异系数。

【解】 甲厂变异系数 $C_v = \frac{S}{\bar{x}} = \frac{1.68}{39.8} \times 100\% = 4.22\%$

乙厂变异系数 $C_v = \frac{S}{\bar{x}} = \frac{1.62}{36.2} \times 100\% = 4.48\%$

从标准偏差看,甲厂大于乙厂,也即从绝对数值看,甲厂跳动大。从变异系数看,说明乙厂的高铝质衬砖常温耐压强度相对跳动幅度比甲厂的大些,说明乙厂工艺制度不太稳定(因为产品质量不稳定,指标忽高忽低)。C_v 也称相对离差,C_v 越小则均匀度越好。

根据以上数据分析和处理,可以得出如下结论:

(1) 系统误差可以设法减少或避免。

(2) 偶然误差(随机误差)无法避免,但可多次反复测量,最后取其算术平均值,此值即为最优值。实践经验证明,偶然误差是遵循以下误差公理的:绝对值小的误差比绝对值大的误差更容易出现;绝对值相等而符号相反的误差其出现的可能性是一样的;绝对值甚大的偶然误差几乎不可能出现;这种分布规律称做正态分布。正态分布在误差理论中有着重要意义。

(3) 如已知理论值,则可以与算术平均值比较,进行误差计算。

(4) 如无理论值,则应计算均方根误差(标准偏差),由此计算真值。

$$测量结果 = 单次测量值\ x \pm 标准偏差\ S$$

$$测量结果 = 子样平均值\ \bar{x} \pm 标准偏差\ S$$

(5) 根据各物理量误差所占地位,应对测量精度提出适当的要求,以便选择合适的仪器设备。

2 实验设备

大多数耐火材料实验都是在高温下进行的,高温下的实验研究都离不开高温实验炉。因此,实验研究人员必须掌握高温炉的基本原理和使用方法,并了解各种高温实验炉的特点和适用范围,以便根据实验要求合理选择和使用高温炉,达到实验研究的目的。

在实验室中,电炉应用最为广泛。按加热的方法,分类如下:

(1) 电阻炉。当电流流过导体时,因为导体存在电阻,于是产生焦耳热,这就是电阻炉的热源。这种炉子温度容易控制,且温度分布均匀,设备简单,易于制作,在实验室中用得最多。

(2) 电弧炉。电弧炉是利用电弧弧光为热源加热物体的,它广泛用于工业熔炼炉。尽管电弧炉炉温很高,但它不易控制,炉内不易形成大范围的均匀加热区域,故在耐火材料实验研究中无法使用。

(3) 感应炉。利用高频电流在被加热的物体或容器中引起感应电流,借物体或容器本身电阻而发热。若试料为绝缘体时,则必须通过发热体(导体)间接加热。常用于冶金实验室。

耐火材料实验中应用的高温炉,应当具有下列特点:能达到足够高的温度,并有合适的温度分布;炉温易于测量与控制;炉膛体积较大,且易于密封;炉体结构简单灵活,便于制作。根据这些要求,目前用得较多的是电阻炉。

2.1 电阻炉

2.1.1 工作原理

电阻炉实验上是将电能转换成热能的装置。根据焦耳—楞次定律,当电流 I 流过具有电阻 R 的导体时,经过 τ 时间便可产生

热量 Q(J):

$$Q = 1.004 I^2 R \tau \tag{2-1}$$

式中,Q 为热量,J。

可见,通过控制 I、R 和 τ,即可达到控制发热值的目的,这就是要合理地选用电热体、送电制度与通电时间。即使电热体能发出足够多的热量,而电炉能否达到足够的高温,这在很大程度上要由电炉的散热条件而定,当电热体产生的热量与炉体散热达到平衡时,炉内即可保持恒温。由此可见,欲使电炉达到足够高的温度,炉子保温条件是十分重要的。

2.1.2 炉体结构

电阻炉可以是箱式的,也可以是管式的;其加热元件可安装在炉墙内,绕在管子上,也可以自由地排列在炉膛内。下面介绍耐火材料实验室常用的管式、箱式电阻炉的结构。

2.1.2.1 管式电阻炉结构

常见的电阻丝炉有管式炉(立式或卧式)、坩埚炉和马弗炉等。管式炉炉体结构大同小异,常见的管式电阻炉结构有以下几种。

(1) 管式电阻丝炉结构如图 2-1 所示。

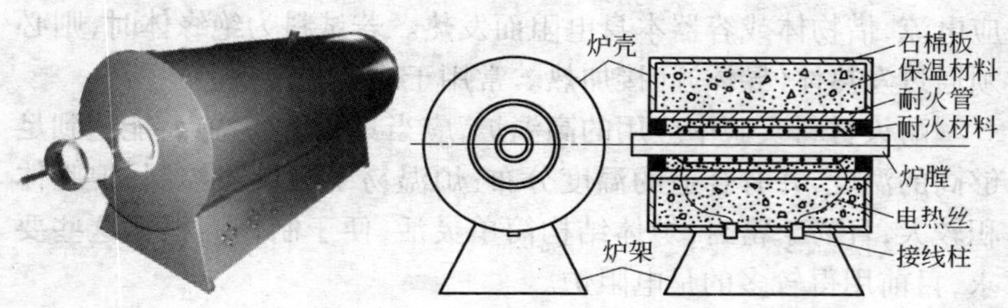

图 2-1 管式电阻丝炉结构示意图

管式电阻丝炉主要由电热体和隔热材料两部分组成。其中,电热体是用来将电能转换成热能,隔热材料起保温作用,以使炉膛达到要求的高温,并有一合适的温度分布。除此之外,炉体还包括有炉管、炉架、炉壳和接线柱等。管式电阻丝炉通常在氧化性气氛下使用,使用温度不高,可选用 Fe-Cr-Al 或 Ni-Cr 电热丝。电源常用自耦调压变压器,也可用可控硅调压器。

(2) 管式硅碳棒炉结构如图 2-2 所示。

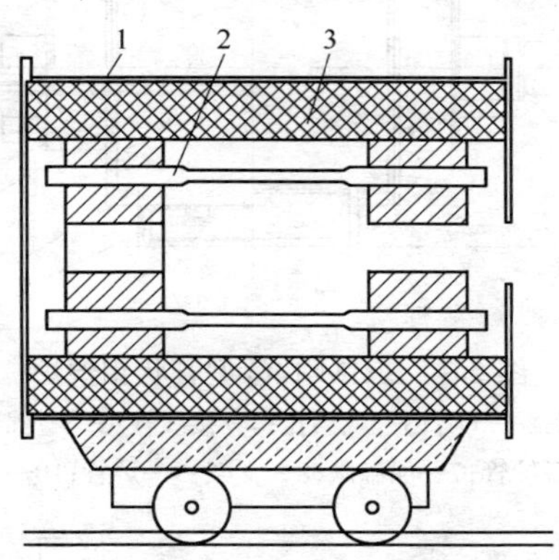

图 2-2 管式硅碳棒炉结构示意图

1—炉壳;2—硅碳棒;3—保温材料

该炉膛尺寸为 ϕ100 mm × 150 mm,用 ϕ8 mm × 150 mm × 150 mm 硅碳棒 8 支作为发热元件,使用温度为 20～1400℃。该炉用 5 kW 自耦变压器调节升温速度。

(3) 钼丝炉的结构如图 2-3 所示。制作时是将 Mo 丝直接绕在刚玉(Al_2O_3)炉管上,因为刚玉管高于 1900℃ 会软化,故钼炉丝使用的最高温度受到限制。钼丝炉一般要求足够缓慢的升温速度,以保护刚玉管不被炸裂,而与 Mo 丝本身关系不大。如果刚玉管是气密的,就可以在炉子的工作空间(刚玉炉管内)采用氧化气氛。

钼丝炉功率不大,一般实验容量小于 1 kg。但可较精确地控制炉温,该炉使用中必须使用保护气体,保护气体一般用 H_2 或 H_2 + N_2,因此常被用来作钢铁冶金在高温下的热力学和动力学研究。

(4) 具有氩气保护系统的碳管炉示意图如图 2-4 所示。

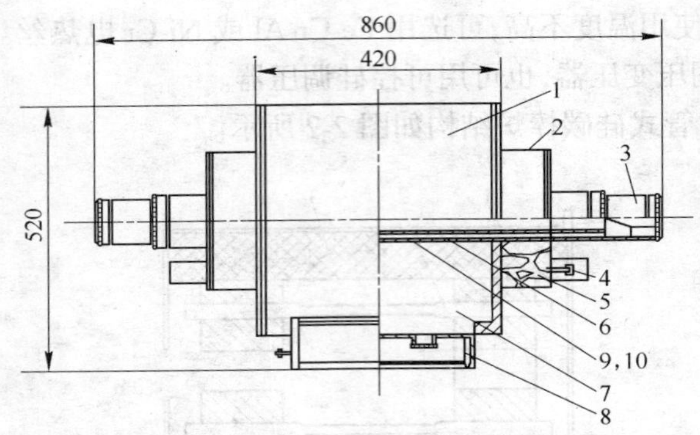

图 2-3　SRJM-14Q 型管状钼丝炉

1—炉壳；2—气嘴；3—观察孔；4—接线柱；5—石棉石墨绳；6—保护管；7—保温碳；8—支架；9—炉管；10—钼丝

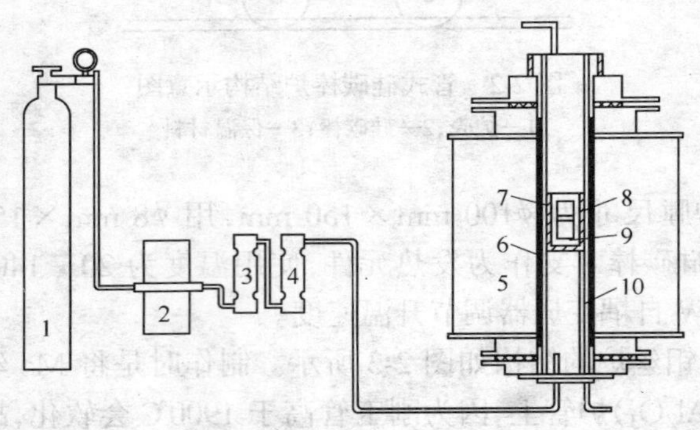

图 2-4　具有氩气保护系统的碳管炉示意图

1—Ar 瓶；2—Mg 条 550℃ 脱氧；3—硅胶一次脱水；4—P_2O_5 二次脱水；5—碳管炉；6—碳管；7—刚玉炉管；8—石墨保护坩埚；9—Al_2O_3 坩埚；10—控温热电偶

碳管炉也称汤曼炉，其电热体由石墨制成，使用温度为 1600～1800℃。因为石墨的电阻率很小，所以碳管炉需用大电流变压器供电，由于供电功率大，因而控制精度不如钼丝炉。碳管炉一般在氩气或氮气氛中使用。

2.1.2.2　箱式电阻炉结构

由于耐火材料试样体积一般较大，实验室多采用箱式电阻炉，箱式电阻炉结构如图 2-5 所示。箱式电阻炉炉膛尺寸与外形尺寸如图 2-6 所示。

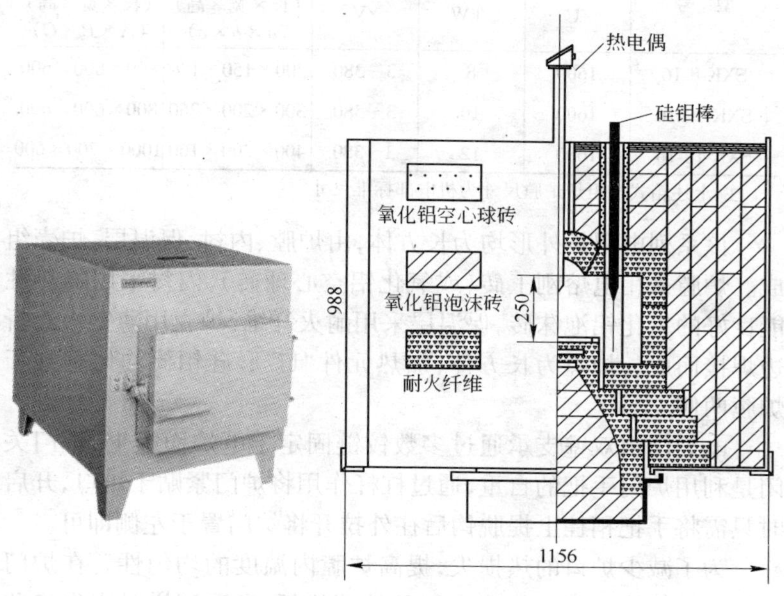

图 2-5 箱式电阻炉结构示意图

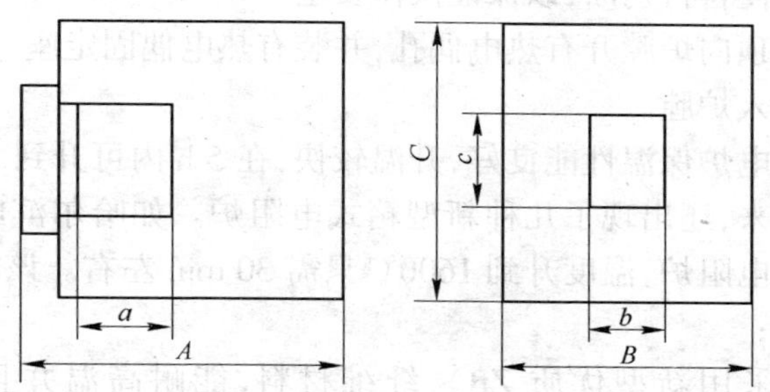

图 2-6 箱式电阻炉炉膛尺寸与外形尺寸示意图

耐火材料实验室常用的几种型号箱式电阻炉参数见表 2-1。

表 2-1　耐火材料实验室常用的几种型号箱式电阻炉参数

型　号	最高温度/℃	功率/kW	电源电压/V	炉膛尺寸/mm（长×宽×高）($a\times b\times c$)	外形尺寸/mm（长×宽×高）($A\times B\times C$)
SXK-8-16	1600	8	3～380	300×150×120	800×600×600
SXK-10-16	1600	10	3～380	300×200×260	800×600×600
SXK-12-16	1600	12	3～380	400×200×160	1000×700×600

注：上述箱式电阻炉炉膛尺寸为机电部标准尺寸。

该系列电阻炉外形均为长方体，由炉膛、内衬、保温层、炉壳组成。炉膛采用电熔刚玉砖（或氧化铝空心球砖），内衬采用隔热性能良好的氧化铝泡沫砖，保温层采用耐火纤维，炉壳用薄钢板经折边焊接而成。炉膛为长方体，加热元件“U”形硅钼棒均匀垂挂于炉膛两侧。

电炉门由双壁支承通过多数铰链固定于电炉面板上，炉门关闭是利用炉门手把的自重，通过杠杆作用将炉门紧贴于炉口，开启时只需将手把稍往上提脱钩后往外拉开将炉门置于左侧即可。

为了减少炉口的热损失，提高炉膛内温度的均匀性。在炉门内侧炉口处均安放一块耐火制品的挡热板，送取试样时应先将此板取出，在炉口下端装有与炉门连锁的行程开关，当炉门开启时，电炉电源便自行切断，以保证操作安全。

在炉顶向炉膛开有热电偶孔，并装有热电偶固定座，热电偶就从此孔插入炉膛。

该类电炉保温性能良好，升温较快，在 5 h 内可升到 1600℃。

近年来，还出现了几种新型箱式电阻炉。如哈尔滨电炉厂的高温箱式电阻炉，温度升到 1600℃ 只需 30 min 左右。该电炉具有下列特点：

(1) 采用新型优质 ZrO_2 纤维材料，能耐高温并且隔热性能好。

(2) 采用了特制的小型 $MoSi_2$ 电热元件。

(3) 热损失小，升温速度快，所以高效节能。

(4) 采用可控制硅调节功率,根据需要可以调整升降温速度。

(5) 采用数码温度显示仪,控制精度高,炉子工作空间温度均匀。

(6) 炉子热惯性小,适于采用微机控制或配合打字、记录仪表。

(7) 炉子采用空气夹层,强制风冷,表面温度低。

中钢洛阳耐火材料研究院(简称洛耐院)研制的 WZK-3 型重烧实验炉也可作为通用箱式电阻炉,进行小件产品、小批量材料的烧结、热处理等。其特点为:炉温均匀性好,采用微电脑自动控温,精确可靠,主要技术参数如下:

(1) 使用温度为 1600℃;

(2) 短时最高使用温度为 1650℃;

(3) 炉膛尺寸为 620 mm×270 mm×240 mm;

(4) 升温速度为 0~15℃/min;

(5) 变压器容量为 38 kW。

2.1.3 金属加热体

电热体一般分为金属加热体和非金属加热体。常用金属加热体的特性和使用条件见表 2-2。其中 Fe-Cr-Al 或 Ni-Cr 电热丝直径为 0.5~3.0 mm。

表 2-2 常用金属加热体的特性和使用条件

电热丝种类	化学成分/%				熔点/℃	最高使用温度/℃	使用气氛
	Cr	Al	Ni	Fe			
Cr25Al5	23~27			余量	1500	1200	氧化性气氛
Cr17Al5	16~19	4.5~6.5	75~78	余量	1500	1000	
Cr13Al4	13~15	4.0~6.0	55~61	余量	1450	850	
Cr20Al80	20~23	3.5~5.5		余量	1400	1100	
Cr15Al60	15~18			余量	1390	1000	

续表 2-2

电热丝种类	化学成分/%				熔点/℃	最高使用温度/℃	使用气氛
	Cr	Al	Ni	Fe			
PtRh	Pt87, Rh13 Pt80, Rh20 Pt60, Rh40				1850 1900 1950	1650 1700 1750	氧化性气氛
Mo W	Mo100(称量) W100(称量)				2160 3410	2100 2500	真空，H_2，惰性气氛

如图 2-1 管式电阻丝炉，钢铁实验室的熔点测定炉、钼丝炉(图 2-3)马弗炉等电炉均采用金属加热体作为电热体。

2.1.4 非金属加热体

非金属加热体使用温度高、寿命长，在耐火材料实验室应用非常广泛，常见非金属电热体有以下几种：

(1) 碳化硅(SiC)电热体：碳化硅电热体由 SiC 粉加粘结剂成型后烧结而成。质量优良的碳化硅电热体在空气中可使用到 1600℃，一般使用到 1450℃左右。由于这种发热元件具有使用温度高、抗氧化、耐腐蚀、寿命长、安装和维修方便等特点，广泛应用于各种电炉。碳化硅电热体通常制成棒状和管状，故也叫硅碳棒和硅碳管，如图 2-7 所示。

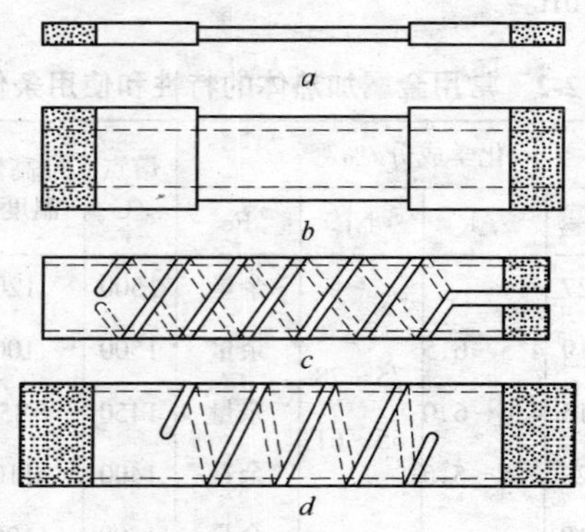

图 2-7 SiC 发热体

硅碳棒有不同规格,它可以灵活地布置在炉膛内需要的位置上,它的两个接线端露于炉外。使用硅碳棒的缺点是炉内温度场不够均匀,并且各支硅碳棒电阻匹配困难。

硅碳管是直接把 SiC 制成管状发热体,故温度场比较均匀。目前国产硅碳管最大直径为 100 mm。硅碳管有无螺纹、单螺纹和双螺纹之分。为了减少 SiC 电热体接线电阻,在接线端喷镀一层金属铝,电极卡头用镍或不锈钢片制成。在安装 SiC 电热体时,切忌使发热部位与其他物体相接触,以免高温下互相作用。SiC 电热体有良好的耐急冷急热性能。

SiC 密度为 3.12~3.18 g/cm^3;$\bar{a}=5\times10^{-6}$ 1/℃,平均比热容 $c=0.712$ kJ/(kg·℃),$\lambda=23$ W/(m·℃)(1000~1400℃),熔点 2227℃,最高使用温度 1450℃。SiC 在 20℃时的电阻率为 1000~2000 $\Omega\cdot mm^2/m$,电阻温度系数 a(1/℃),小于 800℃为负值,大于 800℃为正值,SiC 电热体的电阻率与温度的关系如图 2-8 所示。在 800℃左右,电阻率出现最低点,说明 SiC 在低温区呈半导体特性,而在高温区呈金属特性,因此,高温时炉温控制不困难。因为随炉温升高而元件电阻增大,具有自动限流作用。室温时元件电阻很大,需要较高的启动电压才行。但应注意,启动通电后由于炉温升高(800℃前元件电阻下降),电流有自动增加的趋势。

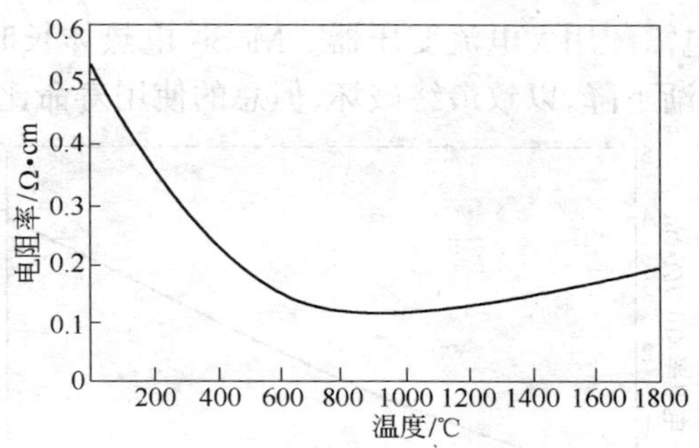

图 2-8 SiC 电热体的电阻率与温度的关系

SiC 电热体在使用过程中,电阻率缓慢增大的现象叫“老化”。这种老化现象在高温时尤为严重。SiC 的老化是电热体氧化的结果，$SiC + 2O_2 \rightarrow SiO_2 + CO_2\uparrow$ 在空气中使用温度过高，或空气中水气含量很多时，都可使 SiC 老化加速。但在 CO 气氛中，SiC 电热体能使用到 1600℃。SiC 电热体不能在真空下与氢气氛中使用。老化后的 SiC 电热体仍可勉强使用，但应提升工作电压并注意安全。一般认为，SiC 电热体有效寿命结束在其常温下电阻值为初始值两倍的时候。

(2) 二硅化钼($MoSi_2$)电热体，$MoSi_2$ 密度为 5.3 g/cm^3，20℃时电阻率为 0.25~0.32 $\Omega\cdot mm^2/m$，电阻温度系数 480×10^{-5}/℃，$\bar{a}$ = $(7\sim8)\times10^{-6}$/℃，熔点 2030℃，最高使用温度 1700℃。$MoSi_2$ 在高温下使用具有良好的抗氧化性，可连续使用几千小时而不深入氧化和损坏，这是由于在高温下，电热体表面生成 MoO_3 而挥发，形成一层很致密的 SiO_2 保护膜，阻止了 $MoSi_2$ 进一步氧化。$MoSi_2$ 电热体在空气中可安全使用到 1700℃，GM——超级 $MoSi_2$ 棒在空气中可安全使用到 1800℃，在氮和惰性气体中，最高使用温度将要下降。

$MoSi_2$ 在空气中长时间使用，其电阻率保持不变，无所谓“老化”现象，这是 $MoSi_2$ 所特有的优点，为其他电热体所不及。为了使 SiO_2 保护膜不被破坏，应防止电热体与可能生成硅酸盐的材料相接触，当然，电热体表面温度不宜过高，以免 SiO_2 膜熔融下流。

$MoSi_2$ 电阻率与温度的关系如图 2-9 所示。其电阻率较 SiC 为小，故供电需配用大电流变压器。$MoSi_2$ 电热体长时间使用，其力学强度逐渐下降，以致最终破坏，但总的使用寿命比 SiC 长。

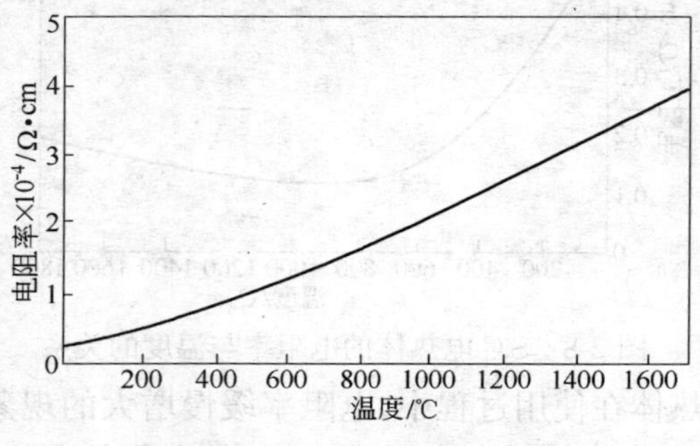

图 2-9　$MoSi_2$ 电阻率与温度的关系

$MoSi_2$ 电热体通常做成棒状或 U 形两种，图 2-10 是 U 形电热体示意图。电热体大都垂直使用。若水平使用必须用耐火材料支持发热体，但最高使用温度不得超过 1500℃。$MoSi_2$ 在常温下很脆，安装使用时应特别小心，以免折断。并要留一定的伸缩余地，因为 $MoSi_2$ 在高温下蠕变很厉害，容易变形。

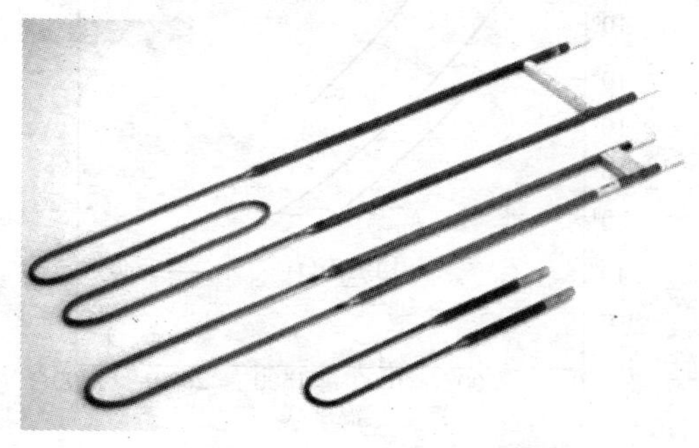

图 2-10 $MoSi_2$ U 形电热体

（3）碳质电热体。石墨或碳质电热体具有良好的耐急冷急热性，至少在 2600℃以前，其机械强度随温度升高而增大。碳质发热体电阻率在低温时呈负特性变化，在 500℃左右电阻率最小，以后呈正特性变化，电阻率随温度升高而增大。在设计电炉的变压器时需注意这个特点。碳质电热体的化学稳定性很好，不受氟、氯及它们的氢化物，玻璃熔体、铜、铝、铅等有色金属的腐蚀作用。但在氧、二氧化碳、水蒸气等氧化性气氛中，可发生氧化、燃烧，导致损毁。因此应在真空、还原气氛或惰性气氛中使用，在真空条件下，其使用温度不可超过 2200℃。

（4）氧化物发热体。ZrO_2、ThO_2 等氧化物可以作为发热体在空气中使用到 1800℃以上的高温。图 2-11 是它们的电阻率和温度的关系。由图 2-11 可见 ZrO_2，ThO_2 在常温下具有很大的电阻值，以致无法通电加热。实际上，在氧化物发热体通电之前，先采用其他电热体（如 Pt-Rh，$MoSi_2$、SiC 等）把氧化物电热体加热到1000℃以上，使其电阻大为下降，此时才能对它们通电加热升温，因此，使用氧化物电热体的高温炉需要两套供电系统。

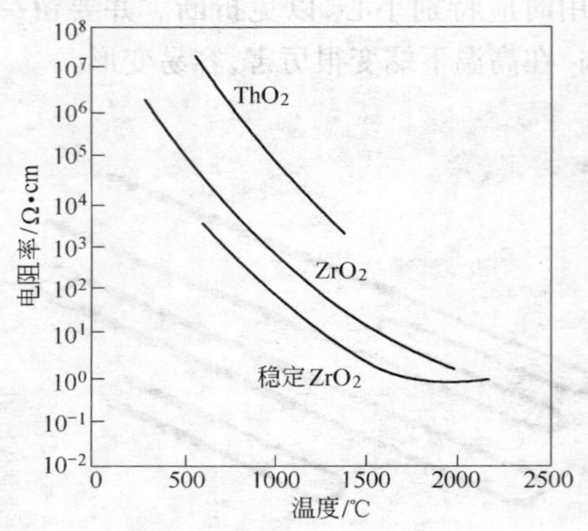

图 2-11 ZrO_2、ThO_2 的电阻率和温度的关系

ZrO_2 中加入5%左右的 CaO 成为稳定的 ZrO_2，它具有较好的抗热震性，且电阻率稍低。氧化物电热体，在空气中可使用到2300℃。为了改善发热体性能，也有采用复合氧化物体系的，如 ThO_2、$ZrO_2 \cdot Y_2O_3$ 等。氧化物发热体一般制成棒状或管状使用。

综上所述，耐火材料实验研究中常用的高温炉发热元件，如金属加热体（Fe-Cr-Al-Cl-Ni 等）使用温度在1200℃以下，而金属钼丝、钨丝、非金属石墨等均需在还原性气氛、惰性气氛或真空下才能使用，这样就限制了元件的使用范围，同时又会给被加热物体带来不同程度的污染。而非金属加热体 SiC（小于1450℃）、$MoSi_2$（小于1800℃）、ZrO_2（大于1800℃）具有高的熔点，在氧化性气氛中的稳定性好。因此，用 SiC、$MoSi_2$、ZrO_2 作电热体的高温电阻炉，不需要保护气氛就可直接在空气中间歇或连续使用数千小时以上，所以耐火材料实验中常用的电阻炉为 SiC 炉、$MoSi_2$ 炉和

ZrO_2 炉。由于电热元件最高使用温度是指电热体在干燥空气中表面的最高温度,并非指炉膛温度。由于散热条件的不同,一般要求炉膛最高温度比电热体最高使用温度低 100℃ 左右,使用中必须予以注意。

2.1.5 硅碳棒和硅钼棒电炉的使用及维护

硅碳棒电炉及硅钼棒电炉在正常情况下,使用是比较方便和稳定的,但在使用过程中必须符合各自的规律,并在使用前参阅说明书及有关资料。使用中须注意以下几点:

(1) 气氛。硅碳棒炉及硅钼棒炉最适宜于在空气介质中使用,但硅碳棒如在惰性气体中使用,可以避免氧化而提高其使用温度。硅钼棒发热元件在空气中使用时,不应长期处于 400～700℃ 低温范围,因其在该条件下将发生低温氧化,致使元件损坏。

硅碳棒及硅钼棒应避免与氯气及硫蒸气接触。硅碳棒还应防止与水蒸气作用,以免发生反应 $SiC + 4H_2O \rightarrow SiO_2 + CO_2\uparrow + 4H_2\uparrow$,如果物料在煅烧过程中有此介质产生,则应时常开启炉门,以使水蒸气逸出。对于氢气,也易使硅碳棒引起还原而发脆。

$MoSi_2$ 元件在新使用前,应在空气中加热至 1500℃ 保温 1 h 以生成保护层。元件适宜于连续使用,当棒体表面产生白泡时,说明过负荷运行,应降压运行。元件不能在氢气或真空中使用,在还原气氛工作条件下不宜超过 1350℃,使其产生碱性介质的物料,对硅钼棒也有不良影响。

(2) 煅烧物料的性质。易爆裂的物料不能放在炉膛中煅烧,因为发热元件不能经受爆裂物料碎片的冲击。任何物料都不能和发热元件接触,能熔融的物料要防止其飞溅,粉料也要注意其在高温下飞扬,停积于发热元件上。

(3) 升温速度。在低温时,温度很容易上升,为避免温度急剧变化可能造成对炉子的损坏和对煅烧物料的性能影响,均应按有关技术条件规定的升温速度加以控制。一般情况下,当物料无一定要求的升温速度时，也应控制在400～600℃/h的范围内。

(4) 电源合分次序。要保证接通电源和切断电源均在无负荷的情况下进行。为此，使用炉子时要先合闸，后升压；使用完毕后，断电的次序相反，即先降压，后关闸。

(5) 线路检验。一般易发生的故障常在于电线的连接处及发热元件与导线的连接处，对这些地方要经常检查，力求接触良好。

(6) 测温仪表的检验。测温仪表要定期校验，每次升温前要检查一次，否则，往往由于仪表本身不正常而控制不好温度，造成实验失败或损坏发热元件；电工仪表使用前也要检查一次，使其处于正常状态。

2.1.6 氧化锆电炉

ZrO_2 等电炉在空气中的使用温度可达1700～2100℃，是在空气中使用温度最高的电阻炉；在1800℃以上（最高温度可达2400℃）可连续使用1000 h以上，在2000℃到室温之间的间歇使用可达数百次，是一种优良的新型高温炉。

如图2-12所示，ZrO_2 电炉由 ZrO_2 发热元件、辅助加热装置、保温材料、炉壳、支座等部分组装而成。组装时首先将 ZrO_2 发热元件与铬酸钙镧引线体调制的泥浆料填充密实置于炉体中心，然后在其外围套一支MgO管子，作为发热元件的保护管；再用 SiO_2 棒或 $MoSi_2$ 棒发热体均匀分布于MgO管周围，作为 ZrO_2 发热元件的辅助加热装置，因为 ZrO_2 发热元件在1100℃左右时才能明显导电。辅助加热元件的发热带长度应略大于 ZrO_2 发热元件的发热带长度，以利于 ZrO_2 发热元件的导通；在辅助加热元件的外围再套一只MgO保护管。内外两只MgO保护管，除了保护主、辅发热元件的安全使装卸方便外，还具有对系统起到隔热保温作用；炉体的最外层为炉壳；在MgO管与炉壳之间充填耐火隔热材料，这些材料可选用泡沫氧化锆，泡沫氧化铝，陶瓷空心球，以及高档级耐火纤维等。

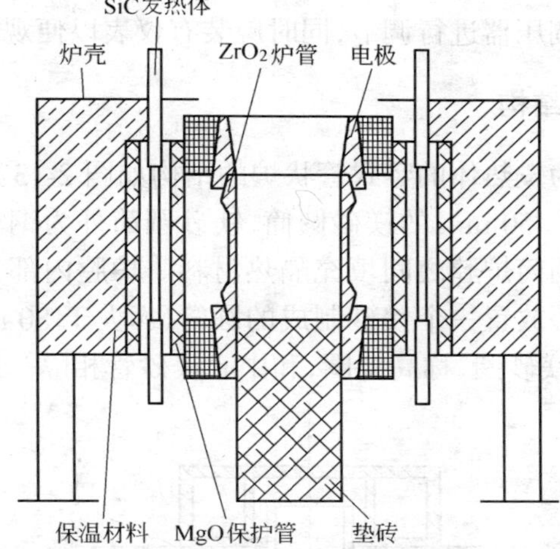

图 2-12 ZrO_2 电炉组装示意图

2.2 碳粒炉(碳阻炉)

碳粒高温炉是以碳粒为发热体的一种设备,简称碳粒炉,碳熔点 3500℃,沸点 3927℃,最高工作温度为 1800℃,在真空中可达 2500℃,常用来测定耐火原料和制品的耐火度和荷重软化温度(GB—95 和 GB—97)。近年来,亦有采用液化气体炉测定耐火度的。

2.2.1 工作原理

碳粒炉的发热介于电阻与电弧之间,发热原理:电源用交流电,电流输入炉内后,由于碳的电阻温度系数是负的,所以温度升高电阻减少,电流加大。碳粒炉是靠碳粒本身的电阻和碳粒之间的接触电阻而工作的。在低温阶段是碳粒的电阻发热的,随后由于碳粒颗粒之间接触不紧密处形成许多小电弧,这时是电弧在产生热量上起着主要作用。在炉子下部封闭严密的情况下,碳粒不易氧化,因此形成比较稳定的发热体以提高炉温。为了调节升温速度必须用调压器进行调节,同时应装有仪表以便观测和控制。

2.2.2 炉体结构

以碳粒为发热体的竖式管状炉的结构如图 2-13 所示,炉体的炉膛为厚 40～50 mm 的镁砂圆筒,镁砂圆筒外为钢板制的外壳,外壳和镁砂圆筒炉膛之间填充隔热材料。炉膛内部为发热部分,在碳粒层中心放置一个镁砂制成的圆管(ϕ 大于 80 mm),管外有一个较短的镁砂圈,称高温圈,和中心镁砂管相隔一定间距,使这

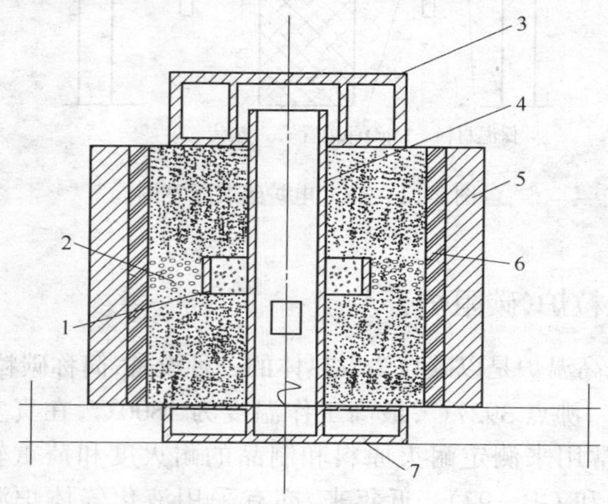

图 2-13　碳粒炉结构示意图

1—高温圈;2—镁砂块;3—上电极;4—镁砂管;5—保温层;6—炉衬;7—下电极

一间距之间所充填的碳粒和上下碳粒相连接,作为发热带的主要部分。在碳粒层的上下两端面接以电极,电极应通过水进行冷却。当通电后,镁砂高温圈内温度最高,其上下的碳粒温度较低。这时碳粒中间放置的镁砂管内空间形成了一个中段温度较高的加热区域。实验用试样即放在这个加热区中进行观察及实验。

GB/T 7322—1997“耐火材料耐火度试验方法”对炉子的要求为:竖式管状炉,炉管内径至少为 80 mm;在 1~1.5 h 内将炉温升至比估计试样的耐火度低 100~200℃ 的温度,然后再按平均 2.5℃/min 的速率升温;在试验状态下,锥台周围最大温差不得大于 10℃(相当于半个锥号),并应能保证炉内氧化气氛。图 2-13 的碳粒炉即可满足上述要求。

2.2.3 碳粒炉的发热体

(1) 几种炭质材料。碳粒炉的发热体系碳粒,对碳粒的要求为:灰分含量低,强度高,气孔率低不易氧化。石墨、冶金焦炭及沥青焦炭均可使用。经测定,所用石墨灰分为 11%;冶金焦炭灰分为 18%;沥青焦炭的灰分小于 0.5%,所以沥青焦炭的使用效果最好。因为灰分大时,碳粒有时会结成一层硬壳,影响电流和炉温的稳定,高温下还会对镁砂管侵蚀。一般碳粒炉均采用沥青焦炭作为发热体。

(2) 碳粒尺寸的影响。碳粒尺寸适当是达到炉子性能稳定的一个重要因素,颗粒太大,接触点相应减少,接触不紧密处产生电弧,棱角易于烧掉,从而发生局部高温,且用铁钎插捣不易;颗粒太小,则加入炉后,就会形成过于紧密的填充,则电流很高,炉子的升温困难。当高温圈与中心镁砂管之间的间隙为 13 mm 时,碳粒尺寸 2.5~5 mm 为宜。

2.2.4 装炉及操作

碳粒炉能否达到预期的高温及能否连续使用多次,与装炉及操作关系很大。

2.2.4.1 装炉

为保证炉内温度均匀，相差不得超过10℃（半个锥号），并使高温带位于高温圈中，装炉时应作到以下几点：

(1) 镁砂管装在炉壳正中，使镁砂管与炉膛间间距一致。

(2) 装好镁砂管，即可装进碳粒至高温圈下缘的高度，捣实整平，然后装上高温圈。

(3) 高温圈的内径与镁砂管的外径之间的径向距离要相等约为13～15 mm。

(4) 高温圈外填入镁砂碎块，填到与高温圈相齐，并捣实，勿使镁砂碎块落进圈内炭粒中。

(5) 高温圈与镁砂管之间的碳粒分三次装入，最下一层捣实，防止高温带向下移动。其余两层碳粒稍为捣实，并且捣实程度要均匀一致。高温带截面的碳粒厚度一般为20 mm左右为宜。

(6) 高温圈上的碳粒仍要捣实，防止高温带向上移动。

新装的炉子可直接使用，而用过的炉子再次使用前，必须用铁钎插入炉内的碳粒，使高温圈上下两层的碳粒捣实，高温圈处的碳粒稍微捣实即可，然后再增填新碳粒捣实后，方可使用。

(7) 将上电极安装在炉膛正中，并使电极与镁砂管之间的间距一致。装电极前须将和碳粒接触的表面打磨除尽铁锈。

2.2.4.2 操作

操作对于炉内高温的获得，温度的均匀，以及炉子使用次数（即安装一次后，能连续使用的次数）的多少，均有直接影响，应注意以下各点。

(1) 新装的炉子在使用时，不要用铁钎插碳粒，以防镁砂管损坏。

(2) 炉内温度应随时注意观察，发现管壁温度不均匀时，可将温度较高部分正上方的电极以绝缘物垫高一些，将所垫物周围的碳粒拨开，使碳粒和电极减小接触；在温度较低处之正上方的电极上，稍加压力，使此处之碳粒紧密些，在温度低于800℃时，视情况可用铁钎在此处插捣数次。

(3) 温度调节一般可在700～1000℃左右时进行，此时温度的高低可凭肉眼观察，镁砂管也已有一定强度，同时调节后均匀与否还有继续调节的余地。

(4) 当输入电流突然降低，炉内发生嗤嗤声，则内部可能有电弧，可将电极稍稍移动，或以铁钎插入发生声音处轻轻摇动，即可消除电弧。新装炉子第一次升温时可能因有水分，亦会发生类似的声音，但电流不下降，则可不必处理。

(5) 要防止中心镁砂管发生局部高温，局部高温一方面使试样受热不均，同时也使镁砂管使用寿命降低。局部高温的特征是管壁上出现一块特别亮的地方。

(6) 注意炉子下部要封闭严密，减少空气进入炭粒层，防止炭粒氧化燃烧。

2.3　全自动高温热膨胀测试仪

2.3.1　仪器组成

该仪器由主机(含加热炉，测量装置及主控回路)和微机测控装置两大部分组成，主要用于固体材料室温至 800℃、1300℃、1600℃热膨胀率和线膨胀系数的测试，如图 2-14 所示。

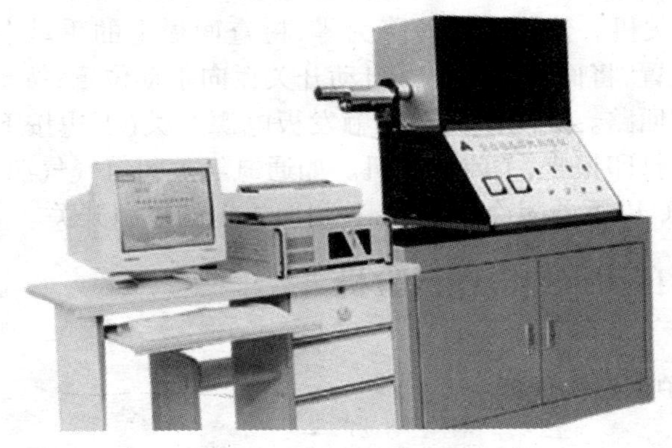

图 2-14　全自动高温热膨胀测试仪

其工作原理是:由温度/位移传感器测得的信号经 A/D 转换后,一方面供显示,一方面温度信号和温度设定值进行比较,经 PID 运算后,由 D/A 输出至可控硅电压调整器控制加热功率,达到精确控制炉温的目的,位移信号供计算机自动管理,以获得高精度的试验资料。

2.3.2 整机操作

(1) 装样。松开锁定扣,拉出装样机构,取下装样管端部的挡样插片,将试样从端部放入装样管,再将插片重新放入插槽内,100 mm 的试样插片放端部插槽,50 mm 的试样放内侧插槽。旋转位移计调整旋钮,使顶杆顶住试样端面中心部位且试样另一端面与挡样插片垂直,热电偶热端位于试样的中部吊试样半高处。将装样机构推入炉内(注意不要折伤冷却水管),勾住锁定扣。

(2) 开机。打开计算机电源;输入各工作表;设定程序曲线;调整位移计使位移显示在 2 mm 左右。打开冷却水源,如为含碳试样还须接通氮气(4 L/min)。打开面板上的电锁开关;打开面板上的触发电源开关(上边按下为开);检查面板上的手动电位器应在最小位置;将面板上的手 - 自动开关扳向手动位置;按绿色按钮启动主回路,面板上的触发电源开关指示灯亮。将面板上的手 - 自动开关扳向自动位置。启动计算机投入运行。

(3) 关机。使输出电源降为零,检查面板上的手动电位器应在最小位置,将面板上的手 - 自动开关扳向手动位置;按动红色按钮关闭主回路。关闭面板上的触发板电源开关(下边按下为关);按计算机打印报告;关闭计算机。如通氮气关闭氮气气源;待炉温降至 500℃ 以下关闭冷却水源,关闭面板上的电源开关。

2.4 全自动抗热震性试验机

2.4.1 炉体结构说明

炉体由金属壳体,保温材料炉衬,加热元件和测温原件等组成。炉衬采用高级氧化铝制品,保温材料采用耐火纤维和轻质砖。加热原件为硅碳棒,测温原件为 S 形铂铑 10-铂热电偶。全自动抗热震性试验机如图 2-15 所示。

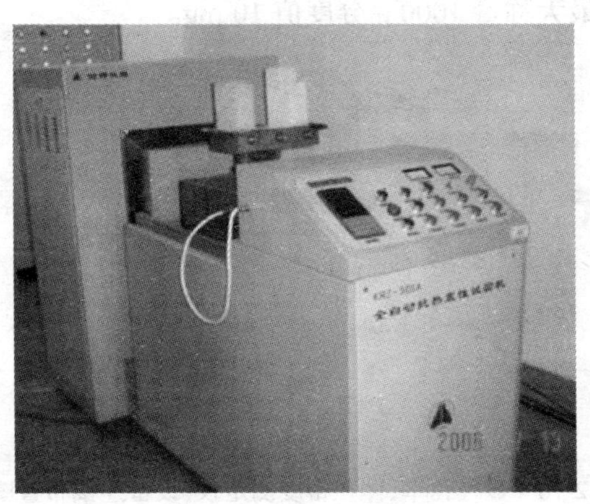

图 2-15　全自动抗热震性试验机

2.4.2　控制系统

控制系统主要由 T2100 智能温控仪及专用可控硅电压调整触度板等组成。测试控制系统选用性能优良的可编程控制器,操作可靠性高,极大地降低了操作强度。

2.4.3　机械部分

机械部分主要由送样机构、试样夹、轨道架及水槽组成。

2.5　显气孔率、体积密度测定仪

显气孔率、体积密度测定仪(图 2-16)主要用于测定耐火原料或成品显气孔率、体积密度及吸水率。主要由电热鼓风干燥箱、真空干燥箱、真空表及真空管、电子天平、真空泵、溢流容器等组成。

主要性能参数

抽真空装置:剩余压力小于 2666.0 Pa(20 mmHg)即抽真空至 -0.097 MPa。

天平:最大称量 1000 g 分度值 10 mg。

图 2-16　显气孔率、体积密度测定仪(设备连接布置图)

设备使用:

(1) 将除去表面灰尘和颗粒的试样置于干燥箱中于 110℃ 烘干,然后取出放在干燥器中冷却至室温。

(2) 称量试样的干燥质量。

(3) 连接好实验所用的设备,将试样放入托盘内并置于真空干燥箱内,开启真空泵抽真空至 -0.098 MPa 并保持 5 min。

(4) 打开导流管阀门缓慢向托盘里注入供试样吸收的液体,直至试样完全被淹没。继续保持抽真空 5 min。

(5) 停止抽真空,打开真空箱的进气阀,取出托盘在空气中静置 30 min,使试样充分饱和。

(6) 在溢流盒内加满吸收液体直至从溢流孔内流出,然后天平去皮,做好称量准备。

(7) 将充分饱和试样迅速移至称量架的滤网内,并使液体完全浸没试样,待液体不再从液流孔溢出时,称量悬浮重量。

(8) 从称量架的滤网内取出试样,放在已吸满液体的毛巾上,用毛巾擦去试样表面多余的液体,迅速称量试样在空气中的饱和重量。

(9) 关闭总电源,整理好设备,清扫实验环境。

2.6　真空热压炉

2.6.1　用途

真空热压炉可用作金属间化合物、高温陶瓷、纳米材料等在真空或保护气氛中热压烧结,也可用于真空烧结或气氛烧结。

图 2-17 为型号 ZT-50-20Y 的真空热压炉。其技术指标为:

额定功率:50 kW

电源电压:380 V

加热器电压:0～36 V

最高温度:2000℃

工作区尺寸:ϕ160 mm×160 mm

极限真空度:6.67×10^{-3} Pa

工作真空度:6.67×10^{-2} Pa(1600℃以下)

最大压力:20 t

最大位移:100 mm

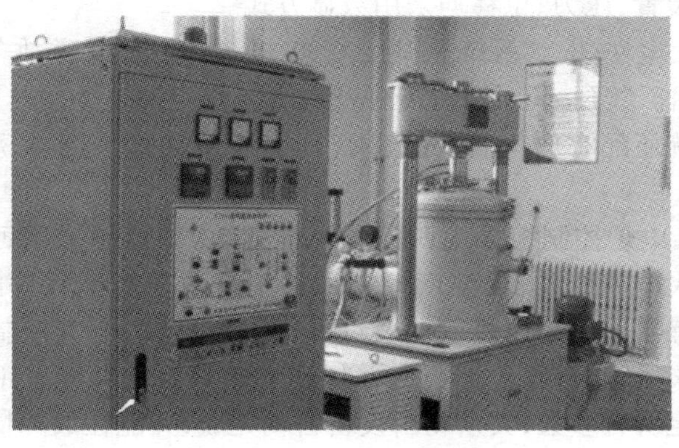

图 2-17　真空热压炉

2.6.2 结构说明

(1) 炉体部分。炉体为立式炉壳,其内层为不锈钢制成的圆筒,外层为碳钢。两层之间形成夹套可以通冷却水将传到炉壳上的热量带走,使炉壁温度不超过 60℃,其上下法兰焊接为一个整体。中间开有红外测温孔(有保护气氛通气口),热电偶测温孔、抽气孔及观察孔,铂铑热电偶有到温自动退出装置,红外测温观察孔有玻璃气吹防雾装置,操作人员使用的观察孔设有挡板。

(2) 炉体上是炉盖,它是由内外封头和法兰组成,中间水冷炉盖吊在启闭机构上,扳动启动机构上的手柄可以将炉盖升启 10～15 mm,炉盖上有压头,压力传感器、排气隔膜阀及炉盖锁紧装置。

(3) 炉底部分:它也是由内外封头和法兰组成,中间水冷,固定在炉体底部,有电极引入,下压头进气隔膜阀等组成,并装可调节高度位移传感器。

(4) 炉架上有上梁、炉架、底及立柱等组成,作为上下压头支座。

(5) 炉内发热元件采用石墨,保温材料采用石墨毡及石墨筒为隔热屏,上、下压头采用高强度石墨。

(6) 液压采用电动输入方式自动调节,配有液压锁及转向阀等相关装置,压力、位移均采用数显方式。

(7) 电炉真空系统采用 2X-30 机械泵(配电磁放气阀)及 K-200 油扩散泵,同时设有冷阱及机组。真空测量为复合真空计。真空系统还配有放气阀、充气阀,真空连接软管采用不锈钢金属软管。

(8) 电炉控制柜采用西门子标准式,功率控制采用可控硅调压器 + 大电流变压器,温度控制采用两台数显智能程序控制仪。温度传感器采用铂铑热电偶及红外辐射温度仪,电气控制系统设有水路失压、过流等分类报警并切断加热电源的功能。用户只需预先设定所有参数,其余均由设备自动完成,并能在故障情况下远程诊断。

2.6.3 整机操作

整机操作如下：

(1) 放气,放样品(如需加压,调好位移行程)。模具摆放好(须平整对中心),开液压泵“升”,磨具上平面必须高于炉口。

(2) 检查各阀门是否处于“关”的位置。

(3) 检查电源开关和控制柜各开关，是否处于“关”；控制面板油压调节，加热电压手动调节必须放置最小；油缸运行必须暂停。

(4) 开电源开关,开水泵。

(5) 开“机械泵”按钮进行抽真空,机械泵运转正常,先开“下碟阀”,再开“上碟阀”。观察真空压力表数值变化(3 min 左右表盘示数达最底端“-0.02”)。

(6) 打开真空计电源。如真空达到 15 Pa 以下可开扩散泵加热,45 min 后,关“上碟阀”再开“主挡板阀”,当真空达到要求时可升温。

(7) 先手动加热,开始电流在 300 A 左右。当温度升到 100℃以上,可将电流调置 500～600 A 左右。

(8) 温度升至 400℃,可用程序自动控温。必须设置好高、低温表升温控制程序。(注:低温表最高温 1400℃,转高温控制。高于 1400℃要设置在高温表控制。)

(9) 自动升温过程中若电流偏大(超 1100 A)可调限制功率的输出,直至电流低于 1100 A 即可。若升温过程中电流漂浮的幅度太大可以自整定电流电压的输出匹配。

(10) 升温时必须考虑到试验料放气对真空的影响,所以升温过程中可在 800℃、1000℃或 1200℃时保温一段时间待真空稳定再升温。

(11) 温度升到实验要求温度时,如要加压可作保温时段对试样进行加压。

(12) 如果进行手动加压,油压调节必须旋到最小。开液压泵。然后开液压缸上升。当位移无明显变化时(位移须小于100),这时缓慢增大油压,当压力控制表上的压力达到时,这时不能再增大油压。若过大可将油压调小,直至稳定在实验要求的压力即可。

(13) 试验要求达到后,结束程序自然降温。

(14) 待温度冷却,放气阀放气,开炉盖取样。

(15) 使用完毕后,关好炉盖。各阀门对炉体抽真空,使炉内在不用的情况下保持真空,以便下次实验室抽真空好抽。

2.6.4 需要注意的问题

需要注意的问题如下:

(1) 放石墨压头模具时必须保证模具的平整性和对中心。如果不平或不对中心可能会导致发热体损坏。

(2) 石墨压头模具的有效行程必须在最大行程 100 mm 的范围内。

(3) 设备在升温过程中若断电、断水,炉内有温度必须打开备用冷却水,调整进水阀门的大小,除液压泵冷水可以关闭外,其他各阀门的大小可用手摸炉体各部位,哪个部位烫手就开大哪个阀门。反之则开小一点。

(4) 若只断水,必须关炉体加热、扩散泵加热阀门。只用机械泵对炉内抽真空排起,同时打开备用水源。

(5) 若断电断水,同时无备用水源,应紧急启用气冷。

(6) 自动控温时,有时功率会设置偏大,电流超过额定电流,此时可调限制功率,减小功率直至电流小于 1100 A。

(7) 取放样品时,小心发热体。因为石墨发热提升高温后很脆易碎。

(8) 因炉内升高温有挥发物,易附在红外测温的玻璃上,影响测量温度。所以要定期擦拭玻璃,保证温度的准确性。卸下红外时勿用手触摸红外的物镜。

2.7 钟罩式烧结炉

2.7.1 用途

钟罩式烧结炉是铁氧体磁芯等电子材料烧结的专用设备,它特别适用于 Mn-Xn 高档软磁铁氧体材料的气氛烧结,如高磁导率铁氧体磁芯,低功耗铁氧体磁芯等。一台钟罩式真空气氛烧结炉可满足试验及小规模生产量为 60 kg/炉的需求,240 kg/炉,600 kg/炉,1200 kg/炉可满足规模生产。

2.7.2 基本结构

(1) 炉体。由钢板、型钢焊接成气密闭的壳体,内镶陶瓷纤维炉衬,构成长方形炉膛。加热器从上到下水平平行安装七根硅碳棒形成一个竖排。从上到下每相邻两根加热器连接成一组,再在这组加热器附近插入一根热电偶,和外接控制器形成一个独立的加热控制环路,每排的最下一根加热器作辅助加热。整个炉膛 35 根加热器分成 15 组分别加热控温。在炉壁上开有若干气孔,小孔用于气氛和气压的检测:大孔是工艺气体和循环气体的进气孔,炉顶有若干出气孔,废气从这里排出。

(2) 升降装置及炉床小车。炉床底部安装有小轮,故称炉床小车。

如图 2-18 所示为型号 SL36-13 的钟罩式烧结炉,其技术参数为

烧结室容积:400 mm×400 mm×400 mm

装载量:60 kg

使用温度开机前的检查:查控制柜空开是否断开;查 ZK 智能化晶闸管的“通—断”开关置于断;查晶闸管“手动调节”旋钮是否逆时针旋到零;尤其要将“移相调节”旋钮逆时针旋到零;“手动—自动”开关置于手动。

(3) 开机:先开空开,再开“控制电路”开关,温控仪显示温度等。

图 2-18　钟罩式烧结炉

(4) 打开晶闸管的“通—断”电源开关。

(5) 将晶闸管“手动调节”旋钮顺时针旋到最大。

(6) 顺时针缓慢旋转晶闸管“移相调节”旋钮，注意二次电流表的变化，待电流表显示几安电流，稍停 1 min 后，使电流到 10 A 左右，再稍停 1 min，再增加电流电压。

(7) 利用温控仪设置升降温程序。

(8) 待手动升温到 50℃ 以上，再启动晶闸管“手动—自动”开关。

(9) 关机：先将晶闸管“移相调节”旋钮逆时针旋到最小，再将“手动调节”旋钮逆时针旋到最小，将“自动—手动”开关置于手动，电源开关置于断，关“控制电路”开关，关空开。

2.8　温度测量

温度不能直接加以测量，只能借助于冷热不同物体之间的热交换,以及物体的某些物理性质随冷热程度不同而变化的特性来间接地进行测量。

目前,用于工业生产和实验的温度检测仪表按其感温元件与被测介质接触与否可分为接触式(如热电偶)和非接触式(如光学高温计等)两大类。接触式测温是使感温元件直接与被测介质接触,通过传导或对流达到热动平衡。一般来说,接触式测温仪表比较简单、可靠、测量精度高。但由于测温元件与被测介质需要进行充分的热交换,因而存在测温滞后现象。而且测温元件容易破坏被测对象的温度场。同时由于受到耐高温材料的限制,也不能用于很高的温度测量。非接触测温、感温元件与被测对象互不接触,目前最常用的是通过辐射热交换实现测温。由于不必接触,故非接触式测温仪表原理上不受温度上限的限制,也不会破坏被测物体的温度场,反映速度一般也较快,但它易受测温现场环境条件的影响,故其测温误差较大。这里重点介绍耐火材料生产、科研实验过程温度检测中应用最广泛的热电偶、光学高温计、全辐射高温计、红外温度计的工作原理、结构及应用。

2.8.1 热电偶

热电偶是目前世界上科研和生产中应用最普遍、最广泛的温度测量元件。它具有结构简单、制作方便、测量范围宽、准确度高、热惯性小等各种优点。它既可以用于流体温度测量,也可用于固体温度测量。既可以测量静态温度,也能测量动态温度。且直接输出直流电压信号,便于测量、信号传输,自动记录和控制等。其工作温度可以从-200℃的低温直至2800℃的高温。

热电偶由两种不同的导体(或半导体)材料焊接而成(见图2-19)。焊接的一端称为热电偶的测量端,又称热端;另一端和导线相连,则称为参比端,又称冷端。组成热电偶的两根热偶丝A、B称作热电极。

热电偶测温系统的简单示意图如图2-19*a*、*b*所示。它由检测元件(热电偶),传送放大部件(连接导线或热电偶温度变送器),

以及显示仪表三部分组成。通常把图 2-19a 所示的热电偶测温系统称为热电偶温度计。

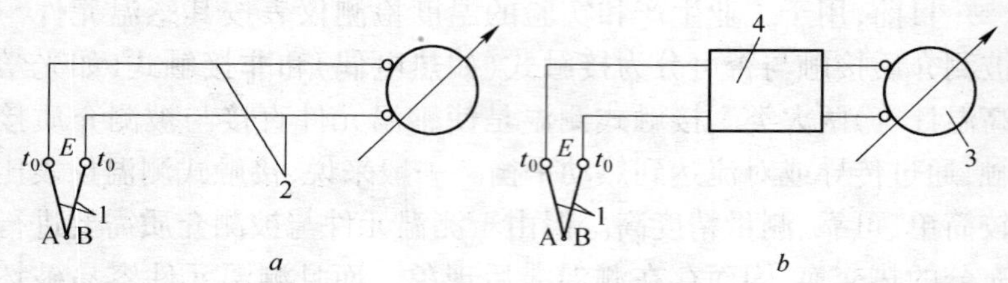

图 2-19 热电偶测温系统示意图

1—热电偶;2—连接导线(信号电缆);3—显示仪表;4—温度变送器

2.8.1.1 热电偶的测温原理

热电偶测温是基于热电效应(或称塞贝克效应)。把两种不同的导体(或半导体)连接成闭合回路,将它们的两个接点分别置于温度各为 t 和 $t_0(t>t_0)$的热源中,则在该回路中就会产生一个电动势,通常称为热电势(见图 2-20)。这种现象就称为热电效应或塞贝克效应。

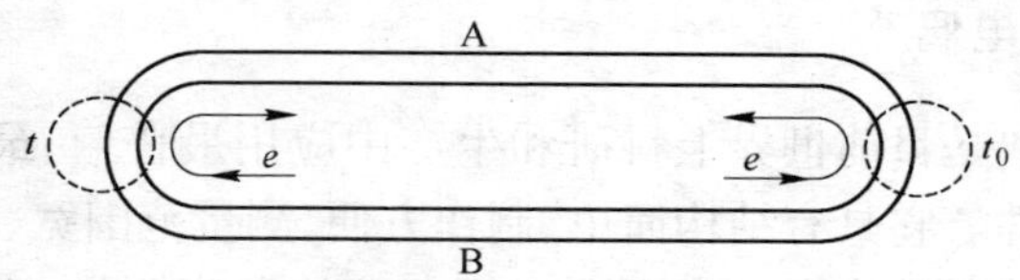

图 2-20 热电偶回路

热电偶回路的热电势由接触电势和温差电势所组成。接触电势即导体(或半导体)接点处产生的电势。接触电势是由于两种不同导体(或半导体)的自由电子密度不同而在接触处形成的。温差电势则是沿单一均质导体的温度梯度产生的电动势。它是由于同一导体(或半导体)高低温端的自由电子所具有的能量不同而产生。根据物理学上的推导,由两种不同导体(或半导体)A、B 组成的热电偶(A 为正极金属,B 为负极金属),当两接点温度分别为 t 和 t_0 时($t>t_0$),其所产生的总热电势为

$$E_{AB}(t,t_0)=\frac{K}{e}\int_{t_0}^{t}\ln\frac{N_A}{N_B}\mathrm{d}t \tag{2-2}$$

式中，e 为单位电荷；K 为玻耳兹曼常数；N_A、N_B 分别为导体 A 和 B 的自由电子密度，它们均为温度 t 的函数。

由式(2-2)可见：热电偶回路的总热电势与两导体的自由电子密度以及两接点处的温度有关。当两热电极 A 和 B 的材料一定时，则热电偶回路总热电势 $E_{AB}(t,t_0)$是其两端温度 t 和 t_0 的函数差。

即 $$E_{AB}(t,t_0)=e_{AB}(t)-e_{AB}(t_0)$$

或写成 $$E_{AB}(t,t_0)=f(t)-f(t_0) \tag{2-3}$$

根据式(2-3)可得：热电偶产生的热电势 $E_{AB}(t,t_0)$只与组成热电偶的两种热电极材料 A、B 及两端接点温度 t、t_0 有关，与热电极的长度和直径无关；当热电偶的两个热电极材料确定后，若使热电偶的冷端温度 t_0 保持恒定，即 $f(t_0)=C$，则

$$E_{AB}(t,t_0)=f(t)-C=\phi(t) \tag{2-4}$$

热电偶产生的热电势 $E_{AB}(t,t_0)$和被测温度 t 成单值函数关系。因而只要测出热电势 $E_{AB}(t,t_0)$，就可以确定相应的被测温度 t，这就是热电偶测温的基本原理。

几种常用热电偶的热电势与温度的关系已依据国家实用温标用实验方法得到。实验时规定取冷端温度 $t_0=0$℃。将热电势 $E_{AB}(t,t_0)$与 t 的对应关系制成表格，就是我们常说的热电偶分度表。

2.8.1.2 热电偶的基本定律

在使用热电偶测温时，需要应用热电偶的两条基本定律(证明从略)，现分述如下：

(1) 中间导体定律。在热电偶回路中引入第三种导体，只要第三种导体两端温度相同，则热电偶所产生的热电势保持不变，即不受第三种导体接入的影响。

依据这一定律，我们就可以在热电偶回路中引入各种仪表，连接导线等，而不影响其测量精度(图 2-21a、b)。同时应用这一性

质可以采用开路热电偶对液态金属和金属壁面进行温度测量，如图 2-21c 所示。应用这一定律要强调的是中间导体两端温度必须相同。

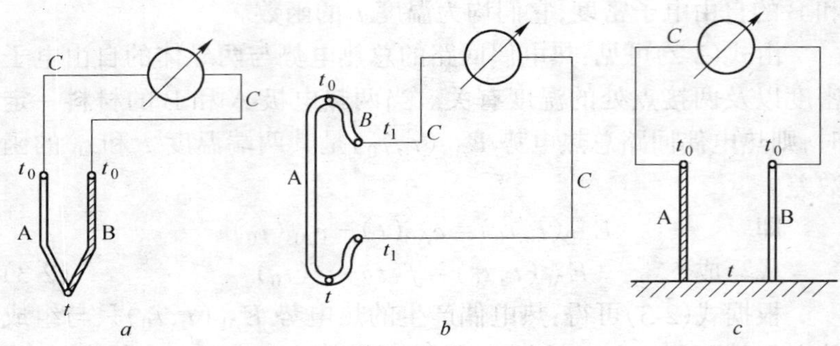

图 2-21 具有中间导体的热电偶回路

(2) 中间温度定律。接点温度为 t 和 t_0 的热电偶，它的热电势 $E_{AB}(t, t_0)$等于接点温度分别为 t、t_1 和 t_1、t_0($t > t_1 > t_0$)的两支同性质热电偶的热电势的代数和，且其值不受中间温度 t_1 变化的影响。即

$$E_{AB}(t, t_0) = E_{AB}(t, t_1) + E_{AB}(t_1, t_0) \tag{2-5}$$

这一基本定律为热电偶的冷端温度补偿提供了理论依据，它的应用将在后面加以说明。

2.8.1.3 常用热电偶的种类

从热电偶的测温原理看，似乎任意两种不同的导体(或半导体)材料都可组成热电偶。实际上，为了保证工程应用的可靠和具有足够的精度，作为热电偶电极材料是有一定要求的。如在测温范围内其物理和化学性质要稳定，热电特性不随时间而改变，不易氧化和腐蚀；电阻温度系数要小；热电势与温度呈线性或简单函数关系；复现性好，材料组织均匀、有韧性，便于加工成丝等。目前国际上公认的标准型热电偶有七种，根据我国国情现指定其中七种为我国定形生产热电偶，它们的分度号分别为：S、B、K、T、E、J、R。现把它们的特点和用途列表介绍于表 2-3。

表 2-3 标准型热电偶的主要特性

热电偶名称	IEC分度号	国家分度号		偶丝直径/mm	适用范围	允许偏差		
		新	旧			等级	使用温度/℃	允差
铂铑 10-铂	S	S	LB-3	0.5～0.020	适用于氧化性气氛中测温，长期最高使用温度为1300℃，短期最高使用温度为1600℃； 不推荐在还原气氛中使用，但短期内可以用于真空中测温	Ⅰ	0～1100 1100～1600	±1℃ ±[1+(t－1100)×0.003]℃
						Ⅱ	0～600 600～1600	±1.5℃ ±0.25% t
铂铑 30-铂铑 6	B	B	LL-2	0.5～0.015	适用于氧化性气氛中测温，长期最高使用温度为1600℃，短期最高使用温度为1800℃；特点是稳定性好，测量温度高，自由端在0～100℃内可以不用补偿导线； 不推荐在还原气氛中使用，但短期内可以用于真空中测温	Ⅱ	600～1700	±0.25% t
						Ⅲ	600～800 800～1700	±4℃ ±0.5% t
镍铬－镍硅（镍铬－镍铝）	K	K	EU-2	0.3、0.5、0.8、1.0、1.2、1.5、2.0、2.5、3.2	适用于氧化和中性气氛中，测温按偶丝直径不同其测温范围为－200～1300℃； 不推荐在还原气氛中使用，可短期在还原气氛中使用，但必须外加密封保护管	Ⅰ	－40～1100	±1.5℃或±0.4% t
						Ⅱ	－40～1300	±2.5℃或±0.75% t
						Ⅲ	－200～40	±2.5℃或±1.5% t

续表 2-3

热电偶名称	IEC分度号	国家分度号		偶丝直径/mm	适用范围	允许偏差		
		新	旧			等级	使用温度/℃	允差
铜－铜镍（康铜）	T	T	CK	0.2、0.3、0.5、1.0、1.6	适用于在－200～400℃范围内测温，其主要特性为测温精度高，稳定性好，低温时灵敏度高，价格低廉	Ⅰ	－40～350	±0.5℃或±0.4% t
						Ⅱ	－40～350	±1℃或±0.75% t
						Ⅲ	－200～40	±1℃或±1.5% t
镍铬－铜镍（康铜）	E	E	—	0.3、0.5、0.8、1.2、1.6、2.0、3.2	适用于氧化或弱还原性气氛中测温，按其偶丝直径不同，测温范围为－200～900℃；具有稳定性好，灵敏度高，价格低廉等优点	Ⅰ	－40～800	±1.5℃或±0.4% t
						Ⅱ	－40～900	±2.5℃或±0.75% t
						Ⅲ	－200～40	±2.5℃或±1.5% t
铁－铜镍（康铜）	J	J	—	0.3、0.5、0.8、1.2、1.6、2.0、3.2	适用于氧化和还原气氛中测温，亦可在真空和中性气氛中测温；按其偶丝直径不同，其测量范围为－40～750℃；具有稳定性好，灵敏度高，价格低廉等优点	Ⅰ	－40～750	±1.5℃或±0.4% t
						Ⅱ	－40～750	±2.5℃或±0.75% t
铂铑 13－铂铑	R	R	—	0.5～0.020	适用于氧化性气氛中测温，长期最高使用温度为1300℃，短期最高使用温度1600℃；不推荐在还原气氛中使用，但短期内可以用于真空中测温	Ⅰ	0～1600	±1℃或±[1+(t－1100)×0.003]℃
						Ⅱ	0～1600	±1.5℃或±0.25% t

除了表2-3所列热电偶外,用于各种特殊用途的热电偶还很多。如用于2000℃高温测量的钨铼系热电偶、铱铑系热电偶,用于低温测量的镍铬-金铁的热电偶,还有各种非金属热电偶,这些热电偶都是非标准化的,使用时需要单独校验。

2.8.1.4 热电偶的结构

普通型热电偶结构如图2-22所示。它主要由感温元件——热电偶、绝缘管、保护套管和按线盒等四部分组成。

绝缘管主要用来防止两根热电极短路,其材料的选用由使用温度的范围而定。保护套管是为了使热电极免受化学和机械损伤,以得到较长的使用寿命和测温的准确性。保护套管的选用一般是根据测温范围、加热区长度、环境气氛以及测温的时间常数等条件来决定。接线盒主要供连接热电偶和补偿导线之用。

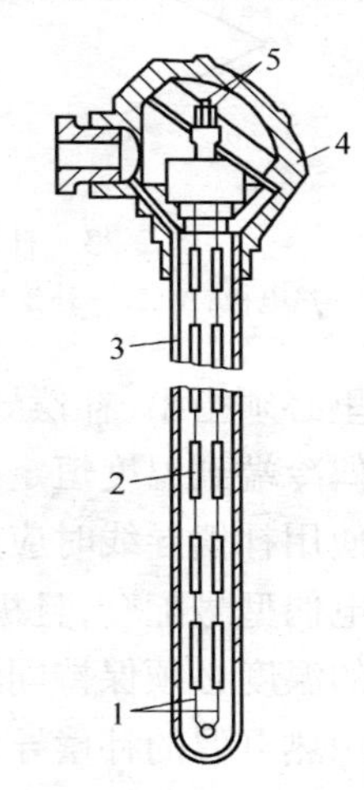

图2-22 普通型热电偶的结构
1—热电极;2—绝缘管;3—保护套管;4—接线盒;5—接线端子

除普通型热电偶外,还有各种特殊结构的热电偶,如铠装热电偶、表面热电偶、薄膜热电偶、隔爆热电偶等。它们各自用于某些特殊场合的温度测量,需要时可根据使用要求加以选择。

2.8.1.5 补偿导线与冷端温度补偿

从热电偶的测温原理可知,只有当热电偶的冷端温度保持不变时,热电势才是被测温度的单值函数。在应用中,由于热电偶本身的长度有限,测量端与冷端离得很近,而且冷端又暴露于空间,容易受到周围环境温度波动的影响,因而温度难以保持恒定。为此必须采用下述方法处理:

(1) 补偿导线方法。为了使热电偶的冷端温度保持恒定,通常采用补偿导线将热电偶的冷端延伸出来(见图 2-22),使它远离热源到温度较为恒定处。这种补偿导线在一定温度范围内(0～100℃)和所连接热电偶具有相同的热电特性,且其材料为廉价金属。根据热电偶中间温度定律将 A′、B′看作是 A、B 的延长线,则测温回路中的总电势将不受中间温度 t'_0 变化的影响。

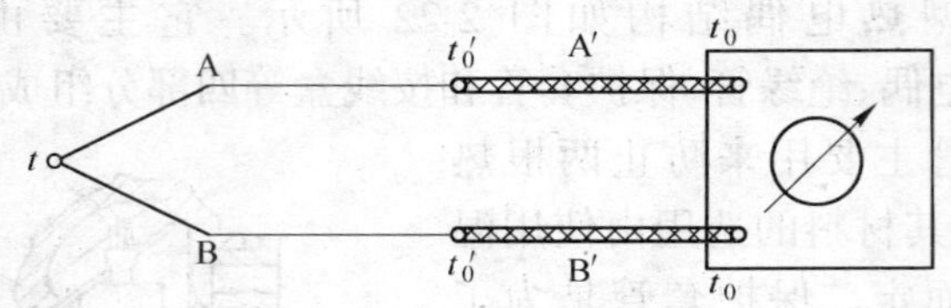

图 2-23　补偿导线在测温回路中的连接

A、B—热电极;A′、B′—补偿导线;t'_0—热电偶原冷端温度;t_0—新冷端温度

这里必须指出,补偿导线的作用只是用来延长热电极,达到移动热电偶冷端到温度恒定处的目的。

在使用补偿导线时应注意:为保证热电特性一致,补偿导线必须与热电偶型号配套,且极性不能接反;热电偶和补偿导线连接处两接点的温度必须保持同温,而且接点温度不应超过 100℃。

常用热电偶的补偿导线见表 2-4。

表 2-4　常用热电偶的补偿导线

补偿导线型号	配用热电偶		补偿导线合金丝		补偿导线绝缘层着色	
	名　称	分度号	正极	负极	正极	负极
SC	铂铑 10－铂	S	铜	康铜	红	绿
KC	镍铬－镍硅	K	铜	康铜	红	蓝
EX	镍铬－康铜	E	镍铬	康铜	红	棕
JX	铁－康铜	J	铁	康铜	红	紫
TX	铜－康铜	T	铁	康铜	红	白

(2) 常用的冷端温度补偿方法。由于热电偶分度表是以冷端温度 t_0＝0℃时分度的,与热电偶配套的显示仪表也是直接按照

这一关系进行刻度的，因此在采用补偿导线使热电偶冷端温度 t_0 ($\neq 0$)保持为恒定的基础上，应用中还必须设法消除冷端温度 $t_0 \neq 0$ 所引入的测温误差，即对热电偶冷端温度进行补偿。常用的冷端温度补偿方法如下：

1) 计算修正法。根据热电偶中间温度定律可得热电势的计算修正公式

$$E_{AB}(t,0)=E'_{AB}(t,t_0)+E'_{AB}(t_0,0) \tag{2-6}$$

式中，$E_{AB}(t,0)$为热电偶测量端温度 t℃；冷端温度为 0℃时的热电势；$E'_{AB}(t,t_0)$为热电偶测量端温度 t℃；冷端温度为 t_0℃时的热电势，即实际测得的热电势值；$E'_{AB}(t_0,0)$为热电偶测量端温度为 t_0℃；冷端温度为 0℃时的热电势，即冷端温度不为 0℃时应补偿的热电势值。

因此只要知道热电偶冷端的温度，通过查表计算，就可以求得热电偶测量端的真实温度。

【例 1】 用一支铂铑 10－铂热电偶进行温度测量，已知热电偶冷端温度 $t_0=20$℃，测量得到 $E_{AB}(t,t_0)=7.341$ mV，求被测介质的实际温度。

【解】 查铂铑 1.0－铂热电偶分度表得

$$E'(t_0,0)=0.113\text{ mV}$$

则 $E(t,0)=E'(t,t_0)+E'(t_0,0)=7.341+0.113=7.454\text{ mV}$

反查 S 分度表，得其对应的实际温度为 810℃。

这里必须强调，由于热电偶的温度——热电势关系是非线性的，因而对热电偶的冷端温度进行补偿，不能采用温度直接相加，必须按热电势相加进行补偿。

2) 机械零点调整法。对于具有机械零位调整器的显示仪表而言，如果热电偶冷端温度 t_0 较为恒定，则在工业测温中可采用机械零点调整法。即在测温系统未工作前，预先将会显示仪表的机械零点调整到 t_0℃，这样等于将校正值直接加到了显示仪表上。测量时显示仪表的示值就是被测温度值。

3) 补偿电桥法。补偿电桥法是利用不平衡电桥（通常又称冷

端补偿器)产生的不平衡电势来实现热电偶的冷端温度补偿。

图 2-24 是电桥自动补偿原理图。桥臂电阻 R_1、R_2、R_3 用电阻温度系数极小的锰铜丝制成,R_t 则用电阻温度系数较大的铜丝绕成,R_t 与热电偶冷端处于同一温度环境下,当环境温度变化时,其电阻值随温度的升高而增大。如果设计使电桥在某一较低温度(如 0℃或 20℃)下处于平衡,则当温度升高后,电桥平衡就被破坏,电桥对角端 ab 间就产生一个随冷端温度而变化的不平衡电势,附加于热电偶回路。只要设计得当,可使该附加电势正好补偿由于热电偶冷端温度变化而引起的热电势减少,显示仪表即可指出正确的温度。

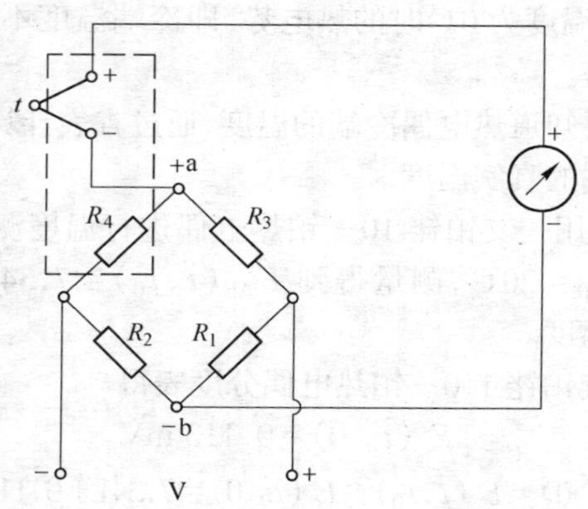

图 2-24 冷端补偿电桥原理图

采用这种补偿方法必须注意:选用的冷端补偿器应和热电偶型号配套;当其接入测量系统时正负极性不可接反;同时应按冷端补偿器设计时的平衡温度调整显示仪表的机械零点,例如冷端补偿器是按 20℃时电桥平衡设计,则仪表机械零点应调在 20℃处。

除上述几种补偿方法外,科研和实验中还经常采用冰浴法。即把热电偶冷端直接插入冰水混合物中,使其冷端温度保持为 0℃,这样显示仪表的读数就是被测的实际温度了。

最后要说明一点,上述几种补偿方法,通常在热电偶与动圈式显示仪表配套测温时考虑采用。由于与热电偶配用的自动电子电位差计或温度变送器的测量线路内,已考虑热电偶冷端温度的补偿问题,故热电偶与它们配套使用时,不必再考虑采用上述补偿方法,但补偿导线仍旧需要。

2.8.1.6 热电偶使用注意事项

热电偶使用注意事项如下:

(1) 检查热电偶的热端是否与被测物相接触(或接近)。

(2) 炉内为还原性气氛时必须使用有保护装置的热电偶,以免热电偶被侵蚀损坏。

(3) 非金属的保护套管会因温度的急剧变化而损坏,因此要将热电偶在加热之前先插入炉内,同时实验完毕后不要一下取出,而需要在 5～10 min 内逐渐取出,有裂纹的保护套管不能使用,否则会使热电偶损坏。

(4) 要注意热电偶冷端的温度恒定及温度的修正。

(5) 热电偶需定期校验,以监视其热电特性的变化,保持其准确性。

2.8.1.7 热电势的测量

热电偶产生的热电势,必须用显示仪表将测量值显示出来,以便操作人员随时了解和监督温度情况。常用的测量热电势的仪表有动圈式仪表(毫伏计)、手动电位差计、自动电子电位差计和数字式电压表等。这里只介绍工厂、实验室常用的前三种仪表。

A 动圈式显示仪表

动圈式显示仪表(简称动圈式仪表)属直接变换型仪表。它具有结构简单、价格低廉、灵活可靠等优点。目前生产的动圈式显示仪表的精度为 1.0 级。动圈式仪表可以与热电偶、热电阻、压力变送器及流量变送器等配合,用来指示、调节被测介质的温度、压力或流量参数。按其功能不同,动圈式显示仪表可分为指示型(XCZ)和指示调节型(XCT)两个系列品种。和热电偶配套的动圈式仪表的型号为 XCZ-101 或 XCT-101;和热电阻配套的动圈式仪表的型号为 XCZ-102 或 XCT-102。

(1) 动圈式仪表的结构原理。动圈式仪表由磁电式测量机构和测量线路两部分组成。对于不同型号的动圈式仪表,其测量线路各不相同,但其测量机构都是一样,如图 2-25 所示。

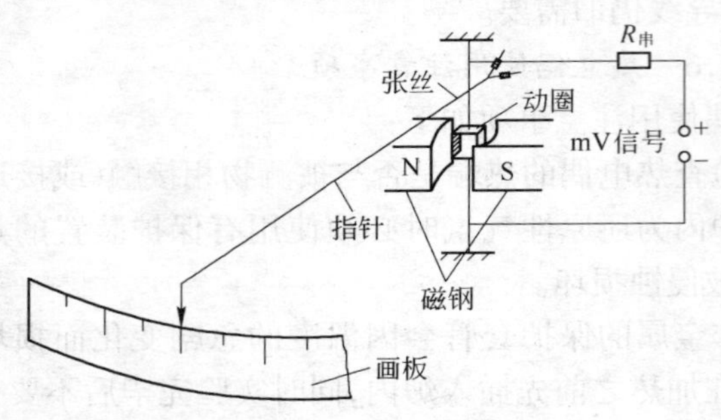

图 2-25 动圈式仪表的测量机构图

图 2-25 中,动圈是用漆包细铜丝绕制的无骨架线框,由上下张丝支承吊置在永久磁铁的磁场中。当测量信号(即直流毫伏信号)通过张丝加到动圈上时,便有电流流过动圈,则此载流线圈将受到电磁作用力的作用,从而产生转动。动圈的转动,使张丝扭转发生形变而产生反抗力矩。当两个力矩相平衡时,动圈就停留在某一位置上,固定在其上的指针也就指示在相应的刻度值上。根据物理学知识可知,此动圈的转角与通过线框的电流成正比,因此尽管送入磁电式测量机构的输入信号为直流毫伏信号,而动圈式仪表实质上是一种测量电流的仪表。

(2) 配热电偶的动圈式仪表的测量线路。配热电偶的动圈式仪表(XCZ-101)的测量线路如图 2-26 所示。图中热电偶,连接导线(包括补偿导线)和动圈仪表内部线路组成了一个闭合回路。

根据欧姆定律,此时流过动圈的电流为

$$I=\frac{E(t,t_0)}{R_{总}}=\frac{E(t,t_0)}{R_{内}+R_{外}} \tag{2-7}$$

式中,$R_{内}=R_{串}+R_B/\!/R_T+R_D$;$R_{外}=R_1+R_2+R_3+R_P$。

从式(2-7)可以看出,流过动圈的电流不仅和热电势有关,而且与回路总电阻有关。因此在测量时,为保证热电偶的热电势$E(t,t_0)$与流过动圈的电流,即仪表指示值成单值函数关系,必须使回路总电阻$R_{总}$为定值,具体地讲,应保持$R_{外}$和$R_{内}$都为定值。

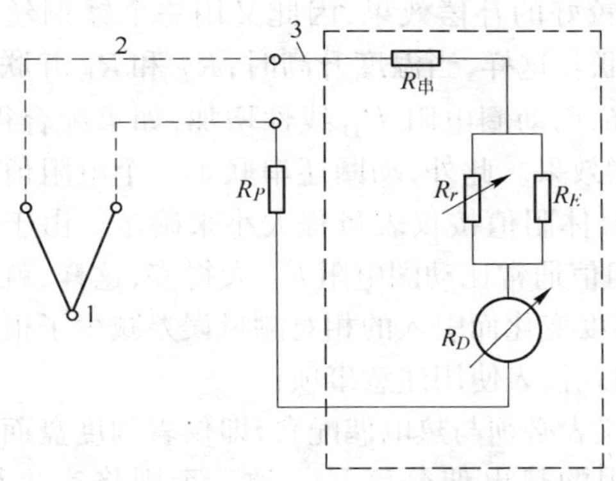

图 2-26 配热电偶的动圈仪表测量线路

1) 外接电阻。由图 2-26 可见,配热电偶的动圈仪表的外接电阻$R_{外}$,包括:热电偶本身的电阻R_1,补偿导线电阻R_2,连接铜导线电阻R_3,外接调整电阻R_P。如果暂不考虑外接调整电阻R_P,显然,$R_{外}$将随测温点到仪表室之间距离的远近、热电偶本身的长度、粗细的不同而变化。为了保证在刻度和不同使用条件下$R_{外}$为一定值,仪表制造厂采用规定外接电阻总值为定值的办法来解决这个问题。配热电偶的动圈仪表统一规定$R_{外}$为 15 Ω,此值标注在仪表面板上。外接调整电阻R_P为仪表附件,由锰铜丝绕制,它的作用就是当动圈仪表的外接电阻不足 15 Ω 时,调整锰铜丝电阻来补足外接电阻$R_{外}=15\ \Omega$。

2) 动圈的温度补偿。要确保配热电偶的动圈仪表的内部电阻$R_{内}$为定值,关键的问题是动圈的温度补偿。前面已指出:动圈是用铜丝绕制而成的,当环境温度变化时,其电阻值R_D将随之变化。为了减少由此带来的测量误差,在表头内部线路中,串入了一个温度补偿环节。该环节由热敏电阻 R_T 和锰铜电阻 R_B 并联而成。它主要利用热敏电阻 R_T 的电阻值随温度的升高而下降的特性，以补偿动圈电阻 R_D 随温度升高而增加的影响。由于热敏电阻 R_T 的温度特性呈指数变化规律，为了使其特性接近于线性变化，以得到较好的补偿效果，因此又用一个锰铜丝绕制的电阻 R_B 与 R_T 并联。这样，当温度升高时，R_T 和 R_B 并联的总电阻近似线性地下降，而动圈电阻 R_D 线性增加，如果配合得好，就能得到较好的补偿效果。此外，动圈还串联了一个电阻值较大的锰铜电阻 $R_串$，其具体阻值按仪表量程大小来确定。由于这个锰铜电阻 $R_串$ 的电阻值通常比动圈电阻 R_D 大得多，这样，就可使得动圈电阻 R_D 随温度变化而引入的相对测量误差减少了很多。

（3）动圈式仪表使用注意事项：

1）动圈仪表必须与热电偶配套，即仪表刻度盘面上所注的分度号应与配用的热电偶分度号一致。否则将产生极大的人为误差。

2）由于动圈仪表的测量线路中未考虑热电偶冷端温度补偿问题，故当它们配合测温时，必须采取热电偶冷端温度补偿措施。工业上最常用的补偿方法是补偿电桥法，其现场接线示意图如图 2-27 所示。

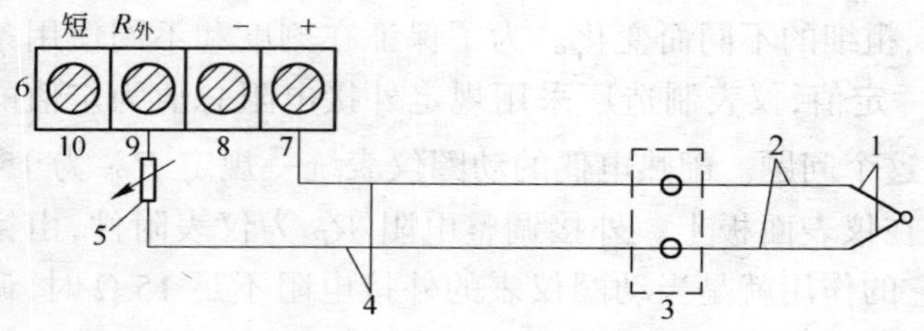

图 2-27　XCZ-101 动圈式仪表现场接线示意图

1—热电偶；2—补偿导线；3—冷端补偿器；4—连接铜导线；
5—调整电阻；6—仪表接线板；7、8、9、10—接线端子

3）调整外接线路电阻为 15 Ω。由于热电偶内阻随温度而变，

为减少测量误差,应在热电偶经常使用的温度条件下来凑足外接线路电阻。

4) XCZ-101 动圈仪表在出厂时,是将接线端子 7、10 短接的,其目的是在搬运仪表时避免损坏表头。7、10 的短接,实际上是将表内动圈短路。这样当它在搬运中稍有转动时,就在磁场中切割磁力线,产生感生电流,该电流又使动圈做反向转动,从而起到阻尼作用。因此在使用仪表时,必须先将短路线卸除。

B 直流电位差计

应用动圈式仪表测量热电势虽然比较方便,但因有电流流过总回路,会因回路电阻变化而给测温带来误差。又由于机械方面和电磁方面的因素很难进一步提高测量精度。因此在高精度温度测量中常用直流电位差计测量热电势。

手动电位差计:

(1) 工作原理。电位差计采用补偿法原理,使被测量电动势与恒定的标准电动势相互比较,其工作原理如图 2-28 所示。图中的直流工作电源 E 是干电池或直流稳压电源。标准电压 E_N 是标准电池。图中共有三个回路:

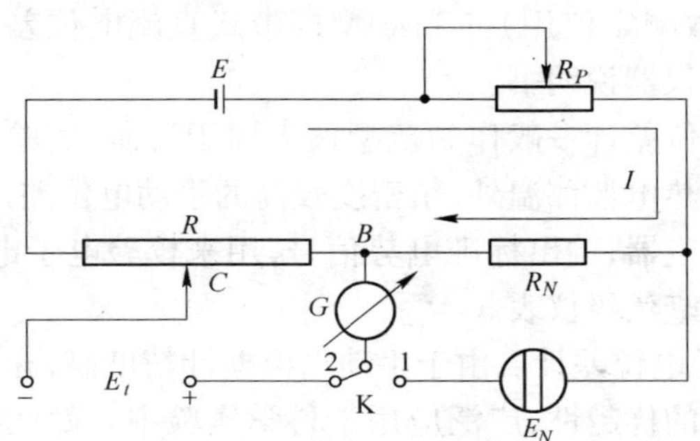

图 2-28 手动电位差计的原理线路

1) 由 E、R_P、R_N、R 所组成的工作电流回路,回路的电流为 I。

2) 由 E_N、R_N,检流计 G 所组成的标准回路,其功能是调整工作电流 I 维持设计时所规定的电流值。

3) 由 E_t、R、G 组成的测量回路。

当开关 K 置向“标准”位置时(即位置 1),标准回路工作,其电压方程为:

$$E_N - IR_N = i_N(R_N + R_G + R_{E_N})$$

式中,R_G 为检流计的内阻;R_{E_N} 是标准电池 E_N 的内阻;i_N 是标准回路电流。调整 R_P 以改变工作电流回路的工作电流 I,当 $E_N = IR_N$ 时则 $i_N = 0$,检流计 G 指零,此时 I 就是电位差计所要求的工作电流值。

当开关 K 置向“测量”位置时(即位置 2),测量回路工作,其电压方程为

$$E_t - IR = i(R + R_G + R_{E_t})$$

式中,R_{E_t} 为热电偶及连接导线的电阻;i 为测量回路电流。移动电阻 R 的滑动点 C 使检流计指零,则 $i = 0$, $E_t = IR$,由于 I 已是精确的工作电流值,同时 R 也由刻度盘上精确地可知,所以 E_t 的测量值也就相当精确地知道了。

本实验室的手动直流电位差计有 UJ-26 型低电势直流电位差计(导热系数测定仪用),UJ-36 型携带式直流电位差计。具体使用方法参看仪器说明书。

手动电位差计一般作为范型仪表用于科研、实验中。它除了在实验室配热电偶测温外,精密度较高的手动电位差计,还可作为毫伏信号发生器,输出标准电势信号,用来校验电子电位差计、测温毫伏计等毫伏级仪表。

2) 电子电位差计。由于手动电位差计精度高,在精密测量中显示出很大的优越性,广泛应用于科学实验中。而在工业生产和实验过程中很希望既具有较高精度又能连续自动记录被测温度的多功能仪表,自动电子电位差计是较理想的一种。它除可以自动显示和自动记录被测温度值外,还可以自动补偿热电偶的冷端温度。稍加附件还能增加参数超限自动报警、多笔记录和对被测参数进行自动控制等多种功能。如隧道窑用的升温曲线记录仪、荷

软蠕变仪中应用的 XWC-200 型电子电位差计便能自动记录升温曲线和变形曲线。

① 工作原理。电子电位差计是依据电压平衡原理自动进行工作的,其工作原理如图 2-29 所示。它与手动电位差计不同之处是:第一,其由稳压电源提供恒定的工作电流;第二,用电子放大器代替了检流计;第三,用可逆电机的正反转动代替了人用手去拨动滑线电阻触点的动作。它的工作过程如下:被测热电势 E_t 与已知直流压降 U_{CB} 相比较,当 $E_t \neq U_{CB}$ 时,其差值信号(即不平衡电压)被送入放大器放大,以输出足以驱动可逆电机的功率。可逆电机根据差值的正负产生相应的正反方向的转动,并带动滑动触点 C 移动,直至 $E_t = U_{CB}$ 时为止。这时放大器的输入信号为零,可逆电机不再转动,测量线路达到平衡,则 U_{CB} 就是被测电势 E_t 的值。由于在电子电位差计中,其表头指针及记录笔是和滑动触点 C 连在一起的,故这时,指针和记录笔就指示和记录出被测电势的数值(或相应的温度值)。

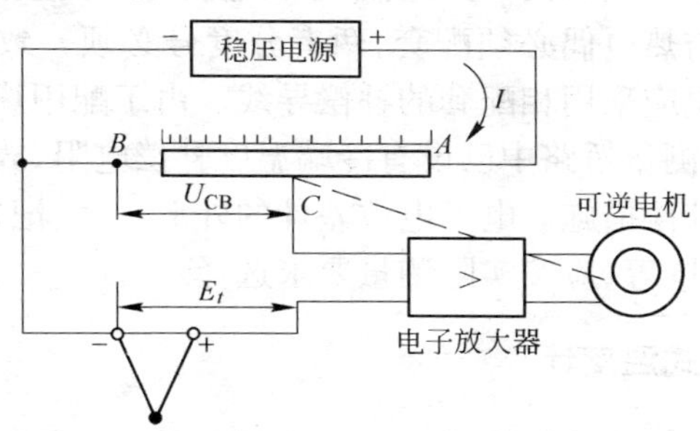

图 2-29 电子电位差计工作原理图

目前工作上定型生产的电子电位差计,按照其形状和大小,有多种型号,如 XWC 型为长图记录仪,其中字母 X 代表显示仪表,W 代表直流电位差计,C 代表长图记录仪。其他还有 XWA、XWB、XWD 等型号,它们的第三位字母 A、B、D 等分别表示条型指示仪(A)、圆型记录仪(B)、小型长图记录仪(D)。

国产典型的 XWD 系列小型自动电子电位差计的原理框图,

如图 2-30 所示。主要由测量回路、晶体管电子放大器、可逆电动机、指示和记录机构组成。另外有同步电动机通过减速机构带动记录纸按所设定的速度移动。

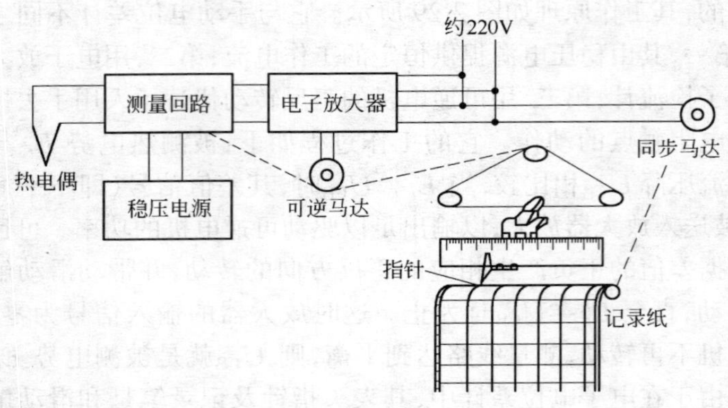

图 2-30 XWD系列电子电位差计原理框图

② 使用。采用电子电位差计与热电偶配套测量温度时,同样要注意仪表与热电偶必须配套,两者分度号必须一致。热电偶与仪表的连接也应采用相配套的补偿导线。由于配用热电偶的电子电位差计,其测量桥路中已设有冷端温度补偿电阻,故使用时不必采用另外的补偿措施。电子电位差计的外形尺寸、记录方式、走纸速度、测量范围等,应按实际测量要求选择。

2.8.2 辐射式温度计

依据物体的热辐射定律来测量温度的仪表,称为辐射式温度计。它包括光学高温计、全辐射高温计、红外温度计等。由于该类温度计感温元件不与被测物体直接接触,不存在元件被烧毁、侵蚀或磨损等问题,因而测温上限高(可达 3000℃左右),寿命长;感温元件不进入被测空间,不会破坏其温度分布,有可能减小测量误差;还适宜于运动着的物体的工作表面温度的测量。此外,感温元件热惯性可以做得很小,输出信号可以做得足够大,因而测温滞后小,灵敏度高。主要缺点是测温的准确度不够高。尽管如此,由于非接触测温的若干特点,此类测温仪表在耐火材料工业生产、科研实验中应用也较广。如辽镁公司大石桥耐火材料厂1号隧道窑,自1984年大修时采用全辐射高温计代替双铂铑热电偶,使温度自动调节,节约了大量资金,取得了良好的使用效果。

2.8.2.1 光学高温计

A 工作原理

物体受热后,将有一部分热能转变为辐射能,并且,随温度的升高,单色辐射强度 E_λ 增加很快,增长的速度视波长不同而不同(见图2-31)。

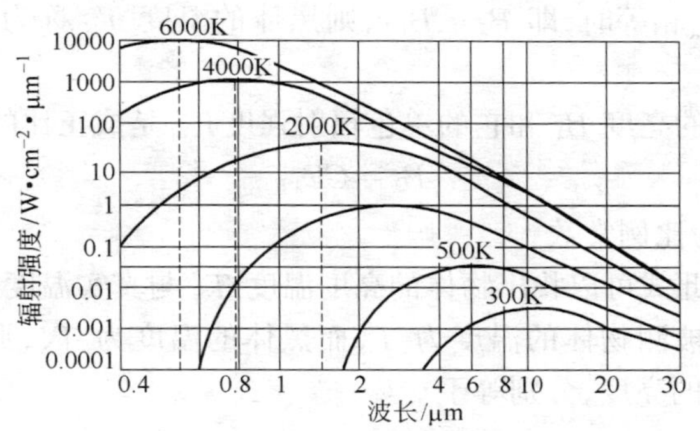

图2-31 黑体的单色辐射强度与波长的关系

当波长一定时,物体的单色辐射强度仅仅是温度的函数。普朗克把绝对黑体的单色辐射强度 $E_{0\lambda}$ 与温度、辐射波长 λ 的关系,用数学形式表达出来,即为普朗克定律:

$$E_{0\lambda} = C_1\lambda^{-5}\left(e^{\frac{C_2}{\lambda T}} - 1\right)^{-1} \tag{2-8}$$

式中,C_1 为第一辐射常数,$C_1 = 37413\ \mathrm{W\cdot \mu m^4/cm^2}$;$C_2$ 为第二辐射常数,$C_2 = 14388\ \mu\mathrm{m\cdot K}$。

普朗克公式在理论上,对任何高温都是适用的,但实际应用起来很不方便,因此,在3000 K以下(即 $e^{\frac{C_2}{\lambda T}} \gg 1$)一般用维恩公式:

$$E_{0\lambda} = C_1\lambda \tag{2-9}$$

维恩公式仅适用于 T 小于 3000 K 的情况下，当 T 大于 3000 K 时，采用普朗克公式是可靠的。由维恩公式看出，只要波长一定（通常取 $\lambda=0.65\ \mu m$），则单色辐射强度只是温度的函数。因此，可以用测量黑体在某一温度 T 下的单色辐射强度 $E_{0\lambda T}$ 的方法，确定黑体的温度。这是光学高温计测量温度的基本原理。

由于单色辐射强度 $E_{\lambda T}$ 是随各种物体的特性而不同，因此，不能用普通物体的辐射特性对光学高温计进行刻度，只能按黑体的单色辐射强度对仪表进行刻度，为此引入亮度温度的概念。

当实际物体在某一波长（λ）下的亮度 B_λ 与黑体在温度 T_S 时的亮度 $B_{0\lambda}$ 相等时，即 $B_\lambda - B_{0\lambda}$，则黑体的温度 T_S 称为该物体的亮度温度。

物体的亮度 B_λ 和它的单色辐射强度 $E_{\lambda T}$ 是成正比的，因此

$$B_\lambda = CE_{\lambda T} \tag{2-10}$$

式中，C 为比例常数。

根据此式可以找出物体的亮度温度 T_S 与真实温度 T 之间的关系。若被测物体的温度为 T，而黑体的温度为 T_S，那么，对于波长为 λ 的亮度，分别等于

$$B_\lambda = CE_{\lambda T} = C\varepsilon_{\lambda T}E_{0\lambda T} = C\varepsilon_{\lambda T}C_1\lambda^{-5}e^{-\frac{C_2}{\lambda T}} \tag{2-11}$$

$$B_{0\lambda} = CE_{0\lambda}T_S = CC_1\lambda^{-5}e^{-\frac{C_2}{\lambda T_S}} \tag{2-12}$$

式中，$\varepsilon_{\lambda T}$ 为物体在温度为 T、波长为 λ 的单色辐射黑度系数（或称发射率）。如果两者的亮度相等

即
$$B_\lambda = B_{0\lambda}$$

所以
$$C\varepsilon_{\lambda T}C_1\lambda^{-5}e^{-\frac{C_2}{\lambda T}} = CC_1\lambda^{-5}e^{-\frac{C_2}{\lambda T_S}}$$

两边取对数，并进行整理就得到

$$\frac{1}{T_S} - \frac{1}{T} = \frac{\lambda}{C_2}\ln\frac{1}{\varepsilon_{\lambda T}} \tag{2-13}$$

当知道物体的单色辐射黑度系数 $\varepsilon_{\lambda T}$，并用光学高温计测得物体的亮度温度 T_S 后，就可按式（2-13）计算出物体的真实温度

T。显然 $\varepsilon_{\lambda T}$ 越小,亮度温度与真实温度的差别越大。通常是 $0<\varepsilon_{\lambda T}<1$,所以 $\frac{1}{\varepsilon_{\lambda T}}>1$,这样一来,物体的亮度温度 T_S 必然低于物体的真实温度 T。

B 光学高温计的结构

光学高温计采用单一波长进行亮度比较,也称单色辐射高温计。它有如下三种形式:即灯丝隐灭式、恒定亮度式和光电亮度式,其中以灯丝隐灭式光学高温计(以下简称光学高温计)应用最为普遍,它的主要优点是使用方便、灵敏度高、测量范围广;缺点是主观误差大,不能实现自动测量。国产 WGG-202 型光学高温计是由望远镜与测量仪表连在一起的整体型光学高温计。主要由如下两部分构成:

(1) 光学系统。光学高温计的结构示意图见图 2-32a。在光学系统中是由物镜 3 和目镜 10 组成的望远系统,灯泡 12 的灯丝置于光学系统中物镜成像的部位。被测物体所发出的热辐射(表现为一定的亮度)经物镜 3,聚焦在灯丝平面上,调节目镜的位置,可使视力不同的观察者都能清晰地看到灯丝;调节物镜的位置,可使被测物体清晰地成像在灯丝平面上。在目镜与观测孔之间,装有红色滤光片 11,它仅允许 $\lambda=0.65\ \mu m$ 的红光通过,这样就可以得到一种波长的亮度,达到单色辐射的目的。物镜与灯泡之间有吸收玻璃 2,用以减弱被测物体的亮度,当使用第二量程时,转动物镜筒侧之旋钮,即可将吸收玻璃引入视场。

(2) 电学系统。它是由灯泡、桥路电阻、测量机构、滑线电阻、针挡继电器、电源、刻度尺和照明灯泡所组成的,光学高温计电气原理线路图如图 2-32b 所示。

当把开关 1 合上时,继电器和桥路内有电流通过,使继电器动作,释放指针,这时调节滑线电阻,改变通过灯泡的电流。由于灯丝受热而使其电阻发生变化,导致桥路不平衡,于是在桥路对角线中,就有电流流过测量机构,使指针移动,指示出被测物体的亮度温度。如果这时切断开关 1,则回路没有电流通过,针挡继电器动作，指针挡跳起，使指针停留在所指示的温度处，便于读数。因此，测量完毕时，要将滑线电阻调至最大，使指针回零，否则，指针将停留在原示值处。当开关2合上时，灯泡照亮了刻度标尺，在照明条件不好时仍可读数。

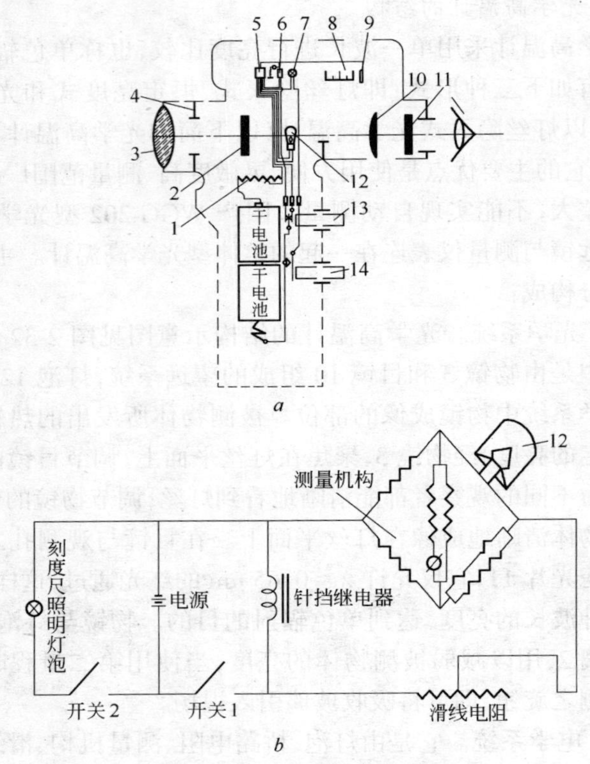

图2-32 光学高温计示意图

a—光学高温计结构示意图；*b*—光学高温计电气原理线路图

1—滑线电阻；2—吸收玻璃；3—物镜；4—光缆；5—测量机构；6—针挡继电器；7—刻度尺照明灯；8—刻度尺；9—指针；10—目镜；11—红滤镜；12—灯泡；13—开关1；14—开关2

实际测量时，在辐射热源的发光背景上，有弧形灯丝（见图2-33）。当灯丝的亮度较被测物体低时，灯丝发黑如图2-33中*a*所示；当灯丝亮度高于被测物体时，灯丝发白如图2-33中*c*所示；当灯丝的亮度恰好与被测物体相同时，灯丝的尖端就隐灭在被测物体的背景中，如图 2-33 中 *b* 所示。由于它是以灯丝隐灭方式进行亮度比较来测量温度的，因此称为灯丝隐灭式光学高温计。在测量时为了读数准确，应逐渐调节灯丝的电流，先自低而高，再自高而低，每次均调整到灯丝隐灭时为止，再读取温度数值。

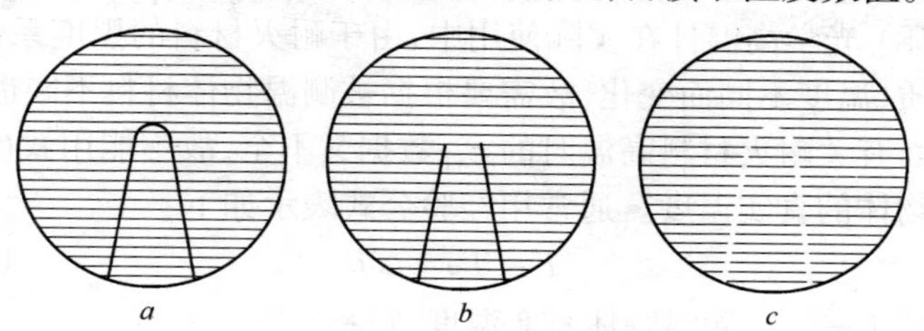

图 2-33 光学高温计灯泡灯丝亮度调整图

a—灯丝发黑；*b*—灯丝的尖端隐灭在被测物体背景中；*c*—灯丝发白

C 光学高温计的使用

光学高温计的使用步骤如下：

(1) 检查仪表的机械零点，如电路未接通前指针不指示起始刻度线，应旋转零位调节器，将指针调节到零点。

(2) 拨动目镜盖边的转动片，将红色滤光片移出现场，按下按钮开关，旋转滑线电阻盘使灯丝发红，前后调节目镜到灯丝清晰为止。并拧紧目镜定位螺母。

(3) 瞄准被测物体，前后移动调节物镜，直至被测温物体图像清晰为止。

(4) 测量温度在 700～900℃时，允许不加入红色滤光片。高于 900℃时，即应将红色滤光片引入视场，当被测量的温度高于 1300℃时，应将吸收玻璃旋钮拨向“20”的位置上，读取第二量程 1200～2000℃的温度刻度。由于吸收玻璃的引入，温度绝对误差增大，因此能在低量限下测量的温度，最好不要用高量限。

(5) 旋转滑线电阻盘，使流经灯丝的电流均匀地增大，调节灯丝亮度直到灯丝顶部的图像消失在被测温物体的图像中，如图 2-33 中 *b* 所示时，读取指针指示值。

(6) 光学高温计使用完毕后,应立即松开按钮开关,切断电源,并旋转滑线电阻盘使其回到零位。当换装电池时,应注意正负极,不要装反。如长期不用时应取出电池。

(7) 测量时物镜及镜筒头,不能靠近较高温处,以免镜筒及镜片受热破裂,距离测量物为1000 mm左右为宜。

(8) 光学高温计在实际使用中,由于耐火材料的黑度系数 $\varepsilon_{\lambda T}$ 随材质、温度不同而变化,故需要根据被测温物体材料不同进行修正。而有关耐火材料高温时的 $\varepsilon_{\lambda T}$ 数据又不全,故不能用式(2-13)计算物体的真实温度。通常用经验公式表示如下:

$$T = T_S + \Delta T \tag{2-14}$$

式中 T——被测温物体真实温度,℃;

T_S——光学高温计读数,℃;

ΔT——被测温物体真实温度,℃。

通常 $\Delta T = 30 \sim 60$℃,一般来说,倒焰窑 ΔT 取大值,隧道窑取小值。被测温物体温度低(1400℃以下)可取小值,被测温物体温度高取大值。也可在测量中,让被测对象尽可能的向绝对黑体接近。例如,从炉门上的小孔观测炉膛内部空间的温度,可以认为其黑度系数 $\varepsilon_{\lambda T}$ 近似为1,此时光学高温计读数就基本上是炉膛内的真实温度,无须加以修正了。

其次也可以用热电偶校对,即在被测温度低于1800℃时,将热电偶插入被测介质中,测得真实温度,同时用光学高温计测其亮度温度,从而求得光学高温计的修正值。

(9) 光学系统应保持清洁,要保护好镜头,不要划伤。

(10) 光学高温计,必须定期校正。

2.8.2.2 全辐射式光学高温计

A 工作原理

全辐射高温计是根据公式 $E_O = \sigma_O T^4$ ($\sigma_O = 5.67 \times 10^{-12}$ W/(cm^2·K^4))绝对黑体全辐射定律而设计的高温计。当测出黑体的全辐射强度 E_O 后就可知其温度 T 了。图2-34为全辐射高温计原理示意图。

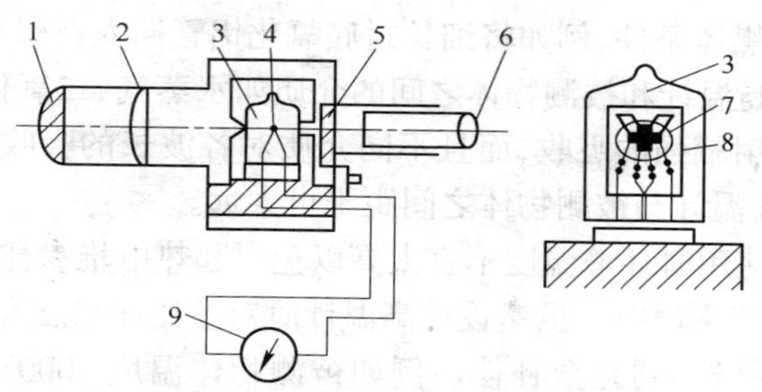

图 2-34 全辐射高温计原理图

1—物镜;2—光缆;3—玻璃泡;4—热电堆;5—灰色滤光片;6—目镜;7—铂箔;8—云母片;9—二次仪表

被测物体波长 $\lambda=0\sim\infty$ 的全辐射能量由物镜 1 聚焦经光缆 2 投射到热接受器 4 上,这种热接受器多为热电堆结构。热电堆是由 4～8 支微型热电偶串联而成,以得到较大的热电势。热电偶的测量端贴夹在十字形的铂箔上,铂箔涂成黑色以增加热吸收系数。热电堆的输出热电势接到显示仪表或记录仪表上。热电偶的参比端贴夹在热接受器周围的云母片中。在瞄准物体的过程中可以通过目镜 6 进行观察,目镜前有灰色滤光片 5 用来削弱光强,保护观察者的眼睛。整个高温计机壳内壁面涂成黑色以便减少杂光干扰和造成黑体条件。

全辐射高温计是按绝对黑体对象进行分度的。用它测量辐射率为 ε 的实际物体温度时,其示值并非真实温度,而是被测物体的"辐射温度"。辐射温度的定义是:温度为 T 的物体全辐射能量 E 等于温度为 T_P 的绝对黑体全辐射能量 E_O 时,则温度 T_P 称为被测物体的辐射温度。按 ε 的定义为 E/E_O,则有

$$T=T_P\sqrt[4]{1/\varepsilon} \tag{2-15}$$

由于 ε 总是小于 1,所以测得的实际温度总是低于实际物体的真实温度。

B 全辐射高温计使用注意事项

(1) 全辐射的辐射率 ε 随物体成分、表面状态、温度和辐射条件有宽广的变化,因此应尽可能准确地得知被测物体的 ε。或者

创造人工黑体条件,例如将细长封底氧化铝管插入被测对象。

(2) 高温计和被测物体之间的介质如水蒸气、二氧化碳、尘埃等对热辐射较强的吸收,而且不同介质对各波长的吸收率也不相同,为此高温计与被测物体之间距不可太远。

(3) 使用时环境温度不宜太高以免引起热电堆参比端温度增高而增加测量误差。虽然设计高温计时对参比端温度有一定补偿措施,但还做不到完全补偿。例如被测物体温度 1000℃、环境温度为 50℃时高温计指示值偏低约 5℃,环境温度为 80℃时示值偏低 10℃,当环境温度高于 100℃时必须加冷却水套降温。

(4) 被测物体到高温计之间距离 L 和被测物体的直径 D 之比 L/D 有一定限制。当比值太大时,被测物体在热电堆平面上成像太小,不能全部覆盖住热电堆十字形平面,使热电堆接收到的辐射能减少,温度示值偏低。当比值太小时,物像过大,使热电堆附近的其他零件受热,参比端温度上升,也造成示值下降。例如,WFT-202 型高温计规定:当 $L=0.6$ m 时,L/D 为 15,$L=0.8$ m 时,L/D 为 19;当 L 大于 1 m 时,L/D 为 20,如果此时采用 18,在 900℃时将增加 10℃误差。

总之,全辐射高温计不宜进行精确测量,多用于窑炉的温度监视。该高温计的优点是结构简单,使用方便,价格低廉,时间常数约为 4～20 s。

近年来,全辐射高温计的热接受器除了热电堆之外,还采用热敏电阻,硅光电池等器件,除热接受器的输出电路有所变化外,其他光学系统无变化。

2.8.2.3 红外温度计

任何物体只要其温度高于绝对零度都会因分子的热运动而发射红外线(波长 0.8～400 μm),且发出的红外辐射能量与物体的温度有关,仍然可由普朗克定律确定,因此可以通过测量一定波长下的红外辐射强度来确定物体的温度。利用红外辐射测定温度的方法,将非接触式测温向低温方向延伸,低温区已至 −10℃,高温区达 2700℃左右。红外测温可快速、灵敏、准确、连续的测定物体温度，而且可靠性高，使用寿命长，数据显示直观，红外测温是发展方向之一。鞍钢耐火材料厂隧道窑采用红外测温仪代替昂贵的双铂铑热电偶，除节省大量资金外，还大大减轻了工人劳动强度，使用效果良好。现以国产 WLD-31 型红外温度计为例介绍。

国产 WLD-31 型红外温度计的结构原理示于图 2-35。被测物体的表面辐射能量由物镜会聚，经调制盘（又称切光片）反射到滤光片，一定波长的红外线透过到达探测元件上而被接收。仪器中一个用作比较的参考辐射源——参比灯的辐射能量通过另一路聚光镜会聚，经反射镜反射并穿过调制盘的叶片空间也到达探测元件上被接收。由微电机驱动旋转的调制盘可使被测辐射能量与参比辐射能量交替被红外探测元件接收，从而分别产生了两个相位相差 180°的电信号。从探测元件输出的脉冲信号是这两个信号的差值。差值信号由电子线路放大，并经相敏波成为直流信号，再经直流放大处理，以调节参比灯的工作电流，使其辐射能量与被测辐射能量相平衡。参比灯的辐射能量始终精确跟踪被测辐射能量，保持平衡状态，再将参比灯的电参数经过电子线路进一步处理，输出 0～10 mA DC 的统一信号送显示仪表，指示、记录被测的温度值。为了适应辐射能量的变化特点，电路设有自动增益控制环节，在量程范围内，保证仪器电路有适当的灵敏度，保持正常工作。

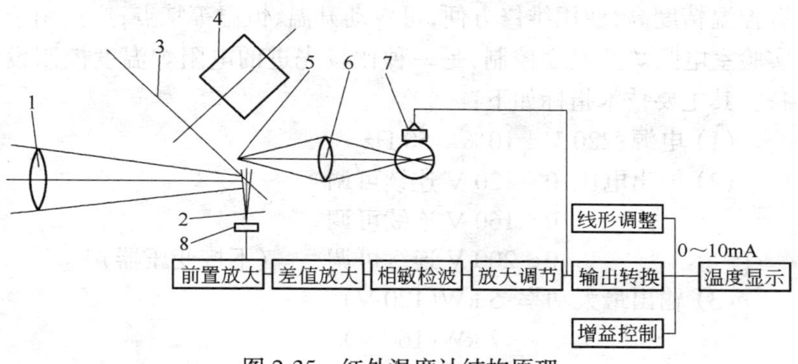

图 2-35 红外温度计结构原理

1—物镜；2—滤光片；3—调制盘；4—微电机；5—反光镜；6—聚光镜；7—参比灯；8—探测元件

仪表的测量范围分为150～300℃、200～400℃、300～600℃、400～800℃、600～1000℃、800～1200℃、900～1400℃和1100～1600℃(可扩展至2500℃)等几挡。仪表准确度可达测量上限的±1%。

红外温度计结构比较精密,仪表不宜安装在有明显振动的场合,它可在0～40℃的环境温度下工作。

2.9　温度的控制

温度是耐火材料生产和实验中相当重要的控制参数。在许多情况下,温度控制的是否准确决定了整个实验误差的大小;控制温度,是做好实验的关键,温度还可为生产者提供操作依据,以达到监视、控制或调节生产的目的。下面结合实例分别介绍它们的控制方案。

2.9.1　DWK-702精密温度自动控制装置

2.9.1.1　概述

DWK-702精密温度自动控制装置是由DWT-702精密温度自动控制仪(或称单机),隔离变压器,可控硅执行器、交流接触器、XCT-101指示调节仪等部件组成。DWK-702和炉体配合使用,具有控温精度高,使用维修方便,可自动升温、恒温等特点,广泛用于实验室电阻炉的温度控制,是一种比较先进的电阻炉温度控制设备。其主要技术指标如下:

(1) 电源:220 V±10%　50 Hz

(2) 输出电压:0～120 V连续可调
　　0～160 V连续可调
　　0～200 V连续可调　(不接变压器)

(3) 输出最大功率:5 kW(120 V)
　　7 kW(160 V)
　　10 kW(220 V)　(不接变压器)

(4) 控制精度:1250℃ ±0.5℃。

(5) 毫伏给定范围:0～19.999 mV(配 LB-3 热电偶)
0～59.999 mV(配 EU-2 热电偶)

(6) 调节形式:可调 PID。

(7) 调节参数:P:2%～100%连续可调
I:0～10 min 连续可调
D:0～3 min 连续可调

(8) 触发脉冲:幅度不小于 15 V
宽度不小于 30 μS
移相角≈160°(半周)

2.9.1.2 工作原理

温度调节系统方框图如图 2-36 所示。

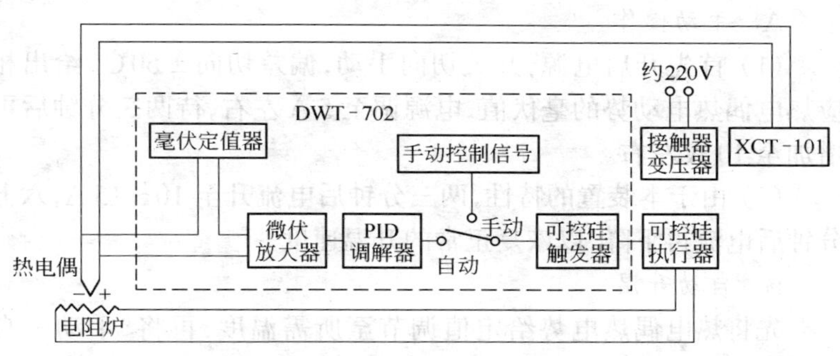

图 2-36 温度调节系统方框图

炉温采用热电偶测量,由 mV 定值器给出设定温度值。如热电偶的热电势与定值器的输出 mV 值有偏差,则说明炉温偏离给定值,此偏差经微伏放大器放大,送入 PID 调节器,再经可控硅触发器去推动可控硅执行器,从而调整炉丝的加热功率,消除偏差,达到温度自动控制的目的。

mV 定值器是一个高精度的稳定直流毫伏信号源,它能精确地输出直流毫伏信号;与测温热电偶信号相比较后的直流偏差信号,输入到下级微伏放大器。来自 mV 给定器与热电偶比较后的直流偏差信号经低通滤波器,至场效应管组成的斩波器调制成交流信号，又经交流放大，相敏放大解调成直流信号，输出至 PID 调节器。PID 调节器接收微伏放大器输出的直流信号后，给出比例(P)积分(I)和微分(D)的调节规律，使直流信号按一定的调节规律输入至可控硅触发器。由可控硅触发器输出的移相触发脉冲分别接至一对反并联可控硅的控制极和阴极，控制可控硅输出电压的大小，即随温度偏差的大小而改变输出加热功率的大小。从而达到自动控温的目的。

XCT-101 动圈式调节指示仪用做超温报警用。当出现可控硅烧坏或其他故障而使电炉温度超过某一定值时，XCT-101 就自动将主回路电源切断而停止加热。

2.9.1.3　操作

A　手动操作

(1) 首先开启电源，开关切向手动，偏差切向 ±50℃，给出相应热电偶热电动势的毫伏值，电源调至 5 A 左右，待两三分钟后再增加至 10 A 左右。

(2) 由于本装置的特性，两三分钟后电流升至 10～15 A，六七分钟后电流再下降，以恢复正常的升温速度。

B　自动升温

先将热电偶热电势给定值调节至所需温度，再将“手动－自动”切向开关切向“自动”位置，(置 P＝10，I＝10，D＝0，炉子调试中，此三个参数已调好)，偏差选择置于 ±10℃ 位置，即可自动升温。

C　恒温(保温)

炉温升至设定温度，开关切向“自动”位置，偏差切向 ±10℃，该装置即可自动恒温。

D　降温或停机

降温时，改变设定值即可。

停机时，必须先把“手动—自动”切换开关切向“手动”位置，反时针旋转“手动调节”到底，把偏差切向 ±50℃，然后切断电源，为下次再开机做好准备。

2.9.2 HRY-01型荷软蠕变仪温度自动控制系统

2.9.2.1 工作原理

温度自动控制系统方框图如图2-37所示。

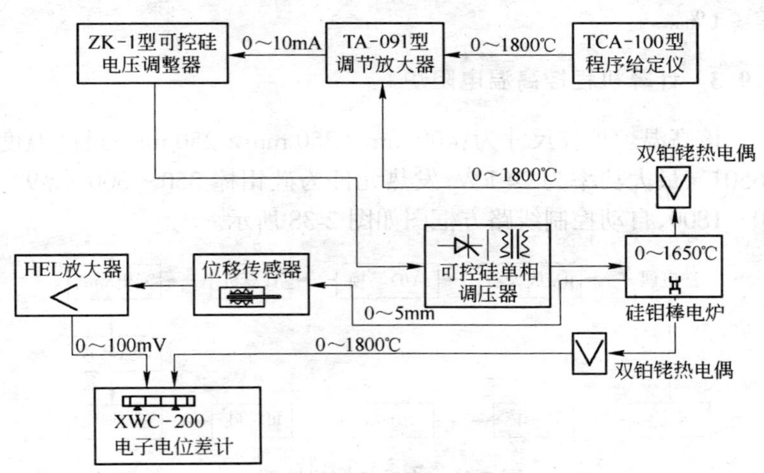

图2-37 HRY-01型荷软蠕变仪温度自动控制系统图
（仪表型号仅供参考）

按所检验试样要求的升温速度和保温时间，绘出程序升温曲线，并画在TCA-100的炭膜程序纸上。由TCA-100程序信号给定仪按给定程序曲线输出一个相应的mV信号，与来自炉膛双铂铑热电偶（该热电偶在试样外侧）的mV信号在TA-091电子调节器里进行比较后，其偏差经直流放大，PID调节后，以0～10 mA的电流形式控制可控硅电压调整器ZK-100，ZK-100控制可控硅输出电压的大小，从而控制加热炉发热原件消耗的功率，达到自动控温之目的。按国标要求，采用试样外侧控温，试样中心测温，以保证试样内外温度均匀一致。

2.9.2.2 温度和变形量的自动记录

炉温测量采用双铂铑热电偶（该热电偶装在试样中心），测得的毫伏信号进行放大输入自动记录仪（XWC-200）自动记录温度曲线。

试样的变形量，采用差动变压器（电感位移计，HEL），将变形量 mm 转换为电信号进行放大输入自动记录仪（XWC-200）自动记录变形曲线，变形量测量精度 0.5%，量程为 0～5 mm，误差≤1%。

2.9.3 计算机程控高温电阻炉

该高温炉炉膛尺寸为：400 mm×250 mm×250 mm；最高温度 1650℃，最大功率为 24 kW；发热元件为硅钼棒 350×300×ϕ9×60－1800，自动控制线路方框图如图 2-38 所示。

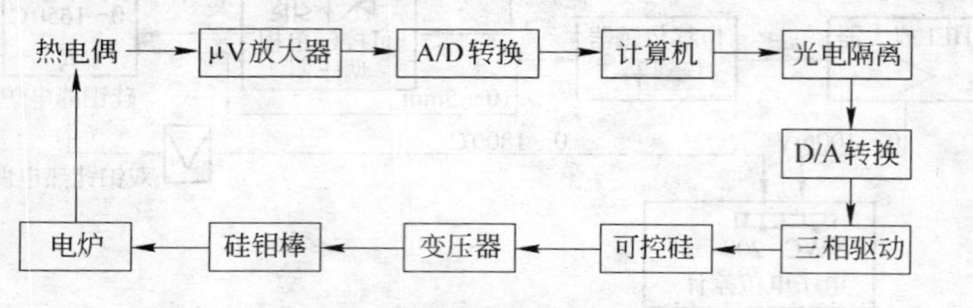

图 2-38 自动控制线路图

该炉以硅钼棒为发热元件三相供电，以 Z-80 单板机为核心进行电控，最高使用温度 1650℃，配以输入输出接口，组成闭环自动控制系统。由感温元件双铂铑热电偶产生微伏信号，每隔 0.5 s 被直流电压板表采样一次，进行放大和 A/D 转换（将电压模拟量变换成数字量），计算机又以每 4 s 采样一次。将其与设定值进行比较和 PID 数学运算，然后经光电耦合后进行 D/A 转换成直流电流，由此控制输出电压从而实现对可控硅元件的移相控制，达到控制炉温的目的。该炉控制器能自动地按设定温度运转，操作简单，运行可靠，温度跟踪良好。

3 试样的采取和制备

在实验室里，对于任何一试样进行分析、检验时，必须要求试样均匀有代表性，分析检验试样的化学成分、物理性能，确实符合整批矿样或产品的实际情况，这样得到的实验结果才有意义。否则测试得再准确也不能代表矿样或产品的真实情况，要取得具有代表性的分析检验试样，样品的采取和制备，是一件很重要的工作。

选择样品一般分两个步骤，即现场采取样品和实验室中制备样品。

3.1 制样设备

耐火材料的制样设备是检验工作的基础。也是保证检验工作的质量和及时性的先决条件。近年来，制样设备发展较快。新的制样设备不断出现，制样条件得到了改善。特别是金刚石制样设备的增多和发展，逐步使制样由手工操作向机械化迈进。

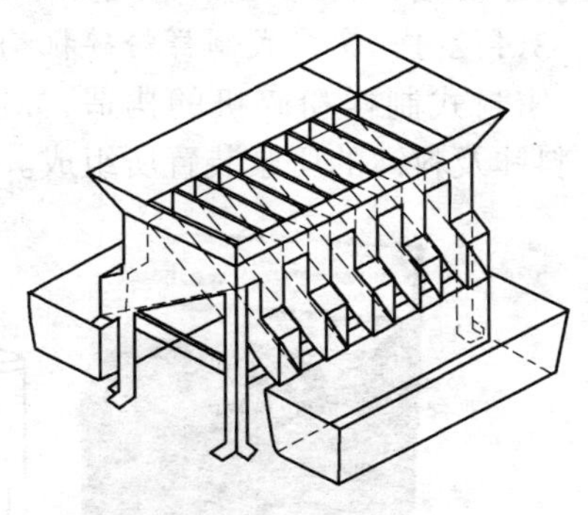

图 3-1 斜槽式分样器

3.1.1 斜槽式分样器

斜槽式分样器又称缩分器，如图 3-1 所示。由两个盛样方盒，一个料匙和分样器组成。分样器共有 16 个槽口，槽口宽为 20 mm，长为 105 mm。8 个槽口的料流入一个方盒中，另 8 个槽口的料流入另外一个盛料方盒中。缩分试样时，将混合均匀的料撒放到分样器内，即将要分离的试样均匀地分成两份，另一份弃去。重复进行，直至缩分至规定的试样量为止。

斜槽式分样器共分 4 个型号，可根据试样的粒度大小来选用。

3.1.2 密封式化验制样粉碎机

GJ-Ⅱ型密封式制样粉碎机，是制备化验试样的理想设备，它粉碎的试样粒度细、组成均匀。具有代表性，为化验分析提供可靠的样品，是化验制样不可缺少的设备。

GJ-Ⅱ型密封式制样粉碎机制样，要求取料样粒度不大于 25 mm。重约 300 g 左右。一次装入料钵之中，接通电源回转加工 2 min 左右，则从料钵中倒出的便全部是 120～200 目粒粒样品，一般可不要过筛、缩分操作，直接取其需要的数量装袋编号便可正式送交化验分析之样品。它的特点是工序少，设备简单，时间快、工效高、粒度细，而且在密封钵内加工，粉尘不污染环境。

3.1.2.1 密封式制样粉碎机构造

密封式制样粉碎机的构造，如图 3-2 所示。它由机架、震动台、料钵及料钵的压紧装置所组成。机构内装有一个马达，带动偏

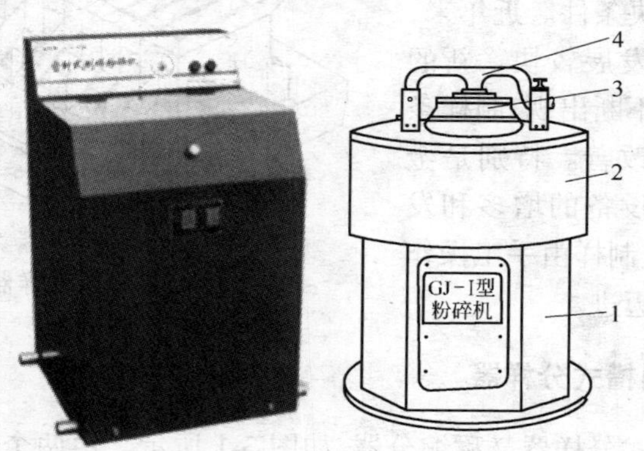

图 3-2 密封式制样粉碎机示意图

1—机架；2—震动台；3—料钵；4—压紧杆

心器使震动台震动。震动台上装有一个料钵,钵内放有击环、击块各一个,均为锰钢制成。料钵是密封的被压杆压紧。当制样时把压杆松开,将料钵拿下来洗扫干净,然后将加工的试样放进料钵空隙内,盖好料钵盖,压紧压杆。开启电源,使料钵内的击环击块和料相互撞击使料样粉碎,一般粉碎时间约 2 min,关闭电源,待回转静止,拿出料样,除铁装袋。本制样粉碎机可供各种矿石及非金属材料制备化验试样用。

3.1.2.2 密封式制样粉碎机的使用

(1) 料样按制样规定必须干燥送入加工,潮湿粉样可能沾钵,不易倒干净。

(2) 先将击环、击块及料钵清洗擦拭干净后,尔后正式加工试样。

(3) 先将击环、击块放入料钵内,然后将待加工的试样(粒度 ≤25 mm,重量 300 g 左右)放进料钵空隙内,盖好料钵,压紧压杆。

(4) 推上闸刀,使电机按顺时针方向回转,使料钵内击环和击块同试样相互撞击作粉碎加工。时间 2 min 左右。

(5) 拉下闸刀、切断电源,待回转静止,揭开料钵盖,拿出料钵,从钵中倒出试样,除铁装袋。

(6) 电源闸刀有条件最好距机体 2～3 m。料钵、料钵盖、压杆、压手把未扣紧压妥,不准通电运转,回转未停稳、静止,不准松开压盖拿钵倒料。

(7) 每钵装入量和粒度的大小,不能超过允许限度。

3.1.3 玛瑙乳钵研样机

3.1.3.1 玛瑙乳钵研样机构造

玛瑙乳钵研样机构造,如图 3-3 所示。

玛瑙乳钵研样机的基本传动原理是:马达 2 通过皮带带动皮带轮 3、4,经过齿轮 5、6、7、8、9、10 传动和减速,固定齿轮板 11 与齿轮 7 在同一轴上,它随齿轮 7 轴旋转,同时自身旋转(齿轮 8、9、10)都在齿轮板上,由于齿轮 7 转动,齿轮 8、9、10 也随着转动。这样齿轮 10 的转动一方面是绕齿轮 7 轴旋转。另一方面还绕自身的轴旋转。由于在齿轮 10 上有一球状轴承和轴套 12,连接杆 13,所以偏心活球一会儿又与齿轮 7 轴形成最大距离,一会儿又与齿轮 7 轴相重合。

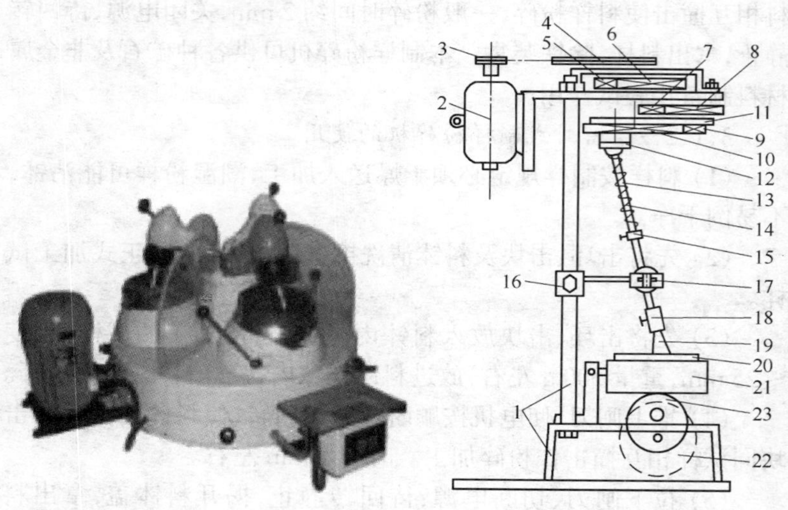

图 3-3 玛瑙乳钵研样机构造示意图

1—机架;2—马达(0.4 kW);3、4—皮带轮;5、6、7、8、9、10—齿轮;11—固定齿轮板;12—球状轴承和轴套;13—连接杆;14—压力弹簧;15—固定环;16—可调支架;17—活球支点;18—连接套管;19—玛瑙锤;20—玛瑙乳钵;21—玛瑙乳钵架;22—手轮;23—偏心轮

在活球连接杆 13 的中间,有一可调支架 16 和活球支点 17,移动支架位置的高低,可调节玛瑙锤研磨范围的大小。

压力弹簧 14 借助固定环 15 位置来调节锤压力的大小。由连接套管 18 把连接杆 13 和玛瑙锤 19 相接起来。

玛瑙乳钵架 21 中镶有玛瑙乳钵 20 并用偏心轮 23 可使玛瑙乳钵 20 及其乳钵架 21 达到倾斜和水平位置。可通过手轮 22 来操作,目的是使研好的试样能从玛瑙乳钵中扫出。

玛瑙乳钵研样机,除了构造简单、小巧等特点外,主要特点是玛瑙锤在玛瑙乳钵内的研磨动作系模拟手工研样的动作。可达到良好的研磨效果,并能根据不同硬度的试样来调节锤的压力。它比人工研磨试样提高效率2~3倍,大大减轻了劳动强度。

3.1.3.2 玛瑙乳钵研样机的使用

(1) 玛瑙乳钵硬度较大,但很脆,使用时应轻拿轻放,以防损坏。

(2) 大块和晶体试样。要经破碎后,才能用玛瑙乳钵进行研磨。

(3) 试样硬度较大,粒度过粗,不宜在玛瑙乳钵中研磨,以免损坏设备。

3.1.4 金刚石切割机

金刚石切割机采用金刚石锯片作为切削工具。它可加工各种硬脆性材料。尤其适用于加工各种硬脆性非金属材料。本机有良好的强度和刚性。能适应冶金行业各种耐火材料的取样化验。高炉修理,建材行业各种材料的切割及地质部门各种岩石的检验取样。

3.1.4.1 金刚石切割机构造

金刚石切割机示意图如图3-4所示。它主要由切割机、金刚石锯片、活动载样台和供水系统所组成。切割机是由机座,机座上装有电机,通过电机带动金刚石锯片旋转,切割试样。金刚石锯片是一种新型的切割工具,切割各种非金属硬脆材料。具有工效高,质量好的特点。活动载样台上装有夹样器它可以前后移动便于切割试样。供水系统,一般采用自来水冷却锯片。因为金刚石锯片切割试样,必须具有充分良好的冷却条件,方能达到锯片的使用效果,延长锯片的使用寿命。

3.1.4.2 金刚石切割机的使用

(1) 使用前操作者必须熟悉本机结构、性能及各手柄的功能。

(2) 金刚石锯片是贵重工具,使用时应轻拿轻放,不能与硬物撞击或锤头敲击,以免损坏。

（3）金刚石锯片安装：锯片安装必须加法兰盘，法兰盘直径选择应适当，锯片安装上法兰盘后，应做静平衡校正，其平衡控制到最小限度。

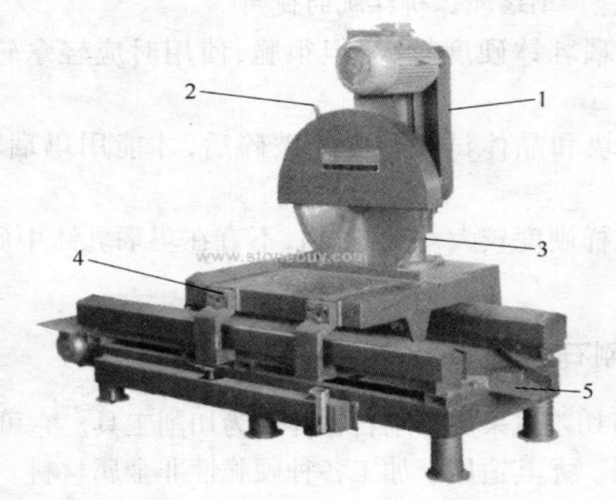

图 3-4　金刚石切割机示意图

1—切割机；2—供水系统；3—金刚石锯片；4—活动载样台；5—机座

（4）使用金刚石锯片的切割机应具有良好的刚性及足够的精度，并达到安装牢固，运行平衡，空载时无明显手感震动。

（5）金刚石锯片的开刃：新的金刚石锯片在使用前要进行开刃（开刃是指金刚石颗粒尖角露出胎体表面），开刃必须用软质耐火砖。开刃时要求冷却水量充足，进刀速度缓慢，待锯齿上金刚石露出即可使用，但初用时进刀速度要慢。

（6）冷却水：冷却水必须连续供给，切割试样过程中不能间断，否则会烧坏金刚石锯片或降低金刚石的使用寿命。

（7）试样装放：试样安放在载样台上，必须放置平稳。

（8）试样的切割速度要控制适当，推进载样台，用力不能过大。

（9）金刚石锯片的存放必须悬挂或立放，不准平放或斜放，更不准有重物上压，以防锯片变形。

3.1.5 金刚石钻样机

金刚石钻样机是以金刚石薄壁钻为工具,可加工各种硬脆性材料,尤其是用于加工各种硬脆性非金属材料效果最佳,适用于各种耐火材料的试样制取。特别是同心钻头钻取荷软蠕变试样尤为方便,它制取的试样质量好、工效高、无粉尘、广泛应用于耐火材料的试样加工。

3.1.5.1 金刚石钻样机构造

金刚石钻样机又称钻石床,其构造如图 3-5 所示。它由钻样机、金刚石钻头及供水系统三部分构成。

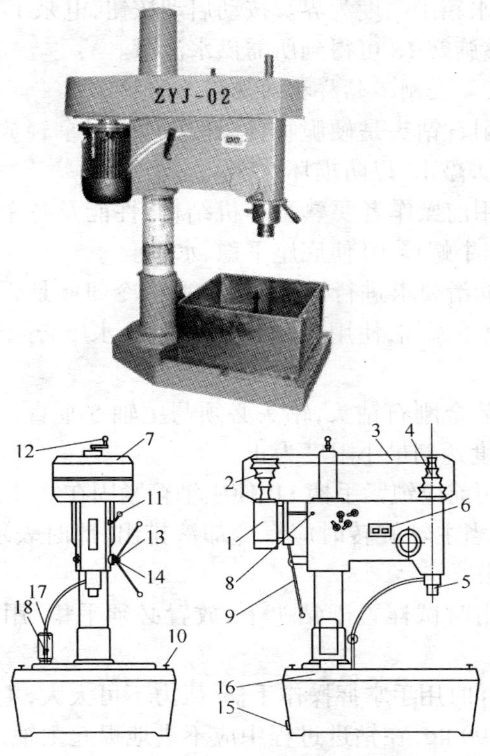

图 3-5 金刚石钻样机示意图

钻样机的动力系统由电动机 1,通过皮带轮 2,经皮带 3,带动皮带轮 4,将动力传至主轴 5。

本机变速时,将两个电机紧固螺栓 8 松开。扳动张紧手柄 9 皮带松弛。打开罩壳 7,把皮带 3 调至皮带轮 2 和 4 的所需级位中,然后扳动张紧手柄 9 使皮带张紧至适宜程度,拧紧电机紧固螺栓 8,即完成变速过程,关上罩壳 7 便可启动电机操作。

金刚石薄壁钻头安装在主轴 5 上,它是空心的便于通水冷却。

供水冷却系统,人造金刚石薄壁钻头只有充分良好的冷却方能延长钻头使用寿命。并且有利排屑和提高钻进速度。

本机以清水为冷却液。冷却液由底座上面的回水孔加入,液面以不超过水箱中高度为界。按动启动按钮,电泵 17 和电动机同时启动,调整旋塞 18 可得到所需供水流量。

3.1.5.2 金刚石钻样机的使用及维护

(1) 金刚石钻头是硬脆物体,使用时应轻拿轻放。不能与硬物撞击和锤头敲击,以防损坏。

(2) 使用前操作者要熟悉本机结构、性能及各个操纵手柄的功能,调整四个螺栓 10 使底座平稳、水平。

(3) 按润滑要求进行润滑,检查水箱冷却液是否达到要求高度,不足时应予添加,使用时开启供水系统,水压必须充足,以免烧坏金刚石钻头。

(4) 安装金刚石钻头,钻头必须与主轴 5 垂直,用扳子上紧,检查其偏斜度达到最小限度为止。

(5) 使用前应锁紧手柄 11,使主轴箱紧固在立柱上,然后按动启动按钮 6,当主轴旋转时应有冷却液排出,此时表示运转正常,即可开始工作。

(6) 使用时试样置于钻头下,放置必须平稳,用卡夹将试样压紧。

(7) 钻样时用手掌握操作手柄,压力不可太大,主轴钻进轴向力不可超过 90 kg,在钻进过程中应不进地提起主轴,这样不但有利于切屑排出,而且会加快钻进速度。

(8) 刻度盘旋转一周,主轴钻进 81.5 mm,钻地深度超过此值可累积记数,调整钻进深度时,先松开手把 13 使钻头接触工作表面,顺时针转动刻度盘 14,直到不能转动为止,再调整刻度盘至所需钻孔深度位置,然后拧紧手把 13,可得到理想的钻孔深度。

(9) 冷却液可以直接使用自来水,冷却效果较佳。若用水箱冷却液冷却,要经常更换冷却液,以利提高工效和延长钻头使用寿命。

(10) 使用完毕应把工作台,立柱表面、夹具等上的冷却液擦干净。

(11) 钻头不用时,应取下擦净烘干后保存,以防生锈损坏。

3.1.6 机械磨圆样机

机械磨圆样机构造,如图 3-6 所示。

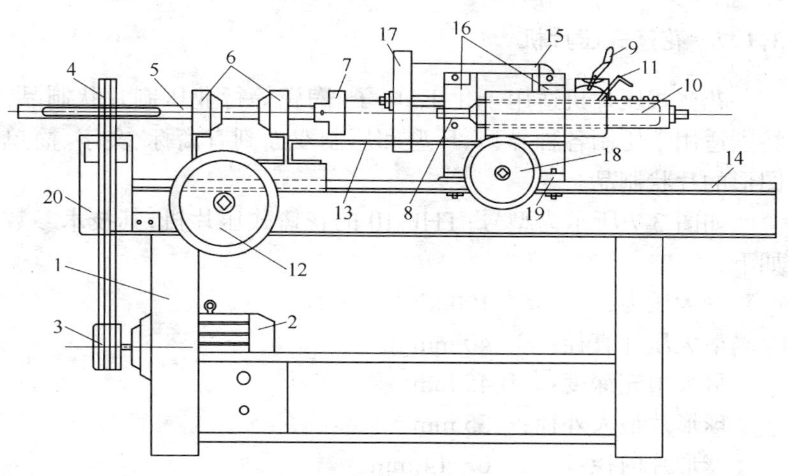

图 3-6 机械磨圆样机示意图

1—机架;2—马达;3—主皮带轮;4—从皮带轮;5—轴;6—轴承;7—卡具;8—顶针;9—手柄;10—齿轮;11—固定螺丝;12—手轮;13—连接架;14—滑道;15—马达;16—轴承;17—砂轮;18—手轮;19—固定滑道;20—定位板

磨圆样机的外形如同小型车座相似。它可分为两个部分:持试样并能旋转和左右往复运动部分及砂轮转动和前后移动部分,它的转动原理如下。

第一部分:马达 2 通过皮带轮 3 和 4 带动轴 5 及试样旋转。轴 5 固定在轴承 6 上,轴 5 的前端有卡具 7,夹试样的另一端是顶针 8,它是由手柄 9(其中有齿轮,图上未表示出来),带动齿轮 10 左右移动以便夹紧试样,用固定螺丝 11 固定顶针的位置。夹试样的两端是通过连接架 13 连接在一起的以上部分就通过手轮 12 供助齿轮和齿条传动,在滑道 14 上左右移动。

第二部分:马达 15 通过皮带轮带动砂轮 17,前后移动是通过手轮 18 借助滑杆在固定滑道 14 完成的。

采用该设备磨制荷重软化温度试样,比手工磨制提高效率 5 倍以上,并且磨制的试样尺寸准确质量好。它还可以磨制高温耐压、线膨胀及透气度等试样。

3.1.7 花篮式压片机

花篮式压片机适用于化工、电子、陶瓷等行业压制片状制品,特别适用于压制各种异型、环型和压制双面刻有商标、文字、简单图形的片状制品。

如图 3-7 所示为型号:THP-10 的花篮式压片机,其技术参数如下:

最大压力: 100 kN
最大压片直径: 40 mm
最大填充深度: 45 mm
球形片最大外径: 35 mm
球形片内径: 6～14 mm
球形片填充深度: 45 mm
生产能力: 35～46 片/min
电动机功率: 3.7 kW

花篮式压片机的使用:

(1) 使用前的检查。机器安装就位,通上电源,把加料器卸下,然后按点动开关,观察大带轮旋向是否与罩壳上箭头方向一致,若一致,则可开机压制(注意开机前点动旋转至少 2 次行程以上,以观察上冲是否进入中模,下冲是否脱离中模,下冲顶片位置是否与中模顶端平)。

(2) 压力调节。压力调节前先根据片剂的重量来实现,下冲芯是调节片剂重量的,拧松下冲芯下端调节螺母,顺时针转动减轻片剂重量,逆时针则加大片重,片重调节完毕以后试压,上冲进入中模压制若大带轮卡死,则压力过大,需要拧松上偏心轮前后 2 个螺钉,用螺丝刀或其他工具伸入,偏心轮圆周上的小孔往上提,根据经验或反复几次试压来实现理想的片剂,若压力过松则反之操作(注意试压时不允许连续旋转,只能点动或手动)。

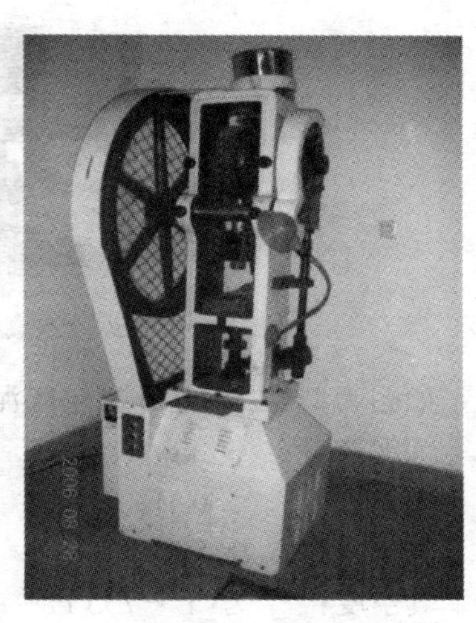

图 3-7 花篮式压片机示意图

(3) 放置模具。先将中模台板卸下(下方 4 个 M10 螺钉),把中模装入装模腔,两边螺钉紧固;装入下冲到下冲芯模孔,螺钉紧固,之后把中模台板装上去,使下冲进入中模;装入上冲到上冲芯模孔,螺钉紧固,手动大带轮旋转使上冲进入中模;固定中模台板下方 4 个螺钉紧固。

(4) 使用中注意。模具若是异形冲,安装时要观察方向;模具安装完毕,至少手动旋转大带轮一周以上,防止上下冲顶撞;下冲芯上调节螺母用来调节顶片位置,下冲顶片高于中模台面会使加料器损坏,低于中模台面会挤碎片剂,一定要与中模台面平齐;压力调节完毕必须把偏心轮上前后 2 个螺钉紧固防止松动。

3.1.8 真空练泥机

真空练泥机作为陶瓷行业的练泥之用，也适用于陶瓷塑性材料的挤出成型。

图 3-8 SC-0.5 真空练泥机示意图

如图为型号：SC-0.5 真空练泥机的设备图片，其技术指标为：

练泥产量： 30 kg/h

电源： 380 V

电机功率： 1.5 kW

真空度： 小于 − 735 Pa

3.1.9 全自动磁场注射成型机

3.1.9.1 设备用途

适用于磁性材料的成型加工，可制造各种外形复杂、尺寸精度高、质地致密均匀或带有嵌件的磁塑制品，广泛应用于国防、机械、电气、航空、交通运输、建筑、农业、包装等各个领域。

BT 80-LCD 型全自动磁场注射成型机如图 3-9 所示。

其技术指标如下：

螺杆直径：35 mm

最大理论射胶容积：144.3 cm^3

最大注射量：129 g/4.4 oz

最大射胶压力：2037 kg/cm^2

螺杆行程：150 mm

最大螺杆扭力：62 kg·m

螺杆转速:10～220 r/min
射嘴推力/行程:4 t/250 mm
电加热功率:7 kW
螺杆长径比:21.5
最大锁模力:880 kN
最大开模行程:320 mm
容模量:135～350 mm
模板最大开距:670 mm
模板尺寸:515 mm×515 mm
油泵电动机功率:11 kW
油泵最大流量:55 L/min
油箱容量:270 L

图 3-9 BT 80-LCD 型全自动磁场注射成型机

3.1.9.2 磁场注射成型机操作

(1) 干燥原料(100～110℃)干燥 4 h 左右,然后在 50～60℃之间保温待用(注意不能放置于空气中)。

(2) 开启设备电源,启动马达。

(3) 设置加温温度,打开加热按键。

(4) 安装模具。

(5) 设置产品成型参数。在电脑操作页面上设置开合模参数、注射参数、加料参数、冷却参数。此过程需要在专业人员指导下进行。

(6) 产品生产流程如下：

1) 手动操作。手动状态下采取：射出—加料—射出—加料(反复两三次)；关模—座进—射出—加料—射退(点一下就可以了)；座退—开模—托进—开门取产品。

2) 半自动操作。手动状态下进行射出—加料—射出—加料(反复两三次)，半自动状态下进行其余手动状态下的操作(机器自动完成)，最后手动开门取出产品。

注：不提倡使用全自动，同时注意模具分型面不能有任何杂物和产品。以上操作规程适合模具带磁场，操作时不能开启设备的电磁电源。

使用电磁模具应按照攻防提供模具磁路，接好线路，同时开启电磁线圈冷却装置，以防损坏线圈和充退磁模块。调整充退磁电流，切记不能超过 250 A。

3.2　试样的采取

在耐火材料科研和生产中，经常需要从大批原料及产品中，采取少量有代表性的平均试样供作检验用。但在实际分析检验时仅能取极少量试样进行分析检验，取样误差常较测试误差大，因此，如何采取能全部代表原料及产品的化学组成及物理性质，而又数量不多的试样，是检验工作中一个重要的问题。显然如果试样采取不正确，没有代表性，即使分析检验本身达到十分精密和准确的程度，所得的结果仍毫无意义，不能作为判断全部原料及产品理化性能的依据。否则，就有可能使原料鉴定，工艺计算，生产过程的控制，以及产品质量的评定等发生严重的错误，将会给国家造成重大损失。因此必须研究采样问题，以求得其代表性的试样。

3.2.1 耐火制品取样

(1) 砖批大小及取样数量。成品取样数量根据制品的种类、品种、规定砖批大小确定,其取样数量见表3-1。

表3-1 制品取样数量表

品种	砖批数量/t(不大于)				取样数量/块	
	黏土质	高铝质	硅质	镁质	理化	外观尺寸
标型砖	200	150	200	150	6	20
普、异型砖	150	100	150	100	6	20
特型砖	100	60	100	—	6	10
高炉砖	100	60	—	—	6	10
热风炉砖	100	100	—	—	6	10
钢包用衬砖	100	100	—	—	6	10
塞头砖	1000块	1000块	—	—	3	10
铸口砖	1000块	1000块	—	—	3	10
座砖	2000块	2000块	—	—	3	10
袖砖	40	40	—	—	3	10
浇铸用砖	40	40	—	—	3	10
电炉顶砖	—	60	60	60	6	10
平炉顶砖	—	—	100	100	6	10
焦炉砖	—	—	100	—	6	10
玻璃窑砖	—	—	100	—	6	10

(2) 制品取样规则:

1) 耐火制品尺寸、外观断面检查和理化性能检验的试样,采用随机取样方法,即每次取样时,批中所有验收的制品被取到的可能性都相等。务必按照每批制品的垛数、排数和外观的实际情况,间隔均匀、照顾全面及具有代表性。

2) 编批,按砖号进行分批,如果数量太少,可由数砖号合并成一批(应是同一生产工艺)。

3）取样前，在取样单内应记明砖号数量、批号及取样日期。

(3) 尺寸、外观和断面的检查：

1）尺寸和外观的检查：在经尺寸、外观检选后的砖垛上取样10块时，可以有一场面，取样20块时，可以有两块不低于下一级品规定的数值，但对二级品（或不分级产品），不能低于其标准的规定，如检查后不合格，允许翻垛重选，复验一次。

2）断面的检查：每批尺寸和外观取样20块时，其中6块检查断面，取样10块时，其中3块检查断面。取样6块时，可以有一块不低于下一级品规定的数值，但对二级品（或不分级产品），不能低于标准的规定，取样3块时，应全部合格，如检查后不合格，允许翻垛重选，复验一次。

(4) 理化检验项目取样。所取作理化检验项目的试样块数应符合表3-2。

表3-2 理化检验项目的试样块数

序 号	检 验 项 目	试样数量/块
1	常温耐压强度	3
2	导热系数	1
3	显气孔率	3
4	重烧线变化率	3
5	体积密度	3
6	真密度	3
7	荷重软化温度	1
8	抗热震性	3
9	抗渣性	3
10	透气度	1
11	热膨胀率	1
12	化学分析	1
13	耐火度	1
14	压蠕变	1

续表 3-2

序　号	检验项目	试样数量/块
15	常温抗折强度	3～6
16	高温抗折强度	3～6

注:1. 凡是要做热震稳定性的砖可再取 3 块试样。

2. 耐火度和化学分析试样,均应取平均试样(每块砖取样不少于 100 g)。

对于其他耐火制品取样数量在各自的制品制取样中规定。

所取试样按表 3-2 规定进行检验,每个试样均须符合该耐火制品技术标准中相应检验项目的指标。如果第一次取样检验不合格,可在该批制品中再随机抽取双倍数量的试样进行该不合格项目的复验,复验结果仍不合格,即判为不合格。

3.2.2 散装矾土取样

GB2009—1980 的规定适用于散装矾土(块状)、化学成分、粒度、水分及体积密度样品的拣取。

3.2.2.1 一般规定

(1) 本标准规定取样、制样、测定的总精确度(β_{SDM})为 ±1.0%,取样精确度(β_S)为 ±0.6%(概率为 95%)。

(2) 必须严格按照本标准规定的方法取样、制样,并根据需要进行精确度校核试验。

(3) 如矾土品质极不均匀或混入外来杂质,必须加工整理后再行取样。

(4) 成分样品应妥善保管 6 个月以备核查。

(5) 取样、制样所用的设备、工具和盛样容器必须保持洁净,坚固耐用。

(6) 在整个取样、制样过程中应注意安全操作。

3.2.2.2 取样

(1) 取样工具如下:

1) 尖头钢锹。

2) 取样铲(见表 3-4、图 3-10)。

3）钢锤。

4）带盖盛样桶或内衬塑料膜的盛样袋。

（2）份样数见表 3-3。

表 3-3　一批矾土中应取样的最少个数

批量/t ＼ 份样数 ＼ 品质波动/%	小 $S_W<1.0$	中 $1.0\leqslant S_W<1.5$	大 $1.5\leqslant S_W<2.5$
4000 以上～5000	35	70	140
3000 以上～4000	30	60	120
2000 以上～3000	25	50	100
1000 以上～2000	20	40	80
500 以上～1000	15	30	60
500	10	20	40

表 3-3 中，S_W 表示批内份样间品质波动标准偏差。S_W 值按 GB2007—1980 中附录 A 求出。

品质波动大小不明确时，应尽快进行核对试验，也可结合日常取样工作进行，以确定品质波动的大小，对品质波动大小未知的和需要做粒度检验的矾土，份样数按品质波动大的取。

（3）份样量。根据最大粒度确定每个份样应取的最小重量（见表 3-4）。所取的每个份样量应大致相等，其相对误差不超过 20％。

表 3-4　份样量和取样铲规格

最大粒度 /mm	份样量 /kg	取样铲尺寸/mm					材料厚度 /mm	取样铲容量 /mL
		a	*b*	*c*	*d*	*e*		
150 以上	25	—	—	—	—	—	—	—
100 以上～150	15	350	140	350	300	140	2	16000
50 以上～100	10	250	110	250	220	100	2	7000
20 以上～50	5	150	75	150	130	60	2	1700
10 以上～20	2	80	45	80	70	35	2	300
10 以下	0.5	60	35	60	50	25	1	125

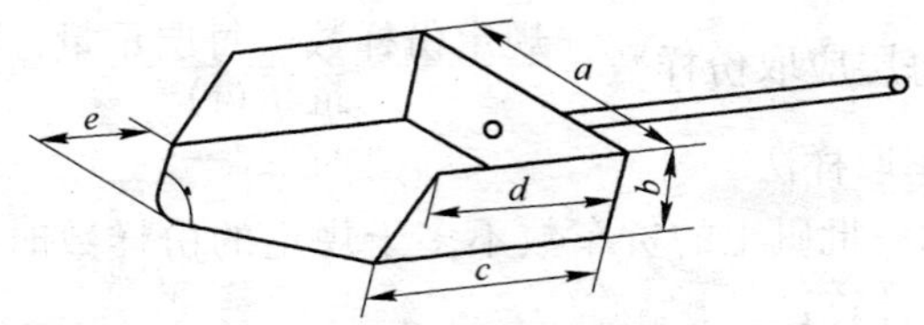

图 3-10　取样铲

(4) 取样方法：

1) 流动间隔取样法

在一批散装矾土装卸，加工或衡重的移动过程中，按一定的重量间隔取份样，份样间的间隔可根据表 3-3 中规定的份样数和实际批量按下式算出：

$$取样间隔(t) \leqslant \frac{批量(t)}{规定份样数}$$

取第一个份样时，可在第一间隔内任意确定，但不可在第一间隔的起点开始，以后继续取的份样按计算的间隔取，取样间隔不得大于计算所得的间隔。如按固定间隔应取份样数已经完成，而矾土的装卸、加工或衡重尚在进行，应仍按原定间隔继续取份样，直至整批矾土移动完毕为止。

如在运输带上或落口取份样，须截取矾土流的全截面。如在用抓斗、吊兜、铲车及其他工具装卸或堆垛过程中取样，则应在装卸或堆垛过程中新露出的面上取样，也可在装卸工具中取样。取样点应均匀地分布在整批矾土的各个部分，而不仅是它的表层或某一局部。取样点的直径约为最大粒度的两倍，但不得小于 10 cm。

所取份样的粒度比例应符合取样间隔或取样部位的粒度比例，所得大样的粒度比例尽可能与整批矾土的粒度分布相符。

2) 分层取样法

一批散装矾土在装卸、加工、堆垛过程中，分几层取样(不得少于三层)，根据每层的重量按比例在新露出的面上，均匀布点取份样。同时，必须注意粒度比例，使每层份样的粒度比例与该层矾土的粒度分布相符(取样点的范围同 1))。

$$\text{每层应取份样数} = \frac{\text{规定份样数} \times \text{每层重量(t)}}{\text{批量(t)}}$$

3）货车取样法

当组成一批矾土的货车数不多于规定的份样数时，每车应取份数按下式计算：

$$\underset{\text{(如为小数进为整数)}}{\text{每车应取份样数}} = \frac{\text{规定份样数}}{\text{货车数}}$$

当规定的份样数少于货车数时，每个货车至少取一个份样。货车载重量不同，份样数的分配与载重量成正比，在装卸过程中新露出的面上，随机定点取份样。

如在车上取样，其取样点应均匀或循环分布在车厢的对角线，两端距车厢角不少于 0.5 m，去掉表层 30 cm 左右（见图 3-11），注意份样的粒度比例，应与车厢中矾土粒度分布大致相符。

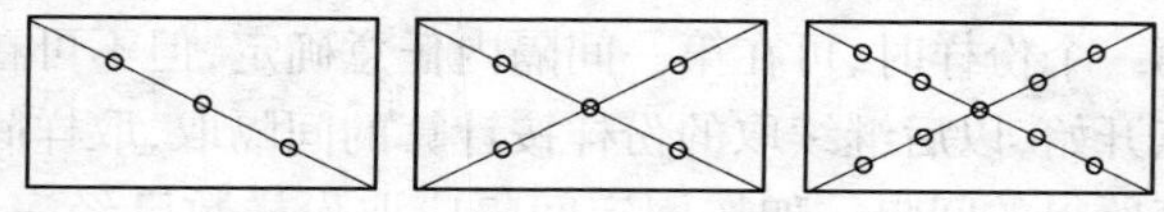

图 3-11　车厢取样点分布图

如矾土装载成圆锥体时，在圆锥高度的 1/3、2/3 及底部分别按应取份样数均或循环布点取份样，如图 3-12 所示（取样点的范围同 1））。

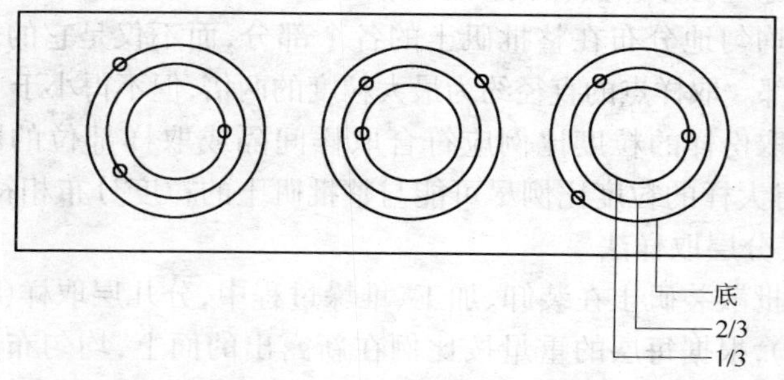

图 3-12　圆锥体料堆取样点分布图

如因条件所限,不能采用上述3种方法取样,可酌情变更取样方法,但所采用的方法必须经校核证明其取样偏差符合要求。校核取样偏差的方法按GB2007—1980中附录C进行。

(5) 注意事项:

1) 水分样品应在衡重前后立即取样,置于洁净、密闭的容器内,注意勿使水分在测定前发生变化,当批量大,装卸时间长或大雨、气温高时,须将整批矾土分成几部分,将每一部分的份样制备成副样测定水分。

2) 该标准所列3个取样方法中对块状矾土均为整块取样法,但取样遇特大块(大于250 mm)时,可按比例砸取一部分代表性样品,其重量应符合特大块在份样中所占质量比,每个份样所取重量为25 kg,当特大块不是全部位于取样点内时,可仅砸取落在取样点内的这部分大块。取粒度样品不能砸取。

3.2.3 普通硅酸铝质耐火纤维毡取样

(1) 每批毡不超过1000 kg。

(2) 每批产品中任意取不少于3块整毡作为试样进行检验。

(3) 取样部位、尺寸及数量。

1) 取样部位如图3-13所示。

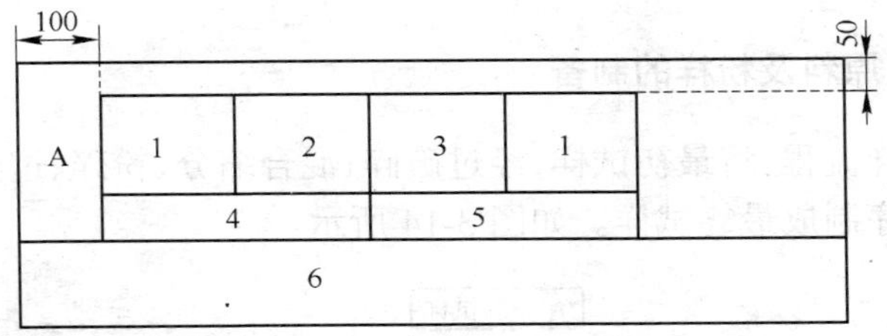

图3-13 制样位置图(单位:mm)

2) 试样尺寸及块数见表3-5。

表 3-5 试样尺寸及块数

编 号	检 验 项 目	尺寸/mm×mm	块数/块
1	检验渣球含量	100×100	6
2	检验加热线收缩	100×100	3
3	加热线收缩用热样	100×100	3
4	检验含水量	50×200	3
5	化学分析	50×200	3
6	备用样		3

关于其他制品(定形隔热制品、致密浇注料等)的取样详见有关标准。

3.3 试样的制备

试样的制备是属于检验工作的范畴,试样制备对检验工作来说,是一项十分重要的工作,它是检验工作的咽喉,制样的工作质量,直接关系到整个检验工作的质量。

3.3.1 耐火制品理化检验制样

标型、普型、异型、特异型耐火制品理化检验的取样部位详见第 5 章 5.1。耐火制品的各项检验试样的制备,应按各项检验方法中试样的制备规定进行。

3.3.2 原料及粉样的制备

制样流程:将最初试样,经过破碎、混合缩分、粉碎、过筛、除铁五道工序制成最终试样。如图 3-14 所示。

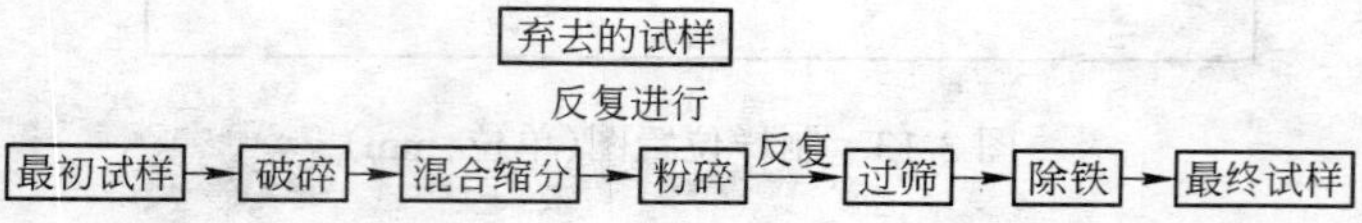

图 3-14 制样流程示意图

(1) 破碎是将大块最初试样,用颚式破碎机对辊破碎机,破碎至10 mm以下的粒度。

(2) 混合缩分是将破碎后的试样充分混合均匀进行缩分,缩分有两种方法。

1) 圆锥四分法。将破碎的样品置放于洁净、平整的铁板上,堆成圆锥形,每铲自圆锥顶尖落下,使均匀地沿锥散落,注意勿使圆锥中心错位,如此反复至少转堆三次,使充分混匀,然后将圆锥顶尖压平,用十字板自上压下,分成四等分的扇形(见图3-15),任取二对角的等分,重复操作数次,缩分至规定的量为止。

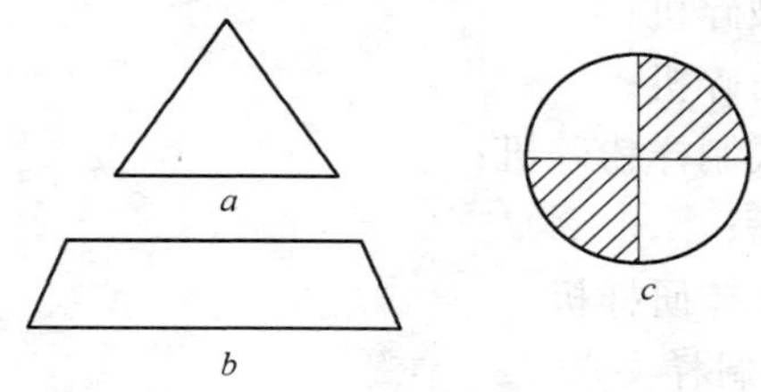

图3-15 四分法缩分试样

a—混合圆锥料堆;*b*—压平料堆;*c*—平分四个料形料堆

2) 缩分器法,又称二分法,将混合均匀的试样,均匀地撒落入缩分器中,使样品分成二等份,随机选取一份作为缩分样品,重复操作至规定的量为止。

使用前必须将缩分器内各个部位清理干净,沟槽内须平滑不得有锈,使用过程中要一直保持沟槽畅通无阻。

(3) 粉碎。将缩分后的试样,用制样粉碎机、圆盘磨碎机等磨细试样,若试样粒度较细的可以直接在玛瑙钵研样机磨细,磨细到一定程度。根据各项检验的要求规定进行之。

(4) 过筛。将粉碎的试样,按规定粒度的筛号过筛,筛子上面的试样再粉碎再过筛至全部试样通过为止。

(5) 除铁。试样在制备过程中,由于制样设备本身被磨损,铁质被带入试样中,必须用磁铁吸除干净。

耐火材料原料及制品一般硬度较大,制作过程中通过一系列粉碎设备及制样工具,将大块试样制成很细的粉末试样,这个过程是很复杂的,可以预见,各种杂质对试样的污染是存在的。如何将试样污染降低到最低限度或免除试样的污染,在制样中必须予以重视。

3.3.3 散装原料制样方法

3.3.3.1 制样设备

制样设备有以下几种:

(1) 颚式破碎机;

(2) 对辊破碎机;

(3) 圆盘粉碎机;

(4) 密封式制样粉碎机;

(5) 分样筛;

(6) 玛瑙乳钵研样机。

3.3.3.2 制样要求

制样有以下要求:

(1) 在制样全过程中,应防止样品有任何变化和污染。

(2) 样品的预先干燥:样品过于潮湿不能筛分、破碎、缩分时,可在低于品质变化的温度下进行预先干燥,使达到适于筛分和制样的程度。

(3) 样品的破碎:将全部样品用适当的破碎机破碎至规定的全量通过的粒度(根据破碎条件可适当减少制样程序中的破碎步骤),制样前必须将破碎机内部清扫干净。破碎与前次不同的样品时,应从这一批原料中取出适量的矿石(不得使用样品)先在破碎机中通过。制样后残留在破碎机内部的样品。必须全部取出,防止损失。

3.3.3.3 制样程序

制样程序如下:

可根据需要,参照以下程序,同时或单独制备水分、化学成分和体积密度样品,如图 3-16 所示。

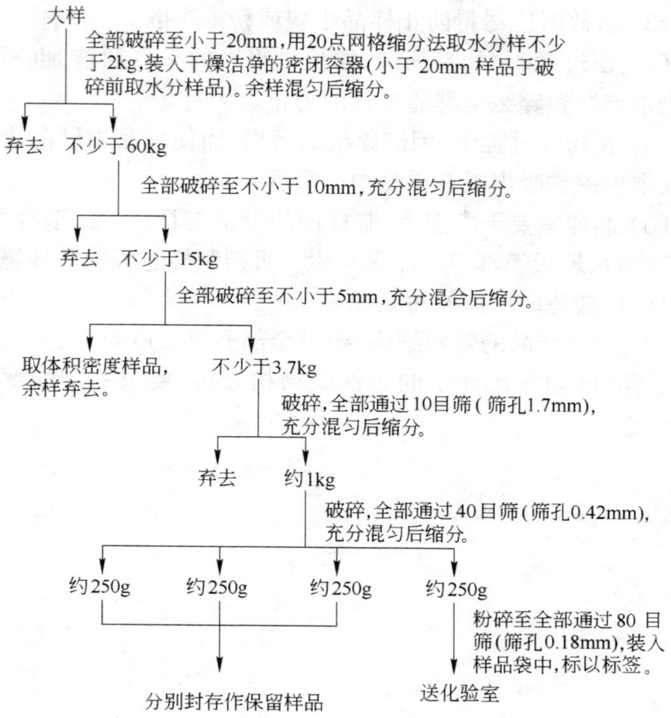

图 3-16 制样程序流程图

把通过80目筛的约250 g样品充分混匀,缩分出10～20 g,用磁铁吸去铁屑(有磁性或被磁化的样品不得吸铁),用玛瑙研钵研磨至全部通过200目筛(筛孔0.075 mm)作为分析样品。

3.3.3.4 制备样品注意事项

(1) 送来的样品,不得任意丢弃大块的样或细粉样,大块样先经破碎后,一起缩分,以保证试样的代表性。

(2) 在破碎磨细样品前,对每一件设备,如机器内部的颚板、辊轴,磨盘或钢板、铁锤以及玛瑙乳钵等,均应用刷子刷净,不应残留有其他样品粉末,必要时,用同类样品清洗一次,用刷子刷扫干净后再进行加工制样。

(3) 破碎时应尽量防止样品小块或粉末飞散。

(4) 在过筛时,如有筛余,哪怕是很小的一点颗粒,也不应弃去,仍须继续粉碎至全部通过筛网为止。

(5) 在粉碎过程中,因破碎机的磨损,而使样品中铁的含量增大,故须用磁铁吸出混在样品中的金属铁。

(6) 制样室要干净卫生,制样用的设备工具、手套、取样袋、擦布、工作台、地板等都应干净无灰尘。否则制样过程中的环境不干净,对试样会造成严重的污染现象。

(7) 分析样品的颗粒细度,要求全部通过 200 目筛,如有特殊要求者除外(如作矿样中的亚铁或物相分析,要求一定的颗粒细度)。

4 耐火材料实验原理及影响实验结果的因素

4.1 直接比较测试法

直接比较测试法。凡是可以找到与被测试量进行比较的同量纲的标准量,并且可以直接地以标准量表示被测试量的方法,都称为比较测试法。所谓直接比较测试,是指不必对与被测量有函数关系的其他量测试,能直接得到被测量的测试方法。它有如下的特点:

(1) 同量纲:标准量和被测量的量纲相同。如高温标准锥和试锥的度量单位都是"℃"。

(2) 直接可比:标准量和被测量可以直接比较,不需要量的繁杂变化就可以直接得到结果。如测定耐火度,只要实验条件相同,试锥与高温标准锥同时弯倒接触圆锥台,则此高温标准锥的号数就表示试锥的耐火度。

(3) 同时性:标准量和待测量的比较是同时发生的。没有时间的延迟或滞后,亦即无需经过时间变换的效应参与比较过程。如试锥与高温标准锥同时受热,同时弯倒消除了时间因素的影响。

耐火度实验是将材料切割成或制成一个上底边长 2~3 mm,下边为 8.5 mm,高为 30 mm 的两个试锥,与四个高温标准锥共同插放在耐火锥盘上。在一定升温速度下,观察三角锥在高温作用下出现液相而逐渐软化,随着温度的继续升高,试锥内液相量不断增加和液相黏度逐渐降低,最终锥体受本身重力作用的影响向底盘弯倒,以锥的顶端弯倒接触底盘平面时的瞬间温度为耐火度。与高温标准锥比较,如与高温标准锥 CN172 同时弯倒,则试样的耐火度为 CN172,所代表的温度为 1720℃。所以耐火度表示熔融温度范围内的一个特定温度点,是实验条件下的瞬时状态,是被测材料在温度、时间综合作用下,发生物理化学变化的综合结果。耐火度离不开一定的实验条件，日本（采用塞格锥 SK26～36，试锥较大，粒度小于 0.297 mm）与中国（粒度小于 0.18 mm）耐火材料耐火度对比性不好，是由于实验条件不同，只有实验方法，实验条件相同，其结果才有可比性。

标准量的选择是进行比较测量的前提，由于被测量不同，对标准量的要求就会不一样。我国目前使用的高温标准测温锥的制作依据，是 20 世纪 50 年代苏联的 ПК 锥。30 多年来，世界不少国家都对高温标准测温锥进行了研究，国际标准化组织（ISO）（共有成员国 150 多个，我国是成员国之一）于 1969 年制订了 ISO 推荐标准 R1146，并于 1988 年进行了修订（ISO，1146，1988E）。上海耐火材料厂于 1986 年正式列项研制标准高温锥。几年来，对 ISO 锥（150～180），西德 DIN 锥（SK26～36），日本锥（SK26～36）以及苏联 ГОСТ 锥（ПК158～179）进行了成分，测试结果等剖析试验，并建立了我国标准高温锥系列（GB158～180）。上耐厂生产的标准高温锥，锥的弯倒温度误差达到小于 ±5 K 的要求，弯倒温度间隔 20℃，符合 ISOR1146 标准，达到了国际水平。

我国现行的标准锥锥号为：CN150、152、154、156、158、160、162、164、166、168、170、172、174、176、178、180。在 150～180 之间，每隔 20℃一个锥号，若试锥的弯倒程度介于两个相邻的标准高温锥之间，则用这两个高温标准锥号表示试锥的耐火度，即顺次记录相邻的两个锥号，如 CN168～170。

标准高温锥温度是以 20℃为间隔单位的，所以耐火度的数值仅有 1580℃、1600℃、1620℃……或 1680～1700℃……等。它与标准高温锥的锥号是对应的，而不应有 1610℃、1630℃……1710℃等数值。

GB7322—1997 规定，把耐火原料或耐火制品制成试锥，并将已知耐火度的 4 个高温标准锥（应该包括相当于试锥估计耐火度的标准高温锥 2 个，以及高 1 号和低 1 号的标准高温锥各 1 个）与 2 个试锥安插在一起，在规定的条件下（即规定的升温速度下均匀地升温至所需试验温度；在试验状态下，锥台周围最大温差不得大于 10℃；应能保证炉内氧化气氛）进行对比试验，以与试锥同时弯倒的高温标准锥号来表示试锥的耐火度。

测定耐火度时,试锥在高温作用下吸收热量,形成一定数量的液相后才弯倒,并且由于液相有一定的黏度,造成时间滞后。因此形成液相的黏度大,试锥弯倒就较缓慢,形成液相的黏度小,试锥弯倒就较快一些。对硅质制品,其化学成分主要为 SiO_2 大于94%,在高温作用下,SiO_2 形成的液相黏度很大,随时间延长,温度继续升高,液相黏度降低的缓慢,故其耐火度达1730℃,比 SiO_2 晶体的熔点1713℃还高17℃。即使对纯晶态材料而言,被测得的耐火度也不会和它的熔点相符合。因为高温锥与试锥处于同一实验条件下,它们同时开始,同时终止,同量纲过程,这就是直接测量的同时性。

用直接比较法测定材料的某些性质的方法,可以说是一般实验和测量的基础,所以,它虽然非常简单,但必须仔细研究,认真掌握。

影响耐火度测试结果的因素:

(1) 试样粒度。国标要求小于0.18 mm。若粒度偏细,耐火度降低,因为试样粒度过细,其表面积增大,在高温下的化学反应速度加快,因而耐火度结果降低,反之亦然。所以在检验耐火度时必须严格控制试样的粒度,制样时应边磨边筛,避免产生过细的颗粒。

(2) 升温速度。由于锥弯倒时必须吸收一定的热量,形成具有一定黏度的液相后才弯倒。若升温速度慢,高温下,液相黏度下降,则测定结果偏低;若升温速度快,锥外表面温度高,内表面温度低,则耐火度偏高。

(3) 试锥的形状和插锥的方法。试锥的高度和底边尺寸间的比例关系若加以改变,则对耐火度的测定结果有严重的影响。如高度越高,底边长越小的试锥其弯倒温度越低。因此,必须注意试锥形状的正确性。因为锥是靠本身自重力作用弯倒的,所以栽锥的角度和插入锥盘的深度均对耐火度测定结果有影响。国标规定必须使高温标准锥的锥号和试锥的成型面均对准圆锥台中心而与该面相对的棱向外倾斜,与垂线的夹角成 8°±1°。若倾角过大,则耐火度偏低。插锥的深度为 2～3 mm,插得太深耐火度偏高,反之则偏低。

(4) 炉内气氛。如试样成分中含有较多的铁质,则在不同的气氛条件下耐火度值是不一样的,在还原气氛下,高价铁被还原成低价铁的熔点低,生成的液相黏度也小,会降低耐火度测定值。所以测定耐火度时,炉内应保持氧化气氛。

4.2 示差法实验原理

4.2.1 示差式荷软蠕变测定仪

示差式荷软蠕变测定仪(HRY-01,02,03 型),可用于测定耐火材料荷重软化温度和蠕变率,其性能满足 GB5989—1998“耐火制品荷重软化温度的测定”及 GB 5073—1985“耐火制品压蠕变的测定”的要求。该设备能自动程序控温,测量变形,记录温度——变形曲线,各项技术指标达到国际先进水平,于 1984 年通过冶金部鉴定,1990 年通过国家鉴定。它的主要特点是消除了因压棒变形引起的测量误差,它与传统的测量方法(YB370—1975)相比有较高的测试精度。下面就荷软蠕变仪的示差原理进行分析。

4.2.1.1 示差机构

示差机构如图 4-1 所示,主要有试样(ϕ50 mm±0.5 mm,高 50 mm±0.5 mm,中心孔径 12～13 mm),上下垫片(下垫片应有中心孔),两块垫片厚度约为 10 mm,直径略大于试样直径。差动外管(刚玉质),外径 16 mm,内径至少 12 mm,放在下压棒内,紧顶下垫片的下表面,并能在下压棒内自由移动。差动内管(刚玉质),外径最大 10 mm,内径至少 6 mm,放在差动外管中,通过下垫片和试样的中心孔,紧顶上垫片的下表面,并能在差动外管,下垫片和试样内自由移动。位移传感器,其外壳紧接差动外管的下端,传感器的铁芯由差动内管带动,可用一提升装置使传感器始终跟踪差动管。测量精度至少为 0.01 mm。

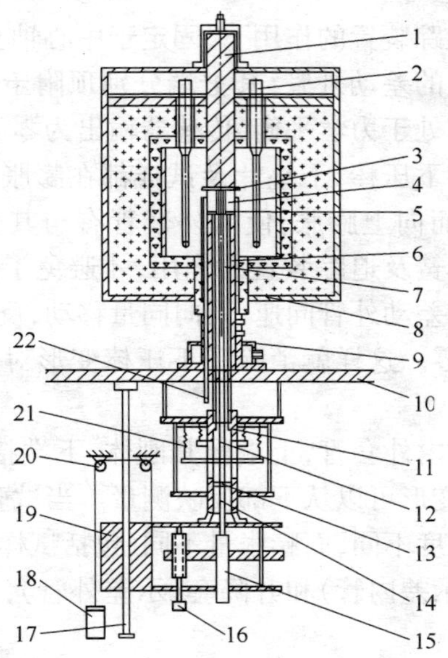

图 4-1 炉内与示差机构

1—上压体;2—MoSi 发热体;3—上垫片;4—试样;5—下垫片;
6—下压棒;7—差动中心套管;8—差动外管;9—水冷套;
10—下箱体盖板;11—升降套;12—中心测温热电偶;
13—中心轴;14—传感器触头;15—传感器本体;
16—微调旋钮;17—立轴;18—重锤;19—跟踪装置;
20—滑轮;21—弹簧;22—控温热电偶

差动管在整个试验过程中应能承受测量装置施加于该管上的压力而无明显变形。测量系统的热膨胀系数应有规律且重现性好。

A 基本假定

(1) 示差内外套管系刚玉材质,材质结构要均一。

(2) 炉内任一横截面内,温差为零。

B 运动过程

在弹簧和跟踪装置的作用下,固定于中心轴上的差动内管,及固定在升降套上的差动外管,其上端分别顶附于上下垫片的下表面。常温下它们处于力学平衡,传感器输出为零。温度升高时,与示差机构有关的下压棒,下垫片及试样都在膨胀。由于下压棒的上端是自由端,而向上膨胀,使内外套管有与其位脱离顶附的趋势。正是由于弹簧及追踪装置的作用,才避免了这一可能。这时差动中心套管和差动外管同速、同向同量移动,反应在传感器上变形抵消,读数为零。这样就消除了下压棒变形对于测量所产生的误差。

示差系统的内外套管,上端触其刚体,下端接触弹簧,自由端向下膨胀,故其变形可以从下部反映测量。当试验升温时,由于内外套管的受热长度不同,而膨胀量不同(包括试样的变形),它们分别推动中心轴(示差内管)和升降套(示差外管),在其间产生相对位移——示差。

4.2.1.2 示差原理

当试样受热发生变形时,测定仪指示值是差动外管和差动内管,试样三者膨胀(或变形)之差。由于两支刚玉管系同材质材料,在同一温度、同长度其膨胀值相等,由于差动外管和差动内管同速,同向同量移动,反映在传感器上,则相互抵消。因此测试时示值,即为试样与试样等长度的示差内管的变形量之差。(试样变形量包括下垫片的变形量)。用公式表示如下:

$$F_A = F_C - F_B \tag{4-1}$$

式中 F_A——传感器示差值,mm(由仪器直接测试得出);

F_C——与试样等长度的示差内管的膨胀值,mm(或仪器的校正值);

F_B——试样的膨胀量,mm。

即:

$$F_B = F_C - F_A$$

以石墨为标准体测定仪器校正值 F_C,即:$F_C = F_{B(石墨)} + F_{A(石墨)}$。

$F_{B(石墨)}$为标准体膨胀值，mm，用石墨标准体的平均线膨胀系数计算；

$F_{A(石墨)}$为用石墨作实验时，传感器示差值，mm。

4.2.1.3 分析与讨论

(1) 差动内管的膨胀量大于试样的膨胀量(如硅酸铝质耐火材料)。

如图 4-2 所示的校正曲线和示差曲线，两横坐标相减即为试样的真实变形量。

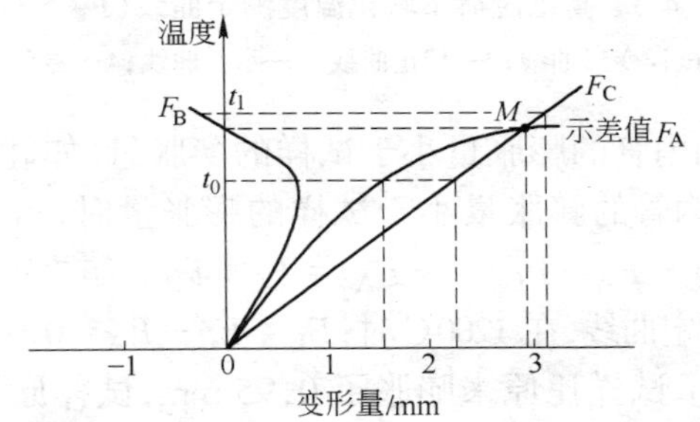

图 4-2 $F_C > F_B$ 时的温度－变形曲线

1) 如温度为 t_1 时：试样膨胀量 $F_B = F_C - F_A = 2.1 - 1.5 = 0.6$ mm，如果试样原高 50 mm，温度为 t_1 时则为 50.6 mm。

2) 随着温度继续升高，试样被压缩，F_C 与 F_A 很快交于 M 点，即 $F_A = F_C$，在此温度下试样膨胀量为零(试样被压缩到原来高度)。

3) 如温度为 t_2 时：试样变形量 $F_B = F_C - F_A = 2.9 - 3.2 = -0.3$ mm，表示试样比原来压缩了 0.3 mm，如试样原高 50 mm，此时则为 49.7 mm。

由图 4-2 看出，示差曲线 F_A 即使试样膨胀达到最大值时，F_A 也不出现极值。只有试样的真实变形曲线才能反映出膨胀最大值，即($F_C - F_A$)差值最大时为试样膨胀的最大值。

高铝砖的荷重软化温度测定曲线如图 4-3 所示。

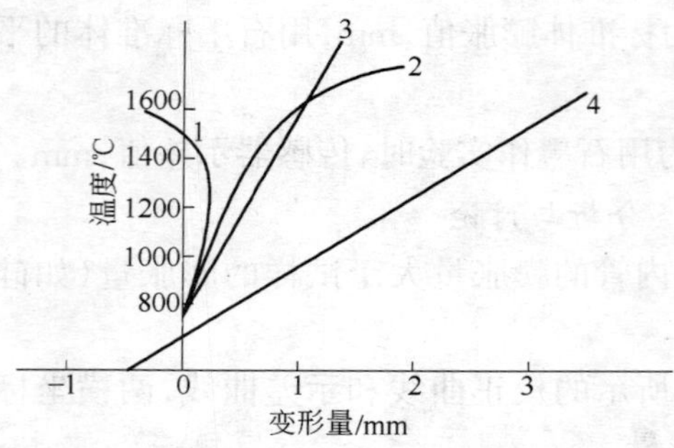

图 4-3 高铝砖荷重软化温度测定曲线（$F_C > F_B$）

1—试样变形曲线；2—校正曲线；3—示差曲线；4—温度曲线

（2）差动内管的膨胀量小于试样的膨胀量（如硅质、镁耐火材料）。当差动内管的膨胀量小于试样的膨胀量时，示差值 F_4 为负值，即 $F_B = F_C - F_A = F_C - (-F_A) = F_C + F_A$。如图 4-4 硅质制品荷重软化温度测定曲线，在 1200℃时：$F_B = F_C - F_A = 0.6 - (-0.35) = 0.95$ mm，表示试样比原来膨胀了 0.95 mm，试样原高 50 mm，此时为 50.95 mm。因为 F_A 小于 0，随着温度升高，该负值增大，即试样的膨胀量大于内套管的膨胀量。再继续升温，试样达膨胀最大值后而被压缩，F_B 逐渐减小，F_A 逐渐增大而转入正值。

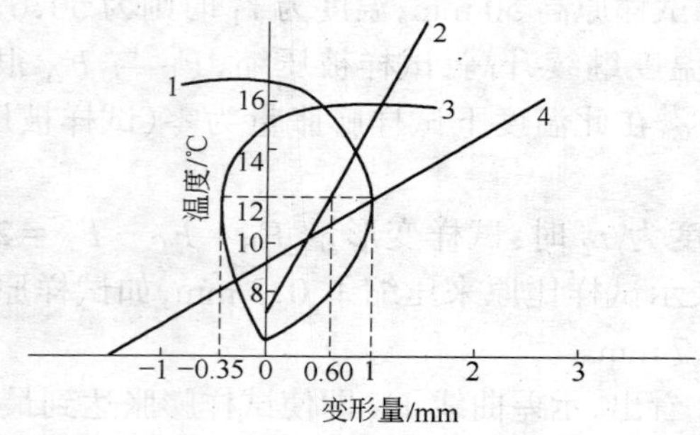

图 4-4 硅质制品荷软点测定曲线（$F_C < F_B$）

1—试样变形曲线 F_B；2—校正曲线 F_C；3—示差曲线 F_A；4—温度曲线

(3) 差动内管的膨胀量等于试样的膨胀量(如与差动内管材质相同的刚玉质耐火材料)。

对于理想状态的刚玉质材料,示差值此时为零,即 $F_A = 0$,所以 $F_B = F_C$,试样的变形曲线,为差动内管的膨胀曲线如图 4-5 所示。

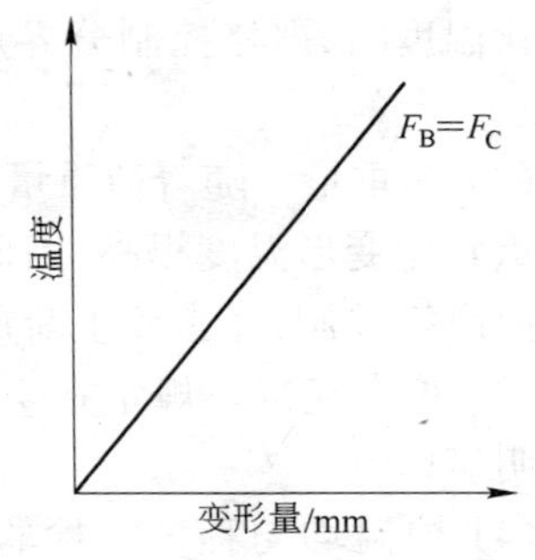

图 4-5 $F_B = F_C$ 时的温度变形曲线

但是,刚玉质耐火材料很难做成结构完全均匀的均质体,实际操作中,加热条件又难于保证炉内任一横截面内温差为零。所以实际测试中,示差值 $F_A \neq 0$,往往有读数。

4.2.1.4 几点说明

(1) 使用中,由于操作者的习惯,仪表量程的限制等因素,曲线走向可以不同。

(2) 校正曲线 F_C,产生于一定的温度制度和记录速度。此条件改变时,形状会有不同,试验中校正曲线也可不画出,直接用实测数据在记录纸上进行差减,而得到试样变形曲线。

(3) 所测试样相应温度下的变形值都包括着下垫片的变形因素。

(4) 因消除了压棒变形的影响,故检验温度低于传统方法的检验温度。

示差式荷软蠕变仪,由于消除了压棒变形对测量所产生的误差,因而有较高的测试精度,示差法的关键是获得试样的实际变形曲线 F_B,因此对于类似产生的示差曲线 F_A,校正曲线 F_C 及操作水平都有较高的要求。

4.2.1.5 影响测试结果的因素

(1) 升温速度。升温速度快,则结果偏高;升温速度慢,则结果偏低。因为升温快,试样内外温差大,试样内部温度较外部温度低,其荷重软化温度高。反之荷重软化温度偏低。因此在检验荷重软化温度时，严格控制分界点以上升温速度和均匀升温是很重要的。

(2) 荷重量。随着荷重量的增加，荷重软化变形温度降低，反之荷重软化变形温度提高，因此规定荷重量为(200 ± 4)kPa，在实验时要严格控制，经常校正荷重量。

(3) 炉内气氛。规定在空气气氛中进行测试，否则对测试结果有明显影响。

(4) 炉温均匀程度。检验时要求炉内装样区温度应均匀至 ±10℃以内。若炉温不均匀致使试样变形量呈不正常现象(如蘑菇状，歪曲，一部分熔化)，实验结果必须作废，炉温调节均匀后重做。

(5) 试样受压面平整程度。若试样平行度不好，则结果偏低。试样装置不当也影响测试结果，所以试样支承棒，上下垫片等整个加压系统要垂直，不得偏斜。否则试样歪曲超过规定，应该重做。

4.2.2 示差式热膨胀仪

4.2.2.1 试验原理

顶杆式热膨胀仪采用示差原理制作，其构造如图 4-6 所示，测试部件是由一根一端封闭的装样管，顶杆和百分表组成。百分表的活动顶杆与顶杆紧密接触，试样一端与顶杆顶紧，另一端与装样管的封闭端头顶紧。当试样受热膨胀时，百分表的读数是装样管和顶杆及试样三者的膨胀差。而装样管和顶杆系同材质材料(假定它们的结构完全均匀，加热炉内任一纵截面内温差为零)，在同一温度、同一长度下，它们的线膨胀系数也相同，则互相抵消。因此百分表的指示值，即为试样膨胀值与试样等长度的装样管膨胀值之差。

$$\Delta L_{示,t} = \Delta L_{试,t} - A_t \tag{4-2}$$

所以，仪器校正值 A_t 的物理意义是：长度为 L_0(与试样长度相同)的装样管在实验温度时的膨胀量。A_t 值可由实验方法求得，一般情况下，计算公式为：

$$A_t = \Delta L_{标,t} - \Delta L_{示,t} \tag{4-3}$$

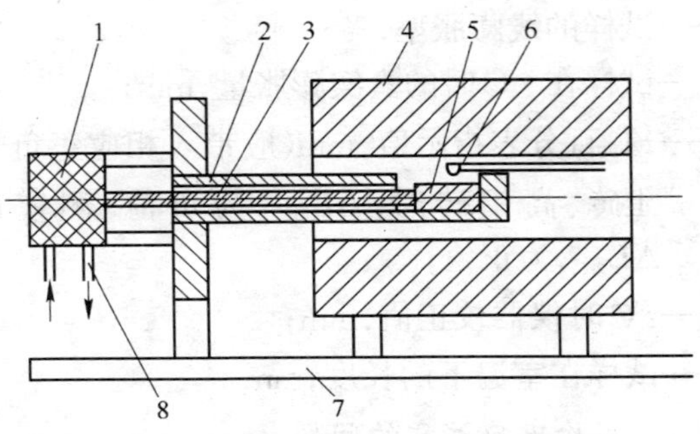

图 4-6　顶杆式热膨胀仪构造示意图

1—位移传感器；2—装样管；3—顶杆；4—炉体；5—试样；6—热电偶；7—底座；8—冷却水系统

式中　A_t——仪器校正值，mm；

$\Delta L_{示,t}$——测定标准体时百分表指示值，mm，（应代入相应的正负号）；

$\Delta L_{标,t}$——标准体膨胀量，mm，用标准体的平均线膨胀系数计算，即 $\Delta L_{标,t}=\alpha(t-t_0)L_0$；

α——平均线膨胀系数；

t——实验温度；

t_0——室温；

L_0——室温下标准体长度。

本实验用石英玻璃棒作为标准体，故 $\Delta L_{示,t}$ 为负值，此时

$$A_t=\Delta L_{标,t}-(-\Delta L_{示,t})=\Delta L_{标,t}+\Delta L_{示,t} \tag{4-4}$$

4.2.2.2　计算公式

试样在 t℃的真实膨胀量为

$$\Delta L_{试,t}=\Delta L_{示,t}+A_t$$

线膨胀率（即由室温升至试验温度时试样长度的相对变化百分率）为

$$\rho=\frac{\Delta L_{试,t}}{L_0}\times 100=\frac{\Delta L_{示,t}+A_t}{L_0}\times 100 \tag{4-5}$$

式中 ρ——试样的线膨胀率,%;

$\Delta L_{试,t}$——试样在 t℃时的真实膨胀量,mm;

$\Delta L_{示,t}$——t℃百分表指示值,mm(应带入相应正负号);如测黏土砖、高铝砖时,$\Delta L_{示,t}$为负值;测镁砖、硅砖时$\Delta L_{示,t}$为正值;

A_t——t℃时仪器校正值,mm;

L_0——试样在室温下的长度,mm。

4.2.2.3 实验中应注意的问题

(1) 接好仪器导线,打开电源开关将仪表预热。

(2) 装好试样,试样要放平,并与刚玉顶杆同心。

(3) 装好热电偶,热电偶热端应放在试样长度的中心处。

(4) 盖好刚玉盖片,将炉子推入固定位置,方可升温。

(5) 仪器校正值。

一般情况下,对于一定结构的一台仪器其校正值 A 是基本固定的,这只适应于确定的实验条件。因此在不同的实验条件下操作的仪器,就要确定各自仪器的校正值。当仪器部件,如顶杆装样管及操作条件变化时,都必须重新测定仪器校正值。校正值通常取数次实验的平均值,或用回归分析法,找出校正值与温度的回归线,用此曲线作为仪器的校正值较好,但应定期测定校正值,对回归线或平均值的变化与否进行检查。

(6) 标准体。用顶杆式示差膨胀仪测定试样热膨胀时,需要用标准体来求得仪器的校正值。对标准体材料的要求是:已知线膨胀系数,且线膨胀系数较小,线膨胀率与温度近似线性关系;高温下性能稳定,不应有不可逆膨胀,最好采用各向同性的均质体材料。常用熔融石英玻璃棒(SiO_2 大于 99.95%)作标准体。石英棒的热膨胀量可按在室温——1000℃范围内的平均线膨胀系数 $\alpha = 0.6\times10^{-8}(1/℃)$计算。当石英棒在室温下的长度为 100 mm 或 50 mm 时,其各温度下的膨胀量可按表 4-1 直接使用。

表 4-1 石英棒在各温度下的膨胀量($\Delta L_{标,t}$)

温度/℃	膨胀量/mm	温度/℃	膨胀量/mm	温度/℃	膨胀量/mm
50	0.002 0.001	400	0.023 0.011	750	0.044 0.022
100	0.005 0.002	450	0.026 0.013	800	0.047 0.023
150	0.008 0.004	500	0.029 0.014	850	0.050 0.025
200	0.011 0.005	550	0.032 0.016	900	0.053 0.026
250	0.014 0.007	600	0.035 0.017	950	0.056 0.028
300	0.017 0.008	650	0.038 0.019	1000	0.059 0.029
350	0.020 0.010	700	0.041 0.020		

(7) 一般从国外引进的热膨胀仪,装样槽口是不加盖片的开口式,而我国的示差式热膨胀仪是加盖片的封闭式。有人作过对比实验,不加盖片的开口式膨胀仪在 20～300℃阶段,测试结果偏低,300℃以上时,两者结果趋于一致,所以在低温阶段,装样槽口加盖片,可起均热作用,促使试样与热电偶受热均匀一致,有助于提高仪器的准确度。

4.3 模拟实验法

两个物理量之间,只要具有相同的物理模型或类似的数学函数关系,就可以相互表征,即用一个物理量去定性或定量地表示另外一个物理量,这种方法叫做模拟法。

这种方法在现代实验中是极其重要的。这是因为实验的任务首先要再现被研究的物理,化学过程,但在实际上往往是不可能的。例如要研制一种抗渣性能优异的耐火材料,必须先对这种材料在工业窑炉内试用,但这是不可能的。而模拟法为这类实验提供了理论上的依据和实际可行的手段,这是不难理解的。

4.3.1 抗渣性实验

耐火材料在高温下抵抗熔渣侵蚀作用而不破坏的能力称为抗渣性。耐火材料在使用中与周围介质(包括固态、液态、气态物质)不仅有化学反应,而且有物理化学过程和机械磨损,炉渣冲刷作用。此作用是耐火材料在使用过程中遭到损毁的重要原因。同时由于温度变化,机械磨损、振动冲击等因素的影响,会加剧损毁过程。因此研究检验耐火材料的抗渣性能具有非常重要的意义。

为了达到接近实际作用条件的要求,预测耐火材料的使用寿命,因此,出现了进一步模拟生产实际的实用方法,最常用的就是回转抗渣试验法。该方法的优点是:

(1) 模拟性更强;

(2) 可以调整反应渣中化合物的成分;

(3) 在相同条件下试验,比较性强;

(4) 在一定程度上体现了剥落等其他作用的影响。因此,美国、英国、日本等国家均把回转抗渣法定为检验耐火材料抗渣性的标准方法。我国 GB8931—1988 抗渣性试验方法,参照英国 BS1902—513 的回转渣蚀法制订,就是对耐火材料在使用之前作出评价。

该实验方法将试验用耐火材料砌筑于回转式的抗渣炉内,砌筑形状如图 4-7 所示,然后加热到试验温度,炉子不断转动,并按规定的时间承受选定炉渣的侵蚀与冲刷作用。测量试验前、后试样砖的厚度变化,以比较其抗渣性。

此法不仅能反映材料的化学 - 矿物组成,同时也能反映出材料受炉渣的侵蚀与冲刷,磨损的作用。

该试验所用的主要设备为:回转式试验炉、控制台和测温系统,加热方法系采用丙烷 - 氧气直接加热,炉子使用温度为 1000 ~ 1750℃。回转式试验炉构造如图 4-7 所示,试样的形状、尺寸及试样的组装如图 4-8 所示。每炉至少需要砌筑 2 组试样(每组 3 块试样),以比较其抗渣性的优劣。该实验方法见 GB8931—1988“耐火材料抗渣性试验方法”。

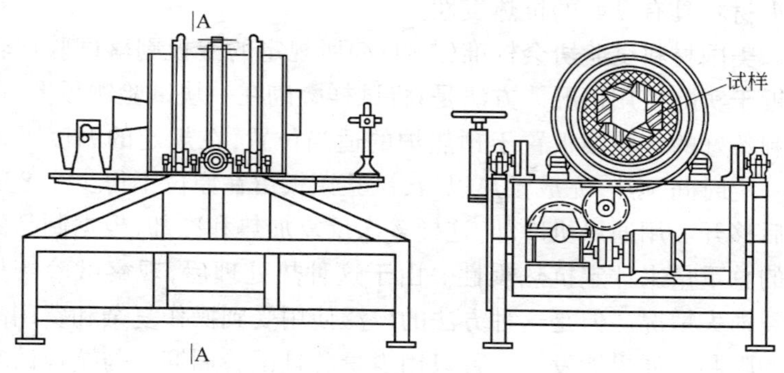

图 4-7 回转式试验炉

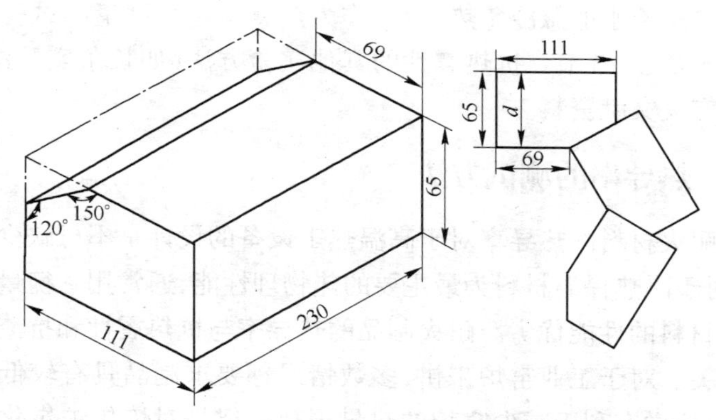

图 4-8 试样的制备与组装

抗渣性其他模拟性实验方法见第 5 章 5.14 节及有关资料。

4.3.2 抗热震性实验(镶板法)

耐火制品抵抗温度的急剧变化而不破坏的性能称为抗热震性(亦称急冷急热性)、间歇式工业窑炉、钢包、电炉顶等用耐火材料在使用过程中,受到剧烈的温度变化作用,由于耐火材料为低导热性材料,使得砖内部热聚变而产生应力,当这种应力超过材料本身的结构强度时，就产生开裂，剥落，甚至造成砌体崩裂。因此，要求耐火材料具有良好的抗热震性。

美国材料试验协会标准(ASTM)所规定的镶板剥落试验比较接近于实际使用情况。方法是：将试样叠砌在一块试验镶板上，再将制备好的试验镶板置于预热炉的适当位置，在规定的温度下保温一定时间预热，完成预热以后，试验镶板留在原位不得少于 8 h，然后移开。用通风机冷却，这样多次反复加热和冷却，根据制品失去的总重量来评定抗热震性。由于这种热处理后，观察试验镶板崩裂损失情况。但是这种方法的广泛使用受到操作复杂和费用高昂的限制。如果能发展一种只用少量砖且试验周期短与镶板试验相类似的方法，则此方法一定会被广泛的采用。关于以试样经受1100℃至冷水的急冷急热次数，作为热震稳定性度量的试验方法见第 5 章 5.13 节。抗热震性的其他实验方法(如长条实验法等)详见有关文献资料。

4.4 热导率的测试方法

耐火材料的热导率对于高温热工设备的设计是不可缺少的数据，对于隔热保温材料为最主要的热物理性能，通常用它衡量隔热保温材料的性能优劣。耐火制品的热导率与抗热震性和抗渣性密切相关。对于工业窑炉来讲，多数情况都要求制品具有较低的热导率，这样有利于减少窑炉的热量损耗。但是对炼焦炉炭化室用砖则必须具有较高的热导率，这样有利于缩短结焦时间和提高焦炭质量。所以准确地测定耐火材料的热导率，对于新型材料的研制，隔热保温材料的性能改进，设计和使用部门合理选用材料，节约能源等都有着重要的指导意义。

影响物质热导率的物理，化学因素很多，热导率对物质晶体结构，显微结构和组分的很小变化都非常敏感，因此所有热导率的理论计算方程式都有较大的局限性。热导率数据至今仍然主要依靠实验测定获得。

热导率的测试方法很多,如果按热流的状态,一般可分为稳态法和非稳态法两种。下面把测试无机非金属材料热导率常用的稳态法(平板法)和非稳态法(热线法)的测试特点,原理作一简单介绍。

4.4.1 平板法

4.4.1.1 概述

GD-1型高温热导率(导热系数)测定仪属于平板法,该仪器可在高温下测定耐火材料,保温材料,绝热材料等硅酸盐材料的块状、颗粒状、纤维状样品的热导率。其技术性能如下:

测定温度范围:300~1300℃

热导率测量范围:0.035~2.320 W/(m·K)

仪器精度:最大相对误差不大于±5%

试样尺寸:ϕ160 mm×20 mm±0.5 mm

平板法是一种试样形状为圆盘形的纵向热流法,其最大优点是具有相当高的测试准确度和试验温度($MoSi_2$ 发热体,可达1600℃左右)。因此已被许多国家列为低导热系数材料的标准试验方法,得到了广泛的应用。其主要缺点是测试周期长(测一个温度点需要2 h以上),且试样不易制备。

4.4.1.2 测试原理

热导率(导热系数)是当物体内温度降为单位梯度时,单位时间通过单位面积的热流量。其值等于热流密度除以负温度梯度。

$$\lambda = q / -\frac{\mathrm{d}T}{\mathrm{d}n} \text{(傅里叶一维平板稳态导热公式)} \tag{4-6}$$

式中 λ——导热系数,W/(m·K);

q——热流密度,W/m^2;

$\frac{\mathrm{d}T}{\mathrm{d}n}$——温度梯度,K/m。

本实验是根据傅里叶一维平板稳态导热的基本原理,使待测试样处在一个不随时间而变化的温度场里,当达到热平衡后,测定通过试样单位面积上的热流速率(cal/s),试样热流方向上的温度梯度(Δt),以及试样的几何尺寸等,根据傅里叶定律直接测定热导率。

傅里叶定律以及由该定律推演出的各种类型几何形状(平板、圆柱体、球体等)物体的稳态导热计算公式,是测定热导率稳态法的物理基础,傅里叶定律数学式为

$$\lambda = \frac{q\delta}{A \cdot \tau \cdot \Delta t} \tag{4-7}$$

平板法的物理模型是:在圆形试样内产生一个沿纵向的稳定的一维热流,再据式(4-7),计算出热导率 λ 值。对于具有纵向热流的圆形单层平壁试样,上式可写成

$$\lambda = \frac{q \cdot \delta}{\Delta t \cdot \tau \cdot \frac{\pi}{4} d^2} \tag{4-8}$$

式中,q 为 τ 时间内通过面积为 $\frac{\pi}{4} d^2$ 的热量。由于实验中测出的通常是单位时间内通过 $\frac{\pi}{4} d^2$ 面积的热量 q,因此式(4-8)变为:

$$\lambda = \frac{q \cdot \delta}{\Delta t \cdot \frac{\pi}{4} d^2} \tag{4-9}$$

式中 Δt——沿试样厚度“δ”方向的温差。

该实验设备的构造如图 4-9 所示。

为维持平板试样内纵向的一维热流,平板法一般采用下述两条措施:

(1) 利用试样的自身防止热损。利用无机非金属材料低热导率的特点,把试样做得很薄,直径很大,成为 $\frac{d}{\delta}\left(\frac{\phi 160}{20}\right) = 8$ 的无限平板。将试样夹在带有加热器的热板和没有加热器的冷板之间,试样热面和冷面的中心区域便有一较好的等温面,等温面之间则产生一个均匀的一维热流。这样就可把试样中心区作为测试区。试样中心区以外的部分实际上起到一个防止径向热损的自身防热套作用(试样中心区 $\phi = 50$ mm)。

（2）利用第一、第二保护量热器和合理的炉体结构防止热损。

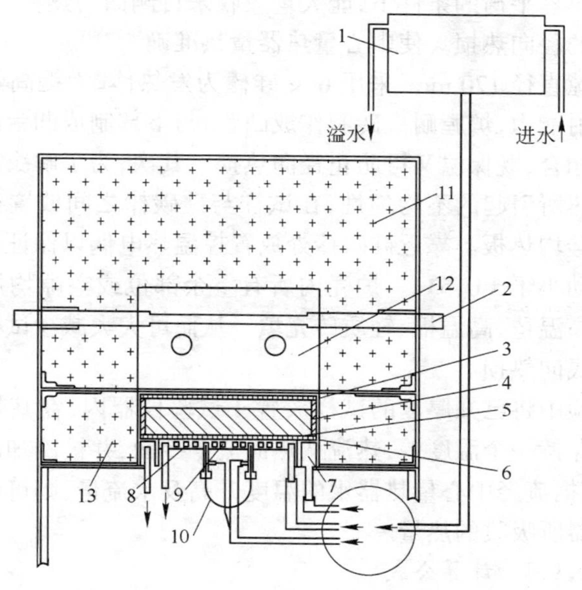

图 4-9 热导率测定装置示意图

1—恒压水箱；2—发热元件；3—碳化硅均热板；4—支承柱；5—纤维试样；6—纤维垫板；7—第二保护量热器；8—第一保护量热器；9—中心量热器；10—温差热电偶堆；11—高铝纤维毡炉衬；12—加热炉；13—保护套

为防止试样的径向热损和底向热损，试样冷面直接与中心量热器，第一保护量热器和第二保护量热器接触。量热器下方和侧面填满高温棉和轻质隔热砖以减少底向和径向热损。

为保证由试样传递过来的热量能迅速传给冷却水，中心量热器用比热小热导率大的纯银制成。中心量热器及第一保护量热器的水道均为双回路结构，以保证冷却水能均匀流经量热器，使量热器表面温度均匀。测试中待热面温度恒定后，中心量热器与第一保护量热器的温差≤0.01℃，说明第一保护量热器和待测试样的温度梯度几乎相同，以此使径向热损减少到最低限度。

第二保护量热器制成圆形分层空腔,在保证表面温度与第一保护量热器平衡的条件下,能大量吸收来自侧面的热量,可大大减少试样的径向热损。使中心量热器量热准确。

炉膛直径 170 mm,采用 6 支硅棒为发热体,为提高炉膛上部面的反射能力,炉膛耐火砖制作成凸台,与下部制成凹台的耐火砖恰好相扣合,既保温又可防止径向热损。其次,为了解决硅碳棒对试样加热所引起的不均匀性,在试样与硅碳棒之间放置有高导热的碳化硅均热板。靠近硅碳棒处放置控温热电偶以保证试样热面温度波动小于±0.5℃。炉壳内所有空余部位或空隙均用绝热性能好的高温毡、高温棉、轻质砖充填。从而可大大减少试样的径向热损和底向热损。

实验中将已知厚度的试样放置于试验仪器内,在其热面和冷面之间保持一个温度差,热流从热面流至冷面,并被冷却的量热器带走,根据流经中心量热器水的温度升高及水流量,则可测出被中心量热器所吸收的热量。

4.4.1.3 计算公式

热导率可由下述公式计算:

$$\lambda = \frac{q \cdot \delta}{A(t_1 - t_2)} \tag{4-10}$$

式中 δ——试样厚度,cm;

A——中心量热器面积 19.63 cm^2;

t_1——试样热面温度,℃;

t_2——试样冷面温度,℃;

q——单位时间流经中心量热器的热量,J/s:

因为

$$q = c \cdot r \cdot v \cdot \Delta t \tag{4-11}$$

式中 c——冷却水比热容,J/(g·℃);

r——冷却水密度,g/cm^3;

v——中心量热器冷却水流量,cm^3/s(mm^3/s);

Δt——流经中心量热器的水温差,℃。

c、r 在常温下可以认为是常量,即 c = 1 J/(g·℃),r =

1 g/cm^3。

所以 $$q = v \cdot \Delta t (\mathrm{J/s}) \tag{4-12}$$

即 $$\lambda = \frac{v \cdot \Delta t \cdot \delta}{A(t_1 - t_2)} \times 418.68\ \mathrm{W/(m \cdot K)} \tag{4-13}$$

4.4.1.4 影响测试结果的因素

(1) 中心量热器流量变动对热导率值的影响。根据试验原理,水流量增大(或减小),将使水温差 Δt 减小或增大,结果热量不变。而实际测试中,水流量改变后将导致 q 也随着改变,因而热导率也随之变化。若控制水流量在 2.5～3.5 mL/s 范围内,热导率变化很小,所以取流量 2.5～3.5 mL/s 作为中心量热器的最佳流量,在此范围内,热导率的最大偏差是 1.97%。

(2) 径向热损。由于加热炉及仪器下部不断地与周围冷空气产生热交换,因而引起了试样上、下表面温度不均匀。试样所吸收的热量大部分被量热器吸收,但少部分因发生径向热交换而损失。经实验得出如下结果:

1) 随着温度的升高,径向热损逐渐减少。

2) 该仪器最大径向热损为 6.99%。

4.4.2 热线法

4.4.2.1 概述

热线法是一种动态测量法(非稳态法),即在测试过程中试样的温度分布是随时间而变化的。该法的特点是:测试周期短,通常只需几分钟甚至几秒钟,就可完成稳态法需要几小时才能测出的结果。其次该方法有可能同时测出热导率、导温系数和比热容的数据。缺点是:测试误差要比稳态法略大一些。GB5990—1986 规定热线法适用于测定 1250℃以下热导率不大于 2 W/(m·K)的定形隔热耐火制品的热导率。

4.4.2.2 测试原理

该方法的原理是,用一根细长的金属丝(铂或铂铑合金丝,热线直径小于 0.35 mm,长 200 mm ± 0.5 mm)作线形热源,插入待测试样长度方向的中央部分。接通电源后,金属丝将产生焦耳I^2R,其温度逐渐升高。如果试样的热导率比较大,金属丝产生的热量将会较快地通过试样传导出去,金属丝的升温就比较慢和低;反之,如果试样的热导率比较小,试样导走的热量就少,金属丝的升温就比较快和高。因此,金属丝线形热源的升温高低和快慢与待测试样的热导率密切相关,通过焊接在金属丝中心的热电偶测量金属丝温度随时间的变化,该金属丝的温度变化即是被测材料热导率的函数,其相应的数学关系式为

$$\lambda = \frac{I^2 R}{4\pi L} \times \frac{\ln(t_2/t_1)}{Q_2 - Q_1} \tag{4-14}$$

式中 λ——热导率,W/(m·K);

I——加热电流,A;

R——试验温度下的热线电阻,Ω;

L——热线长度,m;

t_1、t_2——加热电流接通后测量的时间,min;

Q_1、Q_2——热线在 t_1、t_2 时的对应温度,℃。

为了确定计算式$\frac{\ln(t_2/t_1)}{Q_2 - Q_1}$应将热线温度与加热时间取对数函数图,在约 1min 的启动阶段之后,应得到一条直线,t_1 和 t_2 是该直线上任意选定的接通加热电流的时间点(不可过密,通常 $t_1 = 2$ min,$t_2 = 10$ min 为好。如热导率更高时,则 t_2 根据实验或者计算求得)。假如得到的不是一条直线,则表明本方法不适用于被测材料,实验无意义,或者有操作方面的错误,必须重做。

4.5 显气孔率、真密度的测试原理及影响测试结果的因素

显气孔率、吸水率、体积密度、真气孔率和真密度指标不仅反映耐火制品的致密程度,而且还与制品的其他性能,如抗渣性,抗热震性,荷重软化温度。热导率,抗压抗折强度等性能密切相关。

由于这些指标的测定方法比较简便、经济。所以它们被广泛地用作判断原料烧结质量,鉴定成批产品的产量,检查产品的均一

程度和控制生产工艺过程的常测项目。这些指标的大小和配料、颗粒组成、成型压力和烧成温度等工艺因素有着直接的关系。例如,成型压力小,单重不足,会使体积密度降低,显气孔率增大;烧成温度的适当提高,也能降低气孔率。

显气孔率、吸水率、体积密度和真气孔率的测定是根据阿基米德原理,用物理方法进行检验的。阿基米德原理是指物体在液体中所受的浮力等于被物体排开同体积液体的重量,下面分别予以说明。

4.5.1 显气孔率实验

4.5.1.1 实验原理

显气孔率、吸水率、体积密度和真气孔率实际上是一次测定,用不同的计算公式求得。GB2997—1982 规定的方法为液体静力称量法,其计算公式如下:

$$\text{显气孔率} = \frac{m_3 - m_1}{m_3 - m_2} \times 100\% \tag{4-15}$$

式中 m_1——干燥试样的质量,g;

m_2——饱和试样的表观质量,g(饱和试样悬挂在液体中的质量);

m_3——饱和试样在空气中的质量,g。

公式推导如下:

$$\text{因为试样开口气孔体积} = \frac{\text{开口气孔所吸液体的质量(g)}}{\text{浸渍液体的体积密度}(\mathrm{g/cm^3})} = \frac{m_3 - m_1}{D_1}$$

$$\text{试样总体积} = \frac{\text{试样所受的浮力(g)}}{\text{浸渍液体的体积密度}(\mathrm{g/cm^3})} = \frac{m_3 - m_2}{D_1}$$

$$\text{所以}\quad \text{显气孔率} = \frac{\text{开口气孔体积}}{\text{总体积}} \times 100\%$$

$$=\left(\frac{m_3-m_1}{D_1}\Big/\frac{m_3-m_2}{D_1}\right)\times 100\%$$

$$=\left(\frac{m_3-m_1}{m_3-m_2}\right)\times 100\%$$

吸水率,体积密度和真气孔率的实验原理同上,计算公式的推导过程与上述过程类似。

4.5.1.2 实验方法

先称试样的干燥质量 m_1,然后将试样放入容器内,并置于抽真空装置中,抽真空至剩余压力小于 2666.44 Pa(20 mmHg)。试样在此真空度下保持 5 min,然后在 5 min 内缓慢地注入供试样吸收的液体,直至试样完全淹没。再保持抽真空 5 min,停止抽气,将容器取出在空气中静置 30 min,使试样充分饱和,依次称量饱和试样悬挂在液体中的质量 m_2 及饱和试样在空气中的质量 m_3。

4.5.1.3 影响测试结果的因素

该实验方法的精确度主要取决于从试样表面上揩去水分的恒定性与称量的精度。

(1) 制备试样时一定要检查试样有无裂纹等缺陷。

(2) 饱和试样表面上的过剩液体用饱和了液体的毛巾擦掉,但不得使气孔中液体被吸出。(毛巾太干,吸走气孔中液体;太湿,表面上的过剩液体擦不完)。

(3) 一个试样先后称量 3 次,各次必须准确称量。同一试样必须在同一台天平上称量。

(4) 试样抽气必须达到规定的真空度和抽气时间,否则试样气孔中气体不能完全排出。

(5) 溢流杯内必须保证恒定水位,液体应完全淹没试样,否则会影响结果。

4.5.1.4 m_1、m_2、m_3 的度量单位

教材(1984 年 6 月版)和许多工艺书把 m_1、m_2、m_3 的单位都写成重量,而 GB 则规定为质量,我们知道,质量和重量有密切关系,但实质上它们是两个完全不同的物理量。它们之间的区别在

于:第一,一个物体的质量表示这个物体所含物质的多少;一个物体的重量是由于地球的吸引而受到的力。第二,一个物体的质量是恒定的,而同一个物体在地球上各个地方的重量是不一样的。第三,物体的质量是标量,而重量是失量。

重量和质量的关系式为:$P = mg$。

对于两个物体,分别有 $P_1 = m_1 g$, $P_2 = m_2 g$(同一地方 g 是定值)因而得出:

$$\frac{P_1}{P_2} = \frac{m_1}{m_2}$$

这就是说,在地球上同一个地方,物体的重量和它的质量成正比。如果两个物体的重量相等,那么它们的质量也一定相同,根据这个道理,我们就可以利用天平称量物体的质量。所以无论用质量还是重量作为 m_1、m_2、m_3 的单位,其气孔率数值大小是相同的,这也是许多工程书上重量,质量不分原因。

GB 2997—1982 标准属国际先进水平,它是以国际上通用的标准为依据而制订的,世界上许多国家 m_1、m_2、m_3 的单位都为质量,用质量作为 m_1、m_2、m_3 的单位,其物理意义更为确切。真密度实验中的 m_1、m_2、m_3 以前所采用的单位也是重量,国标改为质量,原因同上。

4.5.2 真密度实验

4.5.2.1 实验原理

GB 5071/T—1997 规定的方法为比重瓶法,该法等效采用 ISO 5018—1983 的标准,规定试样粒度小于 0.063 mm。此时,闭口气孔已不存在,可提高测量的准确度。所用比重瓶带毛细管塞,对温度变化极敏感,利于提高试验精度。但该法操作烦琐,控制条件要求严格。而工艺书上的方法(YB 372—1975)为液体静力称量法,该法操作简便,能在短时间内得出结果。但液体静力称量法,由于浸渍液的黏滞性,表面张力等作用,试样在浸渍液中称量的灵敏度比在空气中称量的灵敏度略有降低,从而影响测试结果的精确度。

用比重瓶法测试其计算公式为

$$Q=\frac{m_1}{m_1+m_3-m_2}\times Q_{液} \tag{4-16}$$

式中 Q——试样真密度，g/cm^3；

$Q_{液}$——所用的液体在试验温度下的密度，g/cm^3；

m_1——试样的干燥质量，g；

m_2——装有试样和选用液体的比重瓶质量，g；

m_3——装有选用液体的比重瓶质量，g。

因为 $m_1+m_3-m_2$ = 试样占据同体积液体的质量(g)。

所以 $\frac{\text{试样占据同体积液体的质量(g)}}{\text{液体的密度(g/cm}^3\text{)}}$ = 试样真体积

m_2 的液体质量小于 m_3 的液体质量，由于试样占据了同体积液体的空间，所以 m_2 相对 m_3 瓶中少装了一定量的液体。

所以

$$\text{真密度}=\frac{\text{试样干燥质量}}{\text{试样真体积}}=\frac{\text{试样干燥质量}}{\dfrac{\text{试样占据同体积液体的质量}}{\text{液体密度}}}=\frac{m_1}{(m_1+m_3-m_2)/Q_{液}}=\frac{m_1}{m_1+m_3-m_2}Q_{液}$$

4.5.2.2 实验方法

测定试样的干燥质量 m_1 后，向比重瓶中加入一定量的抽过气的蒸馏水或其他已知密度的液体至瓶内试样全部淹没在液体中为止，然后在真空装置中，抽真空至剩余压力不大于 2500 Pa (18.75 mmHg)，并在此真空度下保持 30 min 以上。然后取出比重瓶将液体完全充满比重瓶，经沉淀过夜，再经恒温后称量 m_2。尔后倒空和洗净比重瓶，盛满液体，经恒温后称量 m_3。

4.5.2.3 影响测试结果的因素

(1) 盛有试样和液体的比重瓶与盛有液体的比重瓶，必须在同一温度下恒温，然后进行称量，若两次恒温温度有波动，会影响测定结果。

(2) 当拿取恒温后的比重瓶时，不要直接用手拿，以免比重瓶受热液体流出，拿取时必须带胶皮指套或使用镊子夹取。

(3) 盛有试样和液体的比重瓶与盛有液体的比重瓶，恒温后毛细管内的液面必须保持一致。称量时必须将比重瓶外表擦干净，两次擦的干净程度要一致。

(4) 当试样磨得过细时，极细的尘粉会强烈地阻碍空气的逸出和试样沉淀，因此细粉可能浮出液面上，使结果偏低。

(5) 本方法对温度变化十分敏感，必须控制恒温精确度，否则会产生明显误差。

4.6 耐火材料实验方法的进展

4.6.1 我国检验标准发展概况

20 世纪 50 年代初，我国为了重工业建设的需要采用苏联标准作为我国耐火材料标准，代号重耐×××。60 年代初，我国仍主要以苏联标准为基础，1963 年制订冶金部部颁标准共九项：YB368—1963 至 YB376—1963，分别为耐火度、重烧线变化、荷重软化温度、常温耐压强度、真密度、显气孔率(吸水率、体积密度)、抗渣性、透气度、热震稳定性检验方法。70 年代，为适应新技术发展，在实践的基础上，参照国际推荐标准(ISO)(世界标准化组织，共有成员 150 多个国家，我国为成员国之一)。及其建议草案(DP)以及美国 ASTM、英国 BS、法国 NF、西德 DIN、苏联 OT 等诸多标准，于 1975 年修订了 1963 年发布的各项标准，并增加了 3 项标准。

20 世纪 80 年代随着 ISO 对其原有标准的复审确认和修订，我国在等效或参照采用国际标准及其建议草案的原则下再次修改并增加了新的标准。自 1982 年起，发布了一套比较完整、科学的耐火材料实验方法作为我国国家标准(GB)。这次制订标准的特点是严格区分了致密砖和定形隔热耐火制品的实验方法，并且随着我国耐火材料品种的多样化，对普通硅酸铝质耐火纤维毡及铸锭用绝热板制订了专业标准。近几年(1982～2003)，又增加了国际上先进的热线法测定耐火材料导热系数和回转法测抗渣性等实验。最近，含碳耐火材料的抗氧化性，高温抗折强度试验方法已经通过审定，待国家审批公布。中间包绝热板的一系列实验方法也正在制订。

4.6.2 国外标准概况及我国标准的主要制订依据

国际标准化组织(ISO)制订的耐火材料标准大都以 PRE 标准为基础，实际是以德国(DIN)为主。而美国积极将 ASTM 标准推荐给 ISO，由于 ASTM 成立于 1900 年，DIN 成立于 1917 年，两者历史悠久，科学性强，使得 ISO 水平先进、灵活性高、通用性强。

美国 ASTM 体系的试验方法比较近似模拟耐火砖实际使用情况，其标准规定试样尺寸大，试验时间长。而日本标准(JIS)规定试样尺寸小，试验时间短，和实际使用情况相差较远。PRE 主要采纳西德标准(DIN)，它综合了以上两种情况，尽可能模拟实际使用情况，试验时间又尽量短，满足了实验条件，这是 ISO 采纳 PRE 的主要原因。我国 20 世纪 80 年代制订的标准主要是等效或参照采用国际标准：

(1) 对于适合我国国情的先进国际标准可以直接等效采用；

(2) 对于我国国情一时难以适用先进国际标准可以参照采用；

(3) 对于现在还处于 DIS 和 DP 阶段的先进国际标准草案和建议草案同样可以采用，甚至可以利用一些先进国家的科研成果结合自己的试验研究制订我国标准。另外，还有一种观点认为国际标准是有通用性的标准，各国尽可能都采用。

我国耐火材料物理试验方法体系包括有 32 项标准，与各国标准比较，有其特点：

GB2997—2000，致密定形耐火制品显气孔率试验方法考虑到水银对人体的危害,采用真空吸水(或其他液体)法,并在具体步骤上作了更详细、合理的规定,属国际先进水平。

GB/T3001—2000,GB/T3002—1982,耐火制品常温、高温抗折强度试验方法,基本是参照国际标准建议草案及PRE、DIN、ASTM、BS等,但由于我国设备精度的有限制,对加荷速率规定较宽,对耐火制品满足实际要求。

GB/T5071—1997真密度试验方法的制订等效采用ISO5018—1985标准,规定试样粒度为0.063 mm。此时,闭口气孔已不存在,可提高测量准确度。所用比重瓶带毛细管塞,对温度变化敏感,利于提高试验精度。

GB/T5073—1985·GB5989—1998耐火制品压蠕变和荷重软化温度试验方法采用国际标准建议草案,与YB370—63相比消除了压棒对试验结果的影响,所用设备自动化程度高,操作简便。

GB/T5990—1986,定形隔热制品热导率试验方法采用热线法,该标准等效采用ISO/DIS8894/1。但对纤维制品还需采用平板法。

GB/T7320.1—2000 热膨胀试验方法的制订,参照德国DIN51045—76,其特点是对尺寸形状,复验误差比DIN51045做了更具体的规定。

GB/T7322—1997耐火度试验方法,以ISO528—1983为蓝本,制样方法和升温速率有微小差别,标准测温锥应符合GB/T13794—1992的规定。

GB/T8981—1988抗渣性试验方法的制订,参照BS1902—513回转渣蚀法。与熔锥法、坩埚法、撒渣法相比,回转渣蚀法直观性能强,对比度高,模拟性强,缺点是炉内气氛难以控制。我国标准规定采用能竖立90°迅速倒渣且继续加热回转的设备,优于BS01902—513,属国际先进水平。

4.6.3 值得探讨的几个问题

抗热震性是耐火材料一项很重要的指标,但目前世界上还没有一种理想的测试手段。YB376—75 热震稳定性试验方法原理与德国、苏联及 PRE/R5·1 原理相同，不能很好地反映出该性能。近几年，美国俄亥俄耐火材料中心研究了一种新的长条试验方法。测定耐火材料的抗热震性受到世界各国的重视。美国已制订了标准 ASTMC1100—88，英国正在制订标准，我国对这方面也进行了类似的研究，并制订了标准。尽管如此，在 1989 年的国际标准会议上各国看法仍不一致。

某些专业标准，如普通硅酸铝质纤维毡的一系列试验方法，人为的因素容易引起较大的误差，需进一步改进。中间包绝热板及其新品种的出现，要求对原铸锭绝热板的技术条件及试验方法重新修订。

随着含碳耐火材料的开发与应用已制订出含碳耐火材料抗渣性、抗氧化、高温抗折强度试验方法的标准，将陆续公布。目前利用一般的加热炉做含碳耐火材料试验，通常采用充氮气改变气氛及利用碳粒或匣钵使试样处于还原气氛下，但有些试验则不能这样做，如示差法测荷重软化温度，平板法测导热系数，故有待研究。

为了适应加入 WTO 后国内外市场进一步融合的形势，我国耐火材料行业的专家、企业家和标准化工作者应深入研究国外耐火材料工业和相关工作部门的技术发展动向、市场变化趋势和耐火材料标准，特别应加强收集国外耐火材料 20 强的企业标准，产品说明书等技术资料，结合我国耐火原料特色和产品优势，修改、完善我国耐火材料标准体系和产品标准内容，尽快与国际接轨，以推动我国耐火材料工业技术创新和产品质量提高，让更多的耐火制品走向国外市场，使中国成为名副其实的耐火材料强国。

从标准化工作角度考虑，我国耐火材料标准化工作改革要点如下：

(1) 应尽快修改标准化法，改革现行标准管理体制，实现行业标准由相应的行业协会管理。把 YB、JC、JB、DL 及 YS 中的耐火材料标准统一起来。

(2) 改革耐火材料标准体系，大幅度减少耐火材料产品国家标准和行业标准数量。同时要加强企业耐火材料产品标准的制订、修订工作,促进我国耐火材料实物质量的提高和稳定,利于名牌企业的产品进入国际市场,更好地参与国际竞争。

(3) 耐火材料产品标准的结构和内容是改革的重点。对重点出口产品,其标准内容和结构宜参照 DIN1089/1《焦炉用硅砖》格式编写。应采用和国际通行做法相一致的标准。

(4) 组织力量对耐火材料标准体系进行深入研究,提出改革意见,该废止的废止,该合并的合并,该补充的补充,使耐火材料标准体系成为一个结构合理、要素优化的高水平的标准体系。

为适应耐火材料新品种、新技术的发展,使我国耐火材料进入世界先进水平,为其配套的耐火材料试验方法标准也必将向世界先进水平发展。

5 耐火材料性能实验

5.1 耐火制品检验用试样的制备

5.1.1 目的

了解耐火制品检验用试样制备的原理和规定。

5.1.2 原理

制品的试样是确定该批制品质量的重要依据。取样应采取随机取样的方法，即每次取样时，批中所有验收的制品被取到的可能性都相等。务必按照每批制品的垛数，排数和外观的实际情况，间隔均匀、照顾全面及具有代表性。如此才能真正反映该批制品质量的优劣。取试样的数量应根据制品的种类、品种依照 GB/T10325—2001 标准的规定，当每批砖号的数量太小时，可采取数种砖号合并成一批(应是同一生产工艺)，再从数种砖号中选取有代表性的一种砖号，从中取样。

理化检验用的试样是按检验项目依 GB/T10325—2001 的规定确定其试样数量。致密定形制品取样的部位按照 GB/T 7321—2004 的规定并进行进一步加工而制成的。其余制品取样方式参照有关规定。

如第一次抽取的试样检验不合格，可取双倍数量的试样进行该不合格项目的复验，如复验结果仍有部分或全部不合格，则将该批制品判为不合格。当数种砖号合并为一批的试样，因检验不合格复验时，可将原批分若干批。各批加倍取样，复验其不合格项目，并分别进行判定。

5.1.3 取样部位的规定

本规定仅适用于制取致密定形耐火制品试验的试样。本规定等同于 GB/T7321—2004。

5.1.3.1 标型、普型耐火制品制样部位

(1) 供试验用的制品，除需整块砖进行试验的试样以外，一般每块一切两半，半块作为实验用试样品，另一半块作为保留样品。

(2) 显气孔率，常温耐压强度，重烧线变化，荷重软化温度及压蠕变实验用试样，均须在供实验用制品的角上制取（切取或钻取），其他实验用试样的制取部位不限。显气孔率与常温耐压强度实验用试样应在同一块制品上切取（见图 5-1）。

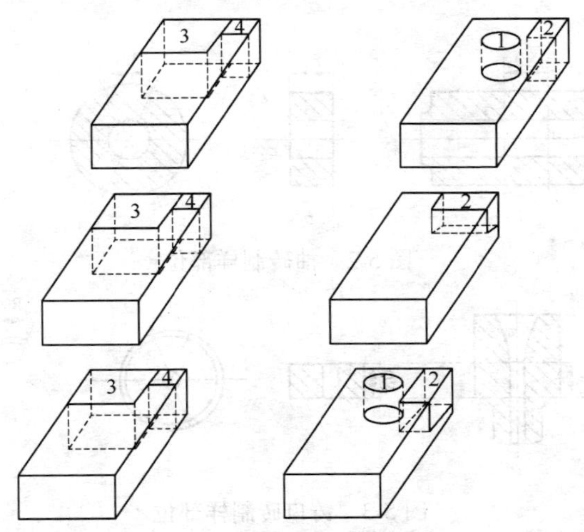

图 5-1 试验用试样制取方法

1—荷重软化温度、压蠕变试样；2—重烧线变化试样；
3—常温耐压强度试样；4—显气孔率试样

(3) 一般耐火度，真密度，化学分析用试样，在供实验用制品上各取一部分，除去表皮，粉碎混匀，用四分法取平均试样。对有特殊要求的制品，应按其技术条件规定制取。如同时进行显气孔

率实验,则真密度试样应在制取显气孔率实验的制品上制取。

5.1.3.2 异型、特异型耐火制品取样部位

(1) 显气孔率试样的制样原则:

1) 可按标、普型制品制样时,则尽量参照标、普型制品制样。

2) 制取试样的体积应为 50~200 cm^3 并尽量保留其表皮,但最大棱长不得超过 80 mm,如一边为弧长,则以弧长为准。

3) 对制品上、下两端大小不同或上、下两端不对称的制品,应从小端或工作端制样;对长形制品应在中间部位制样。

4) 几种异型、特异型制品的具体制样部位举例如下:

① 圆筒形砖,包括袖砖、铸管砖等。袖砖制样部位,如图 5-2 所示。铸管砖制样部位同袖砖、铸管砖、铸口砖制样部位,如图 5-3 所示。

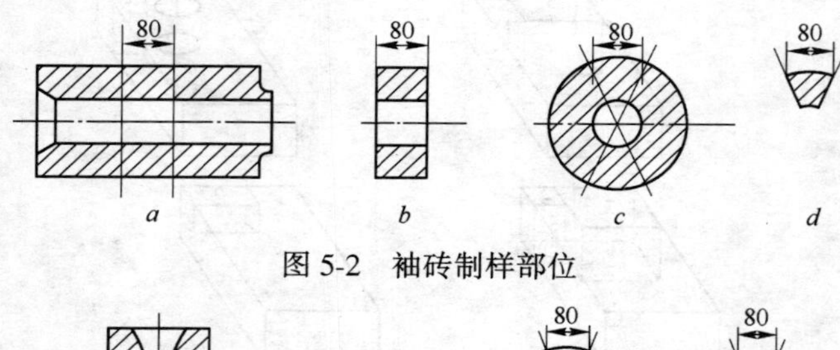

图 5-2 袖砖制样部位

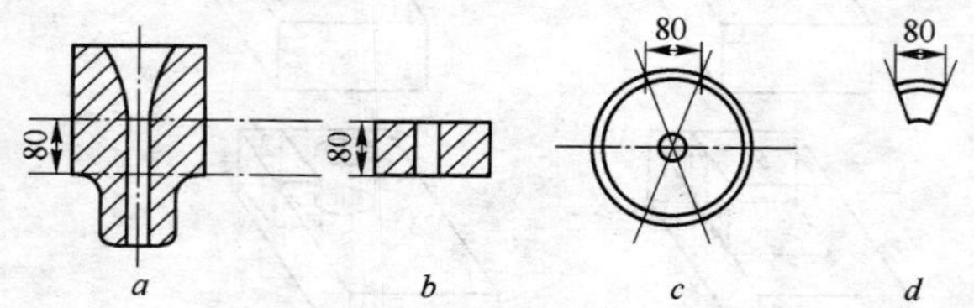

图 5-3 铸口砖制样部位

② 流钢砖制样部位,如图 5-4 所示。

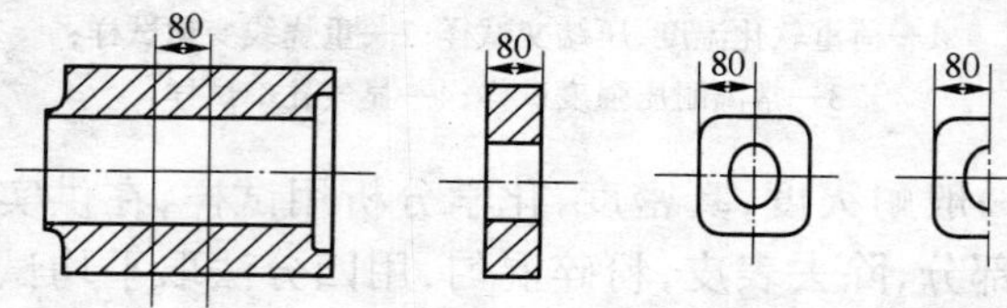

图 5-4 流钢砖制样部位

③ 漏斗砖制样部位,如图 5-5 所示。

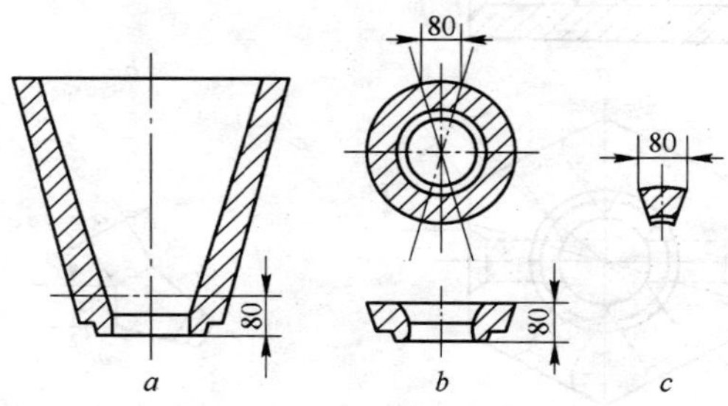

图 5-5 漏斗砖制样部位

④ 塞头砖制样部位如图 5-6 所示。

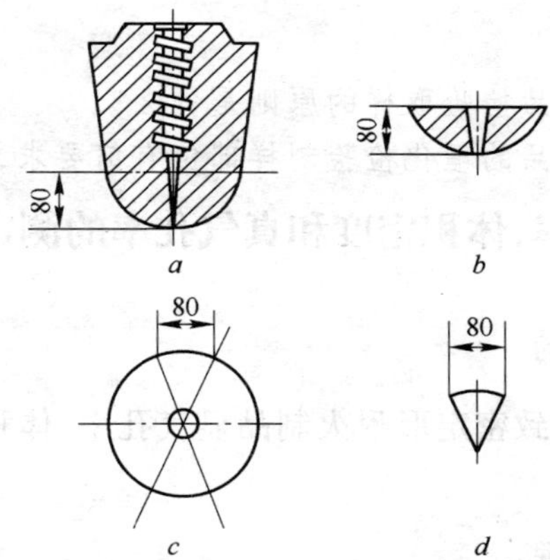

图 5-6 塞头砖制样部位

⑤ 中心砖制样部位如图 5-7 所示。

(2) 重烧线变化试样的制样,可按照 5.1.3.1(1)条规定的原则进行。

(3) 荷重软化温度、压蠕变及常温耐压强度等试样的制样部位。可按照 5.1.3.1(2)条规定的原则尽量在边角上制样。

(4) 耐火度、真密度及化学分析用试样应按照 5.1.3.1(3)条规定进行。

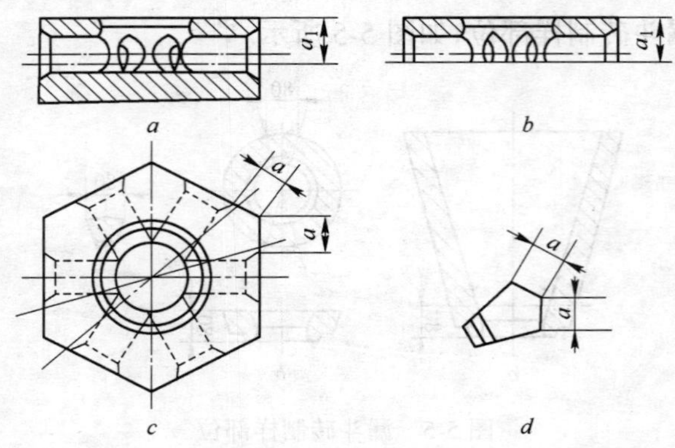

图 5-7 中心砖制样部位

思考题

(1) 耐火制品检验取样的原则是什么？

(2) 耐火制品的理化检验制样部位有何要求，为何有此要求？

5.2 显气孔率、体积密度和真气孔率的测定

5.2.1 实验目的

学习和掌握致密定形耐火制品显气孔率、体积密度和真气孔率的试验方法。

5.2.2 实验原理

显气孔率（π_a）又称开口气孔率，它是指耐火制品中所有开口气孔体积与其总体之比，以百分率表示，它不仅反映耐火制品的致密程度，而且反映其制造工艺是否合理，因此是评定耐火制品的一项重要指标。

真气孔率（π_t）又称总气孔率，它是指耐火制品中开口气孔和闭口气孔的体积与其总体积之比，以百分率表示。

体积密度（ρ_b）是指制品的质量与其总体积（包括制品的实体体积和全部空隙所占的体积）之比。当制品的体积只以其实体体

积计算时,则称真密度。(ρ_t)体积密度的单位一般用 g/cm^3 表示。当材料的化学和矿物组成一定时,体积密度表示制品的密实程度,是评定耐火制品质量的一项重要技术指标。由于体积密度指标容易测定,通常在生产中用它来评定坯体的质量和计算重量。

上述各项性质的测定期采用称量试样的质量,再用液体静力称量法测定其体积,计算显气孔率、体积密度或根据试样的真密度(按 GB/T5071—1997 测定称量)计算真气孔率。

本试验采用的方法与 GB/T 2997—2000 规定相同,只适用于测定真气孔率小于 45%的致密定形耐火制品的显气孔率、体积密度和真气孔率。真气孔率大于 45%定形隔热耐火制品的体积密度、真气孔率和粒状耐火材料的体积密度分别按照 GB/T2998—2001 和 GB/T2999—2002 规定进行测定。对于致密耐火浇注料(试样经烘干或焙烧)显气孔率和体积密度测定按 YB/T5200—1993 进行。

5.2.3 仪器设备

(1) 电热干燥箱:控制精度 ±5℃;

(2) 工业天平:分度值为 0.01 g;

(3) 带溢流管的容器(称量试样表观质量用);

(4) 抽真空装置:保证能过到剩余压力小于 2500 Pa(0.025 bar),并能够测量使用的压力;

(5) 干燥器;

(6) 温度计;

(7) 液体比重天平或比重计:分度值为 0.001 g;

(8) 浸液:自来水或工业纯有机液体;

(9) 浸液槽。

5.2.4 试样制备

(1) 试样数量:按该制品的技术条件规定或由有关方面商定。

(2) 试样尺寸:试样应制成棱柱体或圆柱体,其体积为 50~

200 cm^3,其试样的最长尺寸与最短尺寸之比不超过 2∶1。

(3) 试样切取部位:按 GB/T7321—1987《定形耐火制品制样制备方法》。

(4) 对于致密浇注料每组试样为 5 块,不得少于 3 块,切取试样的体积为 100～200 cm^3,其最长边和最短边之比不应超过 2∶1,切取部位参考 GB/T7321—2004。试样焙烧按 YB/T5023—1993《致密耐火浇注料线变化率实验方法》第 6.3 条进行。

(5) 试样外观平整,无肉眼可见的裂纹。

5.2.5 实验步骤

(1) 干燥试样质量(m_1)的测定:称量前应把其表面附着的灰尘及细碎颗粒刷净,在电热干燥箱中于(110±5)℃烘干至恒量,即干燥至最后两次称量质量差不超过 0.1% 为止,并于干燥器中自然冷却至室温,称量每个试样的质量,精确至 0.01 g。

(2) 常规法:将试样放入浸液槽内,并置于抽真空装置中,抽真空至其剩余压力小于 2500 Pa,试样在此真空度下保持 5 min,然后在 3 min 内缓慢地注入浸液(自来水或工业纯有机液体),直至试样完全被淹没。再继续抽真空 5 min,然后停止抽气,将浸液槽取出在空气中静置 30 min,用硅酸盐水泥作结合剂的耐火浇注料须保持 70 min,使试样充分饱和。

(3) 仲裁法:把试样放入浸液槽内,并置于抽真空装置中,抽真空至其剩余压力小于 2500 Pa,试样在此真空度下保持 15 min。然后将浸液槽与真空泵断开,若浸液槽内试样不再脱气,压力不再升高,再将浸液槽与真空泵连接,开始注入浸液,3 min 内直至浸液覆盖试样约 20 mm。保持此剩余压力约 30 min 后关闭真空泵,取出浸液槽,在空气中静置 30 min。

(4) 饱和试样表观质量(m_2)的测定:将饱和试样迅速移至带溢流管容器的浸液中,当浸液完全淹没试样后,将试样吊在天平的挂钩上称量,精确至 0.01 g,测量浸液温度,精确至 ±1℃。

表观质量是指饱和试样的质量减去被排出的液体的质量,即相当于饱和试样悬挂在液体中的质量。

(5) 饱和试样质量(m_3)的测定:从浸液中取出试样,用饱和了浸液的毛巾小心地擦去试样表面多余的液滴(但不能把气孔中的液体吸出),迅速称量饱和试样在空气中的质量,精确至0.01 g。

(6) 浸渍液体密度的测定(ρ_{ing}):测定在试验温度下所用的浸渍液体的密度(ρ_{ing})可采用液体静力称量法、液体比重天平法或液体比重计法,精确至 0.001 g/cm^3。如果是自来水,那么,在 15~30℃之间被认为是 1.0 g/cm^3。

5.2.6 结果计算

(1) 显气孔率、体积密度、真气孔率及闭口气孔率等的计算公式分别如下:

1) 显气孔率(π_a):

$$\pi_a(\%)=\frac{m_3-m_1}{m_3-m_2}\times 100 \tag{5-1}$$

2) 体积密度(ρ_b):

$$\rho_b(\text{g/cm}^3)=\frac{m_1}{m_3-m_2}\times \rho_{ing} \tag{5-2}$$

式中 ρ_{ing}——试验温度下液体的密度。

3) 真气孔率(π_t):

$$\pi_t(\%)=\frac{\rho_t-\rho_b}{\rho_t}\times 100 \tag{5-3}$$

式中 ρ_t——试样的真密度,用 g/cm^3 表示。注:ρ_t 按 GB/T 5071 规定进行。

4) 闭口气孔率(π_f):

$$\pi_f=\pi_t-\pi_a \tag{5-4}$$

式中 m_1——干燥试样的质量,g;

m_2——饱和试样的表观质量,g;

m_3——饱和试样在空气中的质量,g;

ρ_{ing}——试验温度下,浸渍液体的密度,g/cm^3;

ρ_t——试样的真密度，按 GB/T 5071—1997《耐火材料真密度试验方法》的规定求得。

(2) 显气孔率、真气孔率均计算至 0.1%，体积密度计算至小数后 2 位，所需位数后的数字，按 GB/T 8170《标准化工作导则，编写标准的一般规则》附录 C 数字修约规则进行处理。

(3) 实验误差见表 5-1。

表 5-1　实验误差

试验条件 / 试验项目	同一试验室、同一试验方法、同一试样复验误差不允许超过值	不同实验室、同一试样的复验误差不允许超过值
显气孔率/%	0.5	1.0
闭口气孔率/%		1.0
体积密度/$g \cdot cm^{-3}$	0.02	0.04
真气孔率/%	0.5	1.0

5.2.7　实验报告

按表 5-2 内容记录试验数据和计算结果。

表 5-2　记录试验数据和计算结果

试样名称		试样温度		浸渍液体名称	真空度
试样编号	干燥试样的质量 m_1/g	饱和试样的表观质量 m_2/g	饱和试样在空气中的质量 m_3/g	浸渍液体的密度 ρ_{ing}/$g \cdot cm^{-3}$	气孔率 π_a 或体积密度 ρ_b 或真气孔率 π_t 或闭口气孔率(π_f)单值、平均值

思考题

(1) 显气孔率、体积密度、真气孔率它们之间有何关系。

(2) 为什么说显气孔率、体积密度是评定耐火材料质量的重要指标。

(3) 显气孔率、体积密度在耐火材料生产中有何作用和意义？

(4) 分析试验过程中影响试验结果的因素有哪些。

5.3 真密度的测定

5.3.1 实验目的

学习和掌握耐火材料真密度的试验方法。

5.3.2 实验原理

真密度是指制品的质量与其真体积(不包括孔隙的实体体积)之比。其单位为 g/cm^3。

真密度是耐火材料的一项重要物理指标,常用来判定耐火材料矿物组成和结构特征。它是鉴定熟料烧结程度、产品质量的一项技术指标。

测定耐火材料的真密度是把材料破碎、磨细到尽可能无封闭气孔存在的颗粒后,用测量试样的干燥质量和真体积的办法。得到真密度用比重瓶和已知密度的液体测定磨细后材料的体积。试验中应仔细地控制液体的温度。

本试验采用的方法与国标 GB/T 5071—1997 的规定相同。

5.3.3 仪器设备

(1) 比重瓶:配有带毛细管的磨口塞子,容量 25 mL,50 mL 或 100 mL 均可。

(2) 天平:精确度 ±0.1 mg。

(3) 真空装置:要保证能达到剩余压力不大于 2500 Pa (18.75 mmHg),并装有压力指示器。

(4) 恒温控制水浴:能保持在室温以上 2~5℃,精度 ±0.2 K。

(5) 试验筛:孔径 0.063 mm,符合 GB 6003 要求。

(6) 电热干燥箱。

(7) 干燥器。

5.3.4　试样制备

(1) 试验用的制品或大块原料的中心部分按比例地各取下几块不带表皮的小块,集成总重量约 150 g,对于疏松原料或小块料,按比例集取重量约 150 g。全部粉碎至 2 mm 以下,混合均匀后,用四分法或多点取样法减缩至 50 g 左右,作为试样。

(2) 将上述的 50 g 试样,全部磨细通过 0.063 mm 的筛孔。

(3) 在粉碎和研磨过程中,应注意不要把其他的物质或水汽带入试样。

(4) 试验前,试样应放在电热干燥箱中于 110℃ ± 5℃ 干燥至恒量,并于干燥器中自然冷却至室温。

恒量是指试样干燥至最后两次称量之差不大于前一次的 0.1%。

(5) 制备碱性耐火材料时,应注意防止水化,允许在 500℃ 干燥,但在试验报告中应注明。

5.3.5　实验步骤

(1) 测定试样的真密度,应做两个平行试验。

(2) 试样初始质量(m_1)的测定:

1) 先洗净空比重瓶,并保证完全干燥。操作比重瓶时就带胶皮手套,使其温度接近室温。

2) 称量洗净的带瓶塞的空比重瓶,精确至 0.0002 g。

3) 向比重瓶中加入约相当于比重瓶体积 1/3 的干燥试样,当比重瓶及试样重新达到室温时,称量装有试样并带瓶塞的比重瓶,精确至 0.0002 g,两次称量之差即为试样的初始质量。

如液体润湿试样困难时,可用另一种方法测试样初始的质量即:

1) 向比重瓶中注入蒸馏水或其它已知密度的液体,加入量不超过其容积的 1/4,称量比重瓶,精确至 0.0002 g。

2) 向比重瓶中加入相当比重瓶体积的 1/3 的干燥试样,再称量比重瓶,精确至 0.0002 g。

3) 两次称量之差即为试样的初始质量。

(3) 装有试样和选用液体比重瓶的质量的测定:

1) 向比重瓶中加入一定量的抽过气的蒸馏水或其他已知密度的液体至瓶内试样全部淹没在液体中为止,然后在真空装置中,抽真空至剩余压力不大于 2500 Pa,直到不再有气泡上升为止,并在此真空度下保持 30 min 以上。

2) 用蒸馏水或其他选用液体几乎完全充满比重瓶。让瓶内试样沉淀,直至上层清液只有轻度不透明为止(通常试样沉淀过夜即可)。

3) 将液体仔细地充满比重瓶。插入玻璃塞,除去溢流出来的液体。把比重瓶置于恒温控制水浴内,将温度升高于室温 2~5℃(试验温度),保持恒温 ±2℃以内,恒温时间不少于 40 min(或按恒温器规定)。

4) 小心地用滤纸吸去瓶塞的毛细孔中溢流出来的液体,从恒温水浴里取出比重瓶,要防止手上的热量传递给比重瓶,而导致更多的液体逸出(为防止这种现象,可以把充满液体的比重瓶插进冷水里几秒钟。应避免弄湿颈部的上面和玻璃塞)。仔细地擦干比重瓶的表面,称量精确至 0.0002 g(质量 m_2)。

(4) 装满液体比重瓶的质量的测定:

1) 倒空和洗净比重瓶,并注满水或其他选用的液体。

2) 重复(3)3)、(3)4)项的步骤,测定装满选用液体比重瓶的质量(质量 m_3)。

5.3.6 结果计算

(1) 真密度按下式计算:

$$\rho = \frac{m_1}{m_1 + m_3 - m_2} \times \rho_1 \tag{5-5}$$

式中 ρ——试样真密度,g/cm³;

ρ_1——所选用的液体在试验温度下的密度(水的密度,见附表 2),g/cm³;

m_1——试样的初始质量,g;

m_2——装有试样和选用液体的比重瓶质量,g;

m_3——装有选用液体的比重瓶质量,g。

(2) 真密度以 g/cm³ 表示,取到小数第三位。

(3) 试验误差。平行试验误差不允许超过 0.2%。

5.3.7 实验报告

按表 5-3 的内容记录试验数据和计算结果,15~30℃之间水的密度与温度的函数关系见表 5-4。

表 5-3 记录试验数据和计算结果

试样名称: 实验温度: 浸渍液体名称: 必要的预处理条件

试样编号	试样质量 m_1/g			装有试样和选用液体的比重瓶质量 m_2/g	装满液体的比重瓶质量 m_3/g	浸渍液体在试验温度下的密度 ρ_1/g·cm^{-3}	真密度 ρ	
	空比重瓶质量 G_1/g	装有试样的比重瓶质量 G_2/g	试样干燥质量 $m_1 = G_2 - G_1$/g				单值	平均值

实验日期: 班组: 测定人:

表 5-4 15~30℃之间水的密度与温度的函数关系

温度/℃	密度/g·cm^{-3}	温度/℃	密度/g·cm^{-3}
15	0.999099	23	0.997538
16	0.998943	24	0.997296
17	0.998774	25	0.997044
18	0.998595	26	0.996783
19	0.998405	27	0.996512
20	0.998203	28	0.996232
21	0.997992	29	0.995944
22	0.997770	30	0.995646

思考题

(1) 真密度、体积密度和颗粒密度三者有什么区别?

(2) 真密度在耐火材料生产中有何作用?

(3) 分析有哪些因素影响试验的结果?

5.4 常温耐压强度的测定

5.4.1 实验目的

(1) 掌握耐压强度的测定原理及标准测定方法。

(2) 了解影响耐火制品常温耐压强度的因素,寻求提高耐火制品机械强度的途径。

5.4.2 实验原理

常温耐压强度是试样在室温下,单位面积上所能承受而不破坏的极限载荷。

耐火制品具有足够的常温耐压强度,不仅在于它能承受静负荷的作用,而且在使用时能承受撞击磨损等机械作用。由于常温耐压强度与制品组织结构、烧结程度等直接相关,因此从常温耐压强度的指标还可以间接反映出制品的一些其他性能以及粗略地判断制品加工过程是否合理。因为常温耐压强度测定简单、快速,所以该性能为判断制品质量的常规检验项目。

常温耐压强度的检验方法是在室温下,用压力试验机以规定的速度,对规定尺寸的试样加荷,直至试样破碎。根据所记录的最大载荷和试样承受载荷的面积,计算常温耐压强度。对不同耐火制品具体方法不尽相同,本实验按国标 GB/T 5072—1998 规定进行,仅适用于真气孔率小于 45%的致密定形耐火制品常温耐压强度的测定。定形隔热耐火制品的常温耐压强度和致密耐火浇注料耐压强度的检验方法,分别参照国标 GB/T 3997.2—1998 和 YB/T 5201—1993 的规定。

5.4.3　仪器设备

(1) 材料试验机,可采用机械式或液压式试验机,应符合下列要求:

1) 具有足够压碎试样的力,且施加在试样上最大的力应大于实验机量程的10%。

2) 能以规定的速率,对试样均匀加荷,并记录或指示试样破碎时的最大载荷。

3) 试验机的上、下压板都应经过研磨,其中一块压板应装有球形座,以补偿试样受压面与压板之间平行度的微小偏差,下压板应刻有中心标记。

4) 测力示值误差在±2%以内。

(2) 电热干燥箱。

(3) 游标卡尺(最小刻度应为0.1 mm)。

5.4.4　试样制备

(1) 试样数量。每次至少从3块制品上取3块试样,或与有关方面商定。

(2) 试样形状尺寸及允许偏差:

1) 立方体:制品厚度不大于100 mm时,按制品厚度切取立方体;厚度大于100 mm时,取边长为100 mm的立方体;各棱长尺寸偏差不大于±1 mm。

2) 圆柱体:直径50 mm,高50 mm;对不够取得上述尺寸的制品,应按最大可能的尺寸制取直径与高度相同的圆柱体,高与直径的尺寸偏差不大于±1 mm。

3) 试样平行度、垂直度的偏差均不应大于1%。

(3) 试样制备方法

1) 试样应从制品的一角切取或钻取,不应有因制样造成的缺边、掉角、裂纹等缺陷。

2) 试样的受压面应平整,其受压方向与原制品的成型加压方向一致,制样时应在试样上标明受压方向。

3）试样的平行度,通过测量4个侧面的高度检查。立方体试样在其4个侧面的中心部位测量,圆柱体试样在其互相垂直的直径两端测量。任何两次测量的高度偏差符合不大于1%的规定。

4）试样的垂直度,把试样放在平板上,用角尺靠在测量试样平行度相同的4个位置上检查,试样与角尺的间隙应符合不大于1%的规定。

5.4.5 实验步骤

(1) 烧成制品的试样通常风干即可试验。如试样受潮,必须于110℃±5℃下烘干2 h,然后自然冷却至室温。

(2) 测量并记录每块试样上、下受压面的长度、宽度或直径,精确至0.1 mm。

(3) 将试样受压面对正实验机上、下压板的中心,并在试样上、下受压面与压板之间垫一层厚约2 mm草纸板。

(4) 试验机上、下压板与试样紧密接触后,开始均匀加荷,加荷速度为(1±0.1)×10⁶Pa/s(1.0±0.1 N/(mm²·s)),当试验机测力计指针倒转时即停止实验,读取并记录试样破碎时的最大载荷。

5.4.6 结果计算

(1) 按下式计算常温耐压强度:

$$S = \frac{P}{A} \tag{5-6}$$

$$A = \frac{A_1 + A_2}{2}$$

式中 S——试样常温耐压强度,MPa;

P——试样破碎时的总压力,N;

A——试样受压面积,mm^2;

A_1、A_2——试样上、下受压面的面积,mm^2。

(2) 常温耐压强度结果取整数,所取整数位数后的数字,应按

GB 1.1—1981《标准化工作导则,编写标准的一般规定》附录 C 数字修约规则进行处理。

5.4.7　实验报告

(1) 按表 5-5 记录实验数据和计算结果。

(2) 如试样受压方向与制品成型加压方向不一致时,应在报告中注明。

表 5-5　试样名称:记录实验数据和计算结果

试样编号	试样尺寸/mm^2			加压速度 $Pa·s^{-1}$ ($N/mm^2·s$)	破碎总压力/N	常温耐压强度单值/Pa 或 MPa	常温耐压强度平均值/Pa 或 MPa
	A_1	A_2	A 平均				

检验人员:　　　　　　　　检验日期:

思考题

(1) 测定值与材料本身的组分和结构有什么关系?

(2) 测定值受试验方法中哪些因素影响?

5.5　常温抗折强度的测定

5.5.1　实验目的

(1) 学习掌握常温抗折强度的实验原理及标准试验方法。

(2) 分析影响耐火制品常温抗折强度的主要因素。

5.5.2　实验原理

常温抗折强度(弯曲强度)是在室温下,使试样受弯至破坏时所承受的最大应力。

耐火制品在使用时,除受到压应力、拉应力、剪应力外,还受到弯曲应力的作用,所以有必要测定在常温下的弯曲强度。另外,弯曲强度较耐压强度小,可在较小量程的试验机上进行测定。同时,常温抗折强度的高低,也能间接地反映出耐火制品其他常温强度和制品的组织结构的合理与否。

常温抗折强度是在室温下以一定的加荷速率对规定尺寸的长方体试样在三点弯曲装置上施加载荷,直至试样断裂来测定的。

本试验按国家标准 GB/T 3001—2000 进行。

5.5.3 实验装置

(1) 试验机可采用附有弯曲装置的各种型式的压力机,并应满足下列要求:

1) 具有足够折断试样的力。

2) 能以规定的加荷速率对试样均匀加荷并记录或指示其断裂时的载荷。

3) 测力示值误差±2%以内。

4) 弯曲装置由彼此相互平行的两个下刀口和一个上刀口组成(如图 5-8),上刀口位于两个下刀口中间,允许偏离中心±2 mm 以内。下刀口间的距离,刀口的曲率半径及允许偏差见表 5-6。

(2) 电热鼓风干燥箱,能控制在(110±5)℃范围内。

(3) 天平感量为 1 g。

(4) 卡尺精度为 0.05 mm 的游标卡尺。

5.5.4 试样制备

(1) 数量:每种制品,各次试验须用 6 个试样。

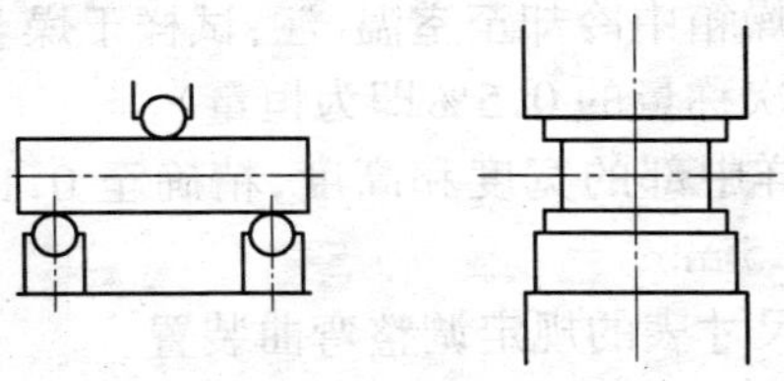

图 5-8 弯曲装置原理示意图

(2) 形状尺寸：

1) 定形制品的标准试样尺寸为230 mm×114 mm×65 mm或230 mm×114 mm×75 mm。

2) 不定形材料的试样尺寸或不能制取标准试样的制品的试样尺寸见表5-6。

表5-6 试样尺寸

试样尺寸 ($t\times b\times h$)/mm×mm×mm	宽度 b 和高度 b 允许偏差/mm	横截面两对边之间的平行度允许偏差/mm	顶面与底面之间的平行度允许偏差/mm	下刀口间的距离 L_s/mm	上下刀口的曲率半径/mm
230×114×65 230×114×75	—	—	—	180±1	15±0.5
200×40×40	±1	±0.15	±0.25	180±1	15±0.5
150×25×25	±1	±0.1	±0.2	25±1	5±0.5

(3) 制样

1) 符合5.5.4(2)1)款规定的制品,以整块制品作为试样。

2) 由制品上切取试样时,应保留一个垂直于成型加压方向的原砖面并标明符号。

3) 使用模型制备不定形材料的试样。

4) 制取试样时应避免试样产生裂纹或水化现象。建议使用金刚石锯片切取试样。

5) 须对试样进行处理时,应由有关方面商定。

5.5.5 实验步骤

(1) 试样于(110±5)℃的干燥箱中干燥至恒量(不宜干燥的试样除外),在干燥箱中冷却至室温(注:试样干燥至最后两次称量之差不大于前一次称量的0.5%即为恒量)。

(2) 测量试样中部的宽度和高度,精确至0.1 mm,测量下刀口之间的距离,0.5 mm。

(3) 按试样尺寸表的规定调整弯曲装置。

(4) 按下述规定将试样置于下刀口上,并使上刀口垂直地横跨试样中部。

1）对符合 5.5.4(2)1)款规定的整块制品，以 230 mm×114 mm 的面作压力面。

2）由制品上切取的试样，以制样时标明符号的原砖面作压力面。

3）由模型制备的不定形材料试样，以成型时的侧面作压力面。

(5) 对试样均匀加荷，直至断裂，记录其断裂时的最大载荷 F_{max}，试样的应力增加速率规定如下：

1）致密耐火制品：0.15 MPa/s±0.015 MPa/s。

2）隔热耐火制品：0.05 MPa/s±0.005 MPa/s。

5.5.6 结果计算

(1) 实验记录：应记录以下项目及数据：

1）试样名称；

2）试样编号；

3）试样中部的宽度 b，mm；

4）下刀口间距离 L。

(2) 按下式计算抗折强度：

$$R_e = 3/2 \times \frac{F_{max}L}{bh^2} \tag{5-7}$$

式中 R_e——常温抗折强度，MPa；

F_{max}——试样断裂时的最大载荷，N；

L——下刀口间的距离，mm；

b——试样中部的宽度，mm；

h——试样中部的高度，mm。

(3) 抗折强度计算至整数，所取位数后的数字按 GB1.1—1981《标准化工作导则，编写标准的一般规定》附录 C 数字修约规则处理。

5.5.7 实验报告

实验报告包括以下内容：

(1) 实验目的；

(2) 实验原理；

(3) 实验所用实验机压力范围；

(4) 实验主要操作步骤。

实验结果见表 5-7。

表 5-7 试样名称 试样编号

编 号	试样尺寸/mm	抗折强度/MPa	平均抗折强度/MPa
1			
2			
3			
4			
5			
6			

实验班组： 实验人员： 实验日期：

思考题

(1) 常温抗折强度和常温耐压强度的差异是什么，影响两者的主要因素是什么？

(2) 加荷速度对制品常温抗折强度有什么影响？

5.6 高温抗折强度的测定

5.6.1 实验目的

(1) 学习高温抗折强度的实验原理和标准实验方法。

(2) 分析不同耐火制品的高温抗折强度差别的主要因素。

5.6.2 实验原理

高温抗折强度是在高温下,试样受弯至破坏时所受的最大应力。

耐火制品的高温抗折强度与其实际使用密切相关,是耐火制品的主要技术性能。可反映出耐火制品的化学矿物组成,组织结构和生产工艺情况,高温抗折强度的测定是以一定的升温速率加热规定尺寸的长方体试样到试验温度,保温至试样达到规定的温度分布,然后以一定的加荷速率对置于三点弯曲装置上的试样施加荷载,直至试样断裂。

本试验按国家标准 GB/T 3002—1982 进行。

5.6.3 实验装置

(1) 试验炉:一般可采用二硅化钼发热元件或碳化硅发热元件加热的电阻炉。但是应满足以下要求:

1) 能同时加热弯曲装置和试样,并能按规定的升温速率加热试样,能达到实验要求的温度,在实验温度下保温时,试样周围的温度差在 ±10℃以内。

2) 应设置推送试样的机构,依次把试样置于弯曲装置的下刀口上,以便加荷。

3) 应设置经过校准的热电偶,以测量试验温度。

4) 能按实验要求形成空气或非氧化性气氛。

(2) 加荷装置:可采用能与实验炉配合的各种型式的压力机。并满足下列要求:

1) 具有足够折断试样的力;

2) 能以规定的加荷速率对试样均匀加荷,并记录或指示其断裂时的载荷。

3) 测力示值误差在 ±2%以内。

(3) 弯曲装置:由两个刀口和一个上刀口组成(见图 5-9)并满足如下要求:

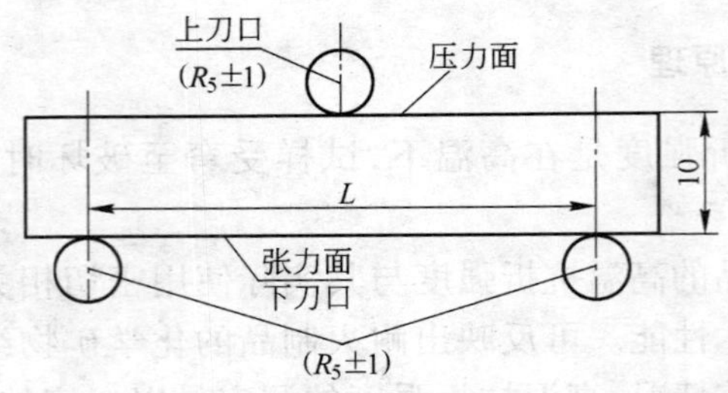

图 5-9　弯曲装置原理图

1）3 个刀口应相互平行，上刀口位于两个下刀口的中间，允许偏离中心 ±2 mm 以内。

2）两个下刀口应在一个水平面上。

3）两个下刀口间的距离为 100 mm±2 mm。

4）刀口应具有 5 mm±1 mm 的曲率半径。

5）刀口长度至少较试样宽 5 mm。

以上尺寸均在室温下测量精确到 0.5 mm。

6）试验时，刀口不应同试样发生反应或破裂变形。

(4）游标卡尺：精度为 0.02mm。

5.6.4　试样制备

(1）数量：

1）对于定形制品，每组试样应为 6 个，由 3 块制品上各切取 2 块组成。

2）对于不定形材料，每组试样应不少于 3 个。

(2）形状尺寸：

1）由定形制品上切取的试样应是长方体，其尺寸为(25±2) mm×(25±2) mm×125～130 mm。

2）由不定形材料制成的试样应是尺寸为（40 ±2）mm×(40±2) mm×150～160 mm 长方体。

3）试样尺寸允许偏差：试样长度方向的相对两面应平行，上面(压力面)对下面(张力面)的平行度允许偏差不大于 0.5 mm，试样中部横切面的两对边平均允许偏差不大于0.2 mm。

(3) 制样:

1) 由制品上切取试样时,应保留垂直于成型加压方向的一个原砖面作为试样的压力面并标明符号。

2) 使用模型制备不定形材料的试样,以成型时的侧面作为试样的受压面。

3) 制取试样时应避免试样产生裂纹或水化现象。建议使用金刚石锯片切取试样。

5.6.5 实验步骤

实验方法与操作步骤如下:

(1) 测量试样:用游标卡尺测量试样中部的宽度和高度,精确至0.1 mm。

(2) 开炉加热:

1) 首先认真阅读仪器的操作规程,在指导教师的指导下进行实验的每一步。

2) 将试样放入实验炉的均温带,按下述制度加热试样至实验温度,见表5-8。

表5-8 加热试样至实验温度

温度范围/℃	室温~1000	1000~实验温度
升温速度/℃·min^{-1}	8~10	4~5

3) 在实验温度下,烧成制品保温30 min,不烧制品保温60 min,保温时温度波动在±5℃以内。

4) 实验温度、炉内气氛应根据制品的技术条件确定或由有关方面商定。

(3) 加荷:保温结束,将试样置于下刀口上使上刀口在试样的压力面中部垂直地均匀加荷直至断裂,记录其断裂时的是最大载荷,试样的应力增加速率由 $R_e = \frac{3}{2} \times \frac{FL}{bh^2}$ 公式计算并规定如下:

1) 致密耐火制品：14.7 ± 4.41 N/(cm^2·s)[1.5 ± 0.45 kgf/(cm^2·s)]。

2) 隔热耐火制品：4.9 ± 1.47 N/(cm^2·s)[0.5 ± 0.15 kgf/(cm^2·s)]。

(4) 推送试样：第一块试样加荷后，启动推送样装置，依次把各试样置于弯曲装置下刀口上加荷。

5.6.6 结果计算

(1) 实验记录见表5-9。

表5-9　实验记录

试样编号	试样尺寸/mm	破坏荷载/N
1		
2		
3		
⋮	⋮	⋮

(2) 结果计算：

1) 按下式计算抗折强度：

$$R_e = \frac{3}{2} \times \frac{FL}{bh^2} \tag{5-8}$$

式中 R_e——抗折强度，MPa；

F——试样断裂时的最大载荷，N；

L——下刀口间的距离，mm；

b——试样中部的宽度，mm；

h——试样中部的高度，mm。

2) 抗折强度计算至整数，所取位数后数字按GB1.1—1981《标准化工作导则，编写标准的一般规定》附录C数字修约规则进行处理。

5.6.7 实验报告

实验报告应包括以下内容：

(1) 实验目的;

(2) 实验原理;

(3) 实验主要步骤;

(4) 实验炉内气氛;

(5) 实验保温温度;

(6) 保温时间。

实验结果见表 5-10。

表 5-10 试样名称 实验编号

编号	试样尺寸/mm	保温温度/℃	保温时间/h	抗折强度单值/Pa 或 MPa	平均抗折强度/Pa 或 MPa
1					
2					
3					
4					
5					
6					

实验班组: 实验人员: 实验日期:

思考题

(1) 升温速度对耐火制品的高温抗折强度有什么影响?

(2) 如何确定一种材质的高温抗折强度的保温温度?

(3) 本试验所用的装置有无不合理之处,如有请指出对实验结果的影响。

5.7 高温蠕变的测定

5.7.1 实验目的和意义

蠕变是材料的一种力学行为,人们又给其两个定义:广义蠕变和条件蠕变。广义蠕变的定义是泛指对固体材料施加外力后,随着时间的延长而出现连续形变的现象。条件蠕变则是指在一定温度下,对固体材料施加恒定荷载(或恒定应力),其应力的大小对于多晶材料是在其弹性限度内,对于单晶材料是在其临界分切应力以内,随着时间的延长而形变不断增加,导致断裂的现象。我们平时所说的蠕变都是指条件蠕变。因此,蠕变是固体材料在应力 σ 和温度 T 共同作用下所产生的力学行为,这也是固体材料在高温与常环境下力学行为的一个重要的不同点。

随着技术的进步,从工业生产到航天技术,人们希望材料能在更高的温度下承受更大的荷载,因而,材料在高温下的力学行为历来备受重视,使用于高温下的材料其蠕变性能成为必不可少的试验检测内容。另外,关于蠕变的机制虽然科学工作者做了大量的工作,得出了许多有意义的重要结论,但蠕变理论还不完善,如加速蠕变阶段的机制至今还不清楚,不同条件下的蠕变规律还需要众多的科学工作者去研究和探讨。总之,从正确的使用材料、研制新材料以及研究材料的蠕变规律来看,学会和进行蠕变试验都是非常重要的。

5.7.2　蠕变性能的表征

用什么来衡量不同材料蠕变性能的差异呢? 目的不同,则表征的指标含义就不同,而不同的指标其试验方法也不相同,这是由于有关蠕变强度的定义至今尚不明确。材料生产者与材料研究者,用较短时间的蠕变试验结果来比较材料的优劣,即所谓比较试验,如研制某一种新材料,用一种配方和工艺制出材料,之后改变配方或工艺又制出了材料,为比较两者抗蠕变性能的优劣,一般采用蠕变的比较试验,蠕变比较试验所考核的指标也不尽相同,有的是在相同温度和应力下,考核在一定时间内的蠕变量 E,或者考核其蠕变速率 ε 及其变化;有的则是在相同温度和同样时间内,规定其蠕变量(或蠕变速率),考核其所能承受的最大应力。由于前者试验较易,所以采用较多。

对于设计人员来说,由于不同的结构,零件等规定的设计条件不同,所以蠕变试验的方法和蠕变强度的含义也不相同。根据使用中构件的尺寸变化来规定设计条件时,那么蠕变第Ⅰ阶段和第Ⅱ阶段的蠕变速率是研究的对象,此时的蠕变强度用蠕变极限来表示,蠕变极限的定义又有两个:其一,是在某一规定加载时间内产生规定蠕变速率的应力;其二,是在某一规定加载时间内产生规定蠕变量的应力。多数国家采用高应力下 100 h 以内的短时间蠕变试验来决定蠕变极限,这可以节约时间、经费和人力,但不能根据试验结果预测多年以后的蠕变强度,因而只用于材料的初选,美国则是用 1000 h 至几千小时的长时间蠕变试验来确定蠕变极限。如果根据达到的使用寿命来规定设计条件,那么蠕变断裂的时间就成为研究的对象,称蠕变断裂试验,其蠕变强度为蠕变断裂强度,又称持久强度,其定义为:在某一规定时间内产生蠕变断裂的应力,近代为设计高速飞行器、原子反应堆等,都需要对材料进行蠕变断裂强度试验。

作为一门课程的实验,不可能测出某一材料的蠕变极限,更难以测得材料的蠕变断裂强度,只能进行短时间的蠕变比较试验,通常是对一材质,在相同应力下,在规定时间内,测量其在不同温度下的蠕变量或蠕变速率;或者是对不同材质,在相同温度和应力下,在规定的时间内,测量各自的蠕变量或蠕变速率。通过这样的实验,可以达到基本掌握蠕变实验的目的。

5.7.3 实验原理及所用仪器

从蠕变的定义及蠕变性能的表征中已知,蠕变实验的主要控制和测量参数是:温度 T,应力 σ(或荷载 p),补给时间 τ_0,τ 时间内的蠕变率 ε,以及蠕变速率 ε,它们是可以直接测量和计算出来的,即蠕变试验采用直接测量的方法,本试验采用 HRY 示差式高温压蠕变试验机,其整体系统结构示意图如图 5-10,炉体与差动变形测量系统如图 4-1 所示。下面参照两图说明各参数的控制与测试。示差式变形测量系统,试样为带孔圆柱体,外径 50±0.5 mm,内径为 12~13 mm,高度为 50±0.5 mm,将试件置于炉体中央,其上端面之上是上垫片和上压杆,其下端面下是下垫片和中空的下压杆。根据试样的截面积 S 和实验所要求的应力 σ，可计算出所需荷载 $P = S\sigma$，施加荷载是通过如图 5-10 的杠杆系统，已知杠杆比为 1∶10 减去相应的平衡砝码即对试件施于恒定压应力 σ。加热炉发热体为 $MoSi_2$ 发热元件，按国标标准要求，采用试样外侧控温，试样中心测温。控温热电偶工作端安放在试样外侧半高处，实验时由 TCA-100 程序信号给定仪按给定程序输出一个 MV 信号，与来自控温热电偶的 MV 信号在 TA-091 电子调节器中比较，直流放大，经 PID 调节后，控制可控硅电压调整器 ZK-100，ZK-100 又控制可控硅输出以控制发热元件所消耗的功率，达到自动控温。测量试件温度的热电偶则通过差动中心套管的中空，安在试件内侧的半高处，冷端接至 XWC 自动记录仪。通过上述控制系统达到炉温恒定，以保证试件在实验过程中温度恒一。蠕变变形的测定采用示差式，差动中心套管的上端接触在上垫片的下端面，即与试件上端面在同一平面上，而下端面则接触在位移传感器的触头上，差动外套管的上端面接触在下垫片的下端面，其下端也接触位移传感器的另一触点上。这样，如果在试验中下压棒有变形产生，那么差动中心套管和差动外管会同速，同向同量移动，反应在传感器上变形抵消读数为零，所以不会影响实验结果。当试样产生变形时，中心差动管的下移速度和下移量就与外套管产生差异，这个差异通过 XWC 自动记录下来，它是传感器触头的绝对位移值与差动外管位移值的代数差，即试验时间内的蠕变变形量 Δh。因为已知试件原始高度 h 则蠕变率为 $\varepsilon = \dfrac{E}{\tau}$ 在一般情况下（中等温度和中等应力）材料的蠕变全过程有三个明显的阶段：减速蠕变阶段、恒速蠕变阶段和加速蠕变阶段。只进行短时间的比较试验，不可能知道各阶段的蠕变速率。在这方面许多科学工作者做了大量工作，他们把自己的试验结果整理成数学表达式，并力图从短时间的试验结果通过计算的方法得知蠕变的全过程，但由于蠕变现象是材料内部复杂的物质迁移过程的结果，而这些迁移过程和迁移速度和材料本体的物质结构、显微结构直接相关，又受到外部条件如试验温度和施加应力的大小影响,因而至今尚没有统一的、实用的计算方法,了解这方面的知识可阅读有关文献资料。

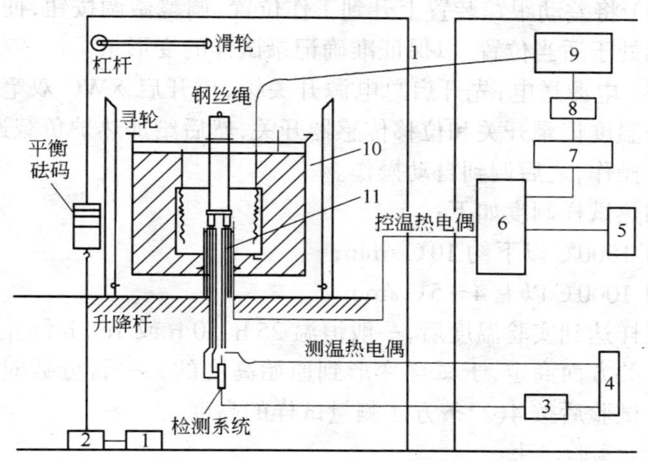

图 5-10 整体系统结构示意图

1—马达;2—减速器;3—电感位移计;4—WC 自动记录仪;5—TCA 程序信号给定仪;
6—变压器;7—TAO91 电子调节器;8—ZK-100 电压调整器;
9—可控硅;10—加热炉;11—试样

5.7.4 实验步骤

(1) 制备试样。从待测制品上钻取外径 50 mm±0.5 mm,内径 12~13 mm,高度 50 mm±0.5 mm 的圆柱体,试样两端面需磨平并与轴线垂直,垂直度允许偏差小于 0.4 mm,平行度允许偏差小于 0.2 mm。精确测量试样端面截面积 S,然后按试验规定应力 σ 和杠杆比计算出加载量 P。

(2) 装样,将加热炉提升到能装样的位置,依次在支承棒上放置下垫片、试样和上垫片,并使三者和支承棒同心,且下垫片及试样中心孔壁与差动管之间没有磨擦。然后开动丝杠电机,使炉体缓慢下降,当上压棒下端面与上垫片刚接触时,炉体下降停止。

(3) 加载。从砝码盘上减去对试样施加的荷载量 P,手托码盘,抽去销钉,使荷载缓慢落下,以免发生震动损坏发热元件。

(4) 给冷却水套送水。

(5) 将差动跟踪装置上升到工作位置,调整微调按钮,使位移记录笔处于适当位置,以保证准确记录试样的变形量。

(6) 电源送电,先开启总电源开关锁,再开启 XWC 双笔记录的两个温度记录开关和位移传感器开关,然后给加热炉负载送电,先动手操作,之后调到自动操作。

加热试样制度如下:

1) 1000℃以下约 10℃/min;

2) 1000℃以上 4~5℃/min。

试样达到实验温度后,一般恒温 25 h、50 h 或 100 h 终止试验或与有关方面商定,于试样变形到原始高度的某一百分数时终止试验。试验后按 4(2)条方法测量试样的高度。

(7) 实验结束

1) 先关程序仪电源和滚筒开关,待负载电源电压降为零后再依次将 ZK-100 和 TA-091 的手动-自转换开关拨向手动位置,切断负载电源,关掉 ZK-100 电源和记录仪各开关。拉掉总电源开关。

2) 卸荷,即加上去掉的砝码,将炉体稍加提升放置在支承座上,使杠杆刀口卸荷。

3) 待炉温自然冷却下降后再关掉冷却水。

5.7.5 结果计算

试样的变形量记录在 XWC 记录仪的记录纸上,由于在加热的开始阶段,差动管受热膨胀,此时的记录值不是试样的变形,待恒温 4 h 以后,可认为差动管基本不再膨胀,所以从恒温的第 5 h 起的起始时间,至实验结束之间的时间间隔为整个蠕变变形时间。

用从试样恒温开始每隔 5 h 试样的蠕变率列表表示。按下式计算蠕变率:

$$P(\%)=\frac{L_n-L_0}{L_i}\times 100 \tag{5-9}$$

式中 P——蠕变率；

L_i——试样原始高度，mm；

L_0——试样恒温开始的高度，mm；

L_n——试样 n 小时的高度，mm。

计算出在这个时间的蠕变率 $\Delta h/h$ 或者按这个时间的长短，计划若干时间段，计算出每一时间段的蠕变率，再除以该段所需的时间而得出不同时间内的蠕变速率，用横坐标表示时间，纵坐标表示蠕变速率的变化曲线。

前一种方法最后结果用表 5-11 形式写出报告。

表 5-11 最后结果

材料名称	实验温度/℃	应力/MPa	时间/h	蠕变率/%

后一种方法的实验报告除写明材料名称、实验温度和应力外，还需画出蠕变速率曲线。

思考题

(1) 简述 HRY 示差式高温压蠕变实验机工作原理？

(2) 该仪器什么地方会产生实验误差，有什么改进消除误差的办法？

(3) 蠕变试验中温度、应力、时间之间，以及减速、恒速、加速蠕变速率之间，为什么难以建立统一的数学表达式和计算式？

通过试验你认为在蠕变试验中最困难的检测量是什么，有什么办法可以变得更精确和容易？

5.8 热膨胀的测定

5.8.1 实验目的

(1) 学习顶杆式间接法测试热膨胀的原理、方法。

(2) 了解不同材质耐火制品的热膨胀性能。

5.8.2 实验原理

(1) 热膨胀是热制品加热过程中的长度变化,其表示方法分线膨胀率和线膨胀系数。

(2) 线膨胀率是指由室温到实验温度间,试样长度的相对变化百分率。

(3) 线膨胀系数是指由室温至实验温度间,每升温 1℃,试样长度的相对变化率。

测定时,以一定的升温速率,加热试样到指定的实验温度,测定试样随温度变化而发生的伸长量。

耐火材料热膨胀是指其体积随温度升高而增大的现象。热膨胀对于使用于高温度变化条件下的结构材料是极其重要的性能指标。也是工业窑炉和高温设备进行结构设计的重要参数。耐火材料热膨胀直接影响其抗热震性和受热后的应力分布和大小等。

本实验根据 GB/T 7320.1—2000 进行。

致密耐火浇注料线膨胀测定按 YB/T5205—1993 规定进行。

5.8.3 实验装置

热膨胀实验有顶杆式间接法和望远镜直读法。本次实验主要学习顶杆式间接法。

(1) 加热炉:能在空气气氛中以 4~5 ℃/min 的升温速度升温,加热试样到实验最终温度,炉内装样区的温差在整个试样长度和直径上不得超过±5℃。

(2) 测量系统:由装样管顶杆(刚玉材料制作)和位移传感器或千分表组成。

1) 装样管:内径至少应比试样大 2 mm。

2) 顶杆:放在装样管中,顶杆与试样接触的面应平整垂直于装样管的轴线。应尽量减少顶杆与装样和壁之间的摩擦力,保证顶杆能可靠地传递试样的膨胀。

3）测量长度变化的位移传感器或千分表：精度在0.5%以上，量程不小于3 mm。

4）在实验过程中，顶杆与千分表传感器接触端的温度不得高于室温5℃。

5）测量系统的热膨胀系数应有规律且再现性好，并定期按附录A进行校验。

（3）温度测量：采用两支Pt-PtRh$_{10}$热电偶，一支用于测量试样温度，一支用于控制炉温。二者的热端均应位于试样的中部。

（4）电热干燥箱：能控制在(110±5)℃。

（5）游标卡尺精度为0.02 mm。

（6）温度计。

5.8.4 试样制备

（1）形状尺寸：

1）试样直径为10 mm，长度为40～50 mm或直径为20 mm，长度为80～100 mm的圆柱体。

2）试样的两端面平整且互相平行并与其轴线垂直。

（2）制样：

1）试样由制品上制取，其试样的周边与制品边缘的距离至少为15 mm。

2）制样时应避免试样产生裂纹和水化现象。

3）试样制取后应于110±5℃烘干，然后在干燥器冷却至室温。

5.8.5 实验步骤

（1）测量试样：测量试样在室温下的长度，精确至0.02 mm，并记录室温。

（2）装样：将试样放入装样管内，热电偶的热端位于试样长度的中心，使试样处于炉内装样区。

（3）加热：从室温开始，按4～5℃/min的升温速率加热，直至实验最终温度。

(4) 记录:

1) 记录室温及室温时试样长度。

2) 试样加热后,从 50℃开始,每隔 50℃记录一次试样的长度变化,直至实验最终温度。若采用自动化测量方式,则连续记录试样长度变化。

5.8.6 结果计算

(1) 按下式计算由室温至实验温度的各温度间隔的线膨胀率:

$$\rho(\%) = \frac{(L_t - L_0) + A_K(t)}{L_0} \times 100 \tag{5-10}$$

$$L_t - L_0 = \Delta L$$

式中 ρ——试样的线膨胀率,%;

L_0——室温下试样的长度,mm;

L_t——试样加热至实验温度 t 时的长度,mm;

ΔL——试样加热至实验温度 t 时的长度变化,mm;

$A_K(t)$——在温度 t 时仪器的校正值,mm。

(2) 按下式计算室温至实验温度的线膨胀系数:

$$\alpha = \frac{\rho}{(t - t_0) \times 100} \tag{5-11}$$

式中 α——试样的线膨胀系数,$\times 10^{-6}$/℃(精确至 0.1);

ρ——试样的线膨胀率,%;

t_0——室温,℃;

t——试验温度,℃。

(3) 膨胀率报告至两位小数,线膨胀系数报告至一位小数,所取位数后的数字按 GB 1.1—1981《标准化工作导则,编写标准的一般规定》附录 C 数字修约规则进行处理。

(4) 实验误差:同一实验室同块砖的复验误差不得超过:

1) 线膨胀率:0.06%

2) 线膨胀系数:0.5×10^{-6}℃$^{-1}$

不同实验室同一块砖的复验误差不得超过:

1) 线膨胀率:0.1%

2) 线膨胀系数:1.0×10^{-6}℃$^{-1}$

5.8.7 实验报告

实验报告包括以下内容:

(1) 实验目的;

(2) 实验原理;

(3) 制品名称及编号;

(4) 试样尺寸;

(5) 标准体的种类;

(6) 实验步骤;

(7) 原始数据及实验结果按表 5-12 填写,列出从室温到实验温度间各温度间隔的线膨胀率,并绘制其关系曲线;

表 5-12 线膨胀率和平均膨胀系数测定记录及计算结果

试样名称 试样长度(L_0)= mm

测定温度/℃	时间	升温速度/℃·min^{-1}	电流/A	电压/V	百分表读数/mm	校正值 A/mm	线膨胀率/%	平均线膨胀系数 $\alpha\times10^{-6}$/℃$^{-1}$
室温								
100								
200								
300								
400								
500								
600								
700								
800								
900								
1000								
1100								
1200								
1300								

(8) 实验人员;

(9) 实验日期。

思考题

(1) 热膨胀对耐火材料的使用有何实际意义?

(2) 简述示差式热膨胀仪的工作原理。说明校正值 A 的物理意义?

(3) 升温速度对测定耐火制品的膨胀系数有无影响?

附录 A

仪器校正值的测定方法:

(1) 仪器校正值 $A_K(t)$。一般情况下对于一台仪器校正值 $A(t)$是一定的,这只适应于确定的实验条件。因此当实验条件改变或仪器部件更换时,要重新测定仪器的校正值。

(2) 标准体:

1) 标准体可采用熔融石英或蓝宝石,以及其他能满足(2)2)要求的物体。

2) 采用标准体求得仪器的校正函数时,已知的标准体膨胀特性,其长度变化应是温度的确定函数,且不包括不可逆部分。标准体的尺寸应与被测试样相当。

(3) 仪器校正值计算公式:通常要取数次试验的平均值以确定仪器校正值:

$$A_K(t) = A_E(t) - A_{EM}(t)$$

式中　$A_K(t)$——仪器的校正函数,mm;

$A_E(t)$——已知的标准体的长度变化作为温度的函数,mm;

$A_{EM}(t)$——所测得的函数(应代入相应的正负号),mm;

t——实验温度,℃。

带有机械式传递而无示差测量系统的膨胀仪的校正值按下式计算:

$$A_K(t) = A_{EM}(t) - A_E(t)$$

(4) 经过校正的测量值(试样的真实长度变化)计算公式:

1）对于示差系统的膨胀仪按下式计算：

$$A_P(t) = A_{PM}(t) + A_K(t)$$

式中 $A_P(t)$——经过校正的测量值，mm；

$A_{PM}(t)$——单个测量值（应带入相应的正负号），mm；

$A_K(t)$——仪器的校正值，mm。

2）对于无示差系统的膨胀仪：

$$A_P(t) = A_M(t) - A_K(t)$$

5.9 热导率的测定

5.9.1 实验目的

（1）学习和掌握稳态平板法和热线法热导率测定原理和方法。

（2）了解不同耐火和隔热材料的热导率与温度的关系以及影响实验的因素。

5.9.2 平板法

平板法适用于陶瓷纤维毯、毡、纺织物、板等的热导率测定。

（1）实验原理见 4.4.1.2。

（2）实验装置：

1）热导率测定仪：本实验室可采用 GD-1 型高温导热系数测定仪。

2）电热干燥箱。

3）游标卡尺，精度 0.02 mm。

4）秒表，计时精度 1/100 s。

5）工业天平，分度值为 10 mg。

（3）试样制备：

1）将制品加工成 ϕ160 mm×20 mm±0.5 mm 圆盘，圆盘的两面要求平行，厚度偏差小于 0.02 mm。

2）试样表面无裂纹，凹凸出现。

（4）实验方法与操作步骤：

1）试样在110℃±5℃下干燥至恒重（不宜干燥试样除外）；称量实验前试样重量，根据体积求出容重。

2）测量试样的厚度，以试样为中心圆心，作半径50 mm的圆，作互相垂直的两条直径，测量直径与圆弧四个交点处厚度，精确至0.02 mm，以四点厚度平均值作为试样厚度。

3）认真阅读热导率测定仪操作规程，按规定要求操作。

4）GD-1型热导率测定仪升温速度规定如下：

300℃以前	4～6℃/mm
300～500℃	6～8℃/mm
500℃以上	10℃/mm

5）GD-1型导热仪中，试样的热导方向必须与使用时一致；测试时必须保证水压稳定，水流畅通，达到测试温度时中心量热器的流量保证在3.5～4 mL/s；中心量热器与第一保护量热器的表面温差偶的毫伏值小于或等于5 μV，第一保护量热器与第二保护量热器表面温差偶的毫伏小于或等于1 μV。每个测试点恒温1 h左右开始测量，每隔15 min测量一次，共测三次，最后取三次的平均值计算该点的热导率。

（5）实验记录及结果计算：

1）GD-1型热导率测定仪实验数据记录见表5-13。

表5-13 实验数据记录

测试序号	热面温度 T_2		冷面温度 T_3		中心第一保护量热器温差	第一、第二保护量热器温差	中心量热器进出冷却水温差	中心量热器流出mL水中所需时间	流量
	mV	0℃	mV	0℃	mV	mV	mV×2.258℃	s	mL/s
1									
2									
3									

2) 热导率 λ 按下式计算

$$\lambda = \frac{V \cdot \Delta t \cdot S \cdot d \cdot c}{A(T_1 - T_2)} \times 418.68 \text{ W/(m·K)} \tag{5-12}$$

式中 A——中心量热器面积,19.63 cm^2;

T_1——热面温度,K;

T_2——冷面温度,K;

Δt——中心量热器进出口水温差,℃;

d——水的密度,g/cm^3;

S——试样的厚度,cm;

c——水的比热容,J/(g·℃),cal/(g·℃)。

热导率计算至小数点后三位,所取位数字按 GB1.1—1981《标准化工作导则,编写标准的一般规定》附录 C 数字修约规则进行处理。

5.9.3 热线法

(1) 实验原理。热线法是一种动态测量法(非稳态法)。其原理是测量沿试样长度方向埋设在试样中线形热源在一定时间内的温升。通过焊接在热线中点的热电偶测量热线温度随时间的变化。该线的温度变化即是被测材料热导率的函数。

(2) 实验装置:

1) 试验炉。采用满足试验温度的电加热炉。试验炉应能容纳 2～3 块试样。炉底应备有 2～4 条尺寸为 125 mm×10 mm×20 mm 的支座,用以支撑试样。支座导热性应良好,且不与试样发生反应。控温热电偶安放在发热元件近旁,热端位于试样区的半高处,冷端置入饼瓶。试验炉应能在空气气氛中按(4)2)条规定的升温速率加热试样。恒温时,炉内装样区的温度应均匀,保证任意两点间的温差不大于 10℃;试验温度偏差为 ±5℃;测量热线温升期间温度波动不大于 0.1℃。

2) 测量十字线。十字线由热线和热电偶(其中一极与热线同材质)焊接构成,热电偶垂直于热线与其中点相交,如图 5-11 所示。热线的直径不应超过 0.35 mm,热电偶的最大等于热线直径,其热端力求小而圆。

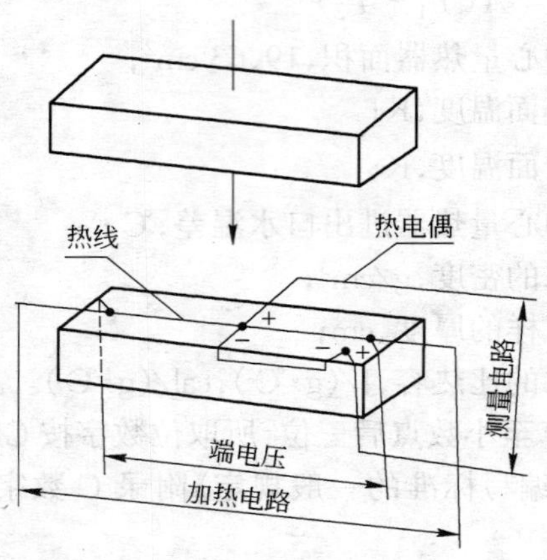

图 5-11　加热和测量电路与试样组合示意图

3）测量电路。热线是铂或铂铑合金,长 200 mm ± 0.5 mm。热线两端各焊接两根与热线材质相同的导线,其直径至少为 0.5 mm,以连接电源和测量电压。该导线不宜过长,能伸出炉外与其他材质的导线连接即可。焊接在热线中点的热电偶 1($Pt\text{-}PtRh_{10}$)与参比热电偶 2($Pt\text{-}PtRh_{10}$)反接,以监测炉温与试样温度的平衡程度和测量热线温度的变化。其冷端接至补偿器或放入冰瓶,如图 5-12 所示。

4）热线电源。不论采用交流或直流电源。热线的电压必须保持稳定,供给加热电路的功率应恒定,在测量热线温升期间,电流的变化最大不超过 2%。在热线加热电路内,电源从一个阻值相等的等效电阻切换到热线上,以尽量避免引起热线上电流的较大变化。

5）测量仪器。测量热线两端电压,其精度为 ± 0.5%。测量电压也可用测量电阻代替,其测量精度相同。测量通过热线的电流,其精度为 ± 0.5%。测量热线温度的装置应具有 1 μV/mm 的分辨率,测量精度为1%。

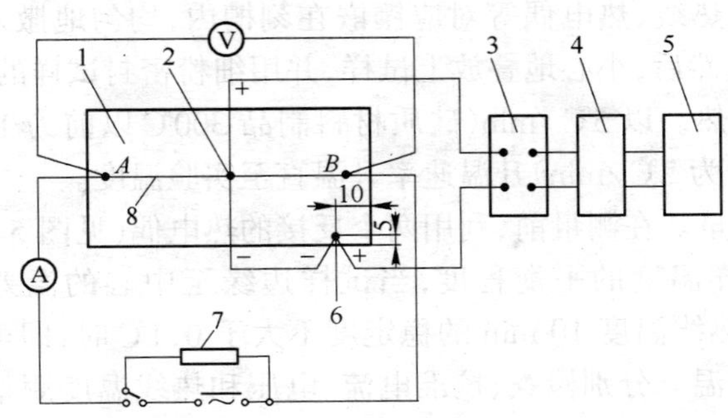

图 5-12 示差电路的测量线路示意图

1—试样;2—热电偶 1;3—补偿器;4—放大器;5—记录仪;

6—热电偶 2;7—等效电阻;8—热线(AB)

6) 其他仪器:放大器:分辨率 0.1 μV。天平:称量 2 kg,感量 10 mg。游标卡尺:精度 0.02 mm。秒表:精度 0.1 s。

(3) 试样制备:

1) 检选。检查试样的外观组织,不得有裂纹、变形、熔洞、缺边掉角及气孔分布不均匀等缺陷。按 GB 2998—1982《定形隔热耐火制品提及密度和真气孔率试验方法》分别测量待测试样的体积密度,选取两块密度最大偏差不大于 0.06 g/cm^3 的试样。试样尺寸为 230 mm×114 mm×65 mm 的长方棱柱体。特殊情况下,最小尺寸为 200 mm×100 mm×50 mm 长方棱柱体。每次试样须 2 块试样。

2) 制样。标形砖以整块砖作为试样。从大块砖上切取时,应以原砖成型加压面作为测量面。上下两块试样的接触面(230 mm×114 mm)必须磨平。按图在已磨平的下试样的上表面刻槽,其深度、宽度应与埋设的热线、热电偶等各线的直径相吻合。必要时,试样于 110℃ ±5℃烘 2 h。

(4) 实验方法与操作步骤:

1) 装样。先将两条支座以 125 mm×10 mm 的面安放在炉底上(必要时可以增放两条支座),再将已刻槽的试样置于其上。按图 5-11 将热线、热电偶等对应镶嵌在刻槽内,均匀地撒入被测材料的细粉,然后,小心地叠放上试样,并用细粉密封试样的合缝处。

2) 加热。以 5℃/min(硅质材料制品 300℃以前为 1℃/min,300℃以后为 2℃/min)升温速率升温直至实验温度。

3) 测量。在测量前,利用两个反接的热电偶(见图 5-12)检查炉温与试样温度的平衡程度,当试样边缘至中心的温差不大于 6℃时,且热线温度 10 min 的稳定度不大于 0.1℃时,即可开始测温,记录炉温。分别检查、校准电流、电压和热线温度测量仪器的零点,然后向热线输入合适的电流、电压、使其连续加热 10 min 总的温度升高为 5～20℃。连续记录热线的温度变化曲线,用秒表计时,分别记录热线通电后 2 min(t_1)、10 min(t_2)时的电流、电压和温度变化值。每一实验温度下,应按上述方法重复测定三次,然后计算其平均值。每一测定值和平均值的偏差最大不得超过 10%,否则,应重新测定。若需要在几个温度下进行测定时,以 200℃间隔为宜。

(5) 实验记录及结果计算:

按公式(5-12)或式(5-13)计算结果。计算结果精确至小数点后三位,所取位数后的数字按 GB1.1—1981《标准化工作导则 编写标准的一般规定》附录 C 数字修约规则进行处理。实验误差在同一实验室不大于 ±10%,不同实验室实验误差不大于 ±15%。

$$\lambda = \frac{I^2 R}{4\pi L} \cdot \frac{\ln(t_2/t_1)}{\theta_2 - \theta_1} \tag{5-13}$$

$$\lambda = \frac{IV}{4\pi L} \cdot \frac{\ln(t_2/t_1)}{\theta_2 - \theta_1} \tag{5-14}$$

式中 λ——导热系数,W/(m·K);

I——加热电流,A;

V——热线两端电压,V;

R——实验温度下的热线电阻,Ω;

L——热线长度,m;

t_1、t_2——加热电流接通后测量的时间,min;

θ_1、θ_2——热线在 t_1、t_2 时的对应温度,℃。

5.9.4 实验报告

实验报告应包括:

(1) 试样名称及编号;

(2) 实验设备;

(3) 实验结果及冷热面温度;

(4) 实验班组;

(5) 实验人员;

(6) 实验日期。

思考题

(1) 平板法和热线法测定热导率各有什么优缺点?

(2) 实验所用仪器在哪些方面存在着问题,对试验结果有什么样的影响?

(3) 为什么说潮湿材料的热导率将会提高?

5.10 耐火度的测定

5.10.1 实验目的

(1) 了解和掌握耐火度的测定原理、方法及其主要设备的构造。

(2) 分析和比较各种耐火原料和耐火制品抵抗高温作用而不熔化的性能。

5.10.2 实验原理

耐火度的测定是按照 GB/T 7322—1997 规定,把耐火原料或耐火制品制成试锥,并将其与已知耐火度的标准测温三角锥一起载在锥盘上,在规定的条件下加热。在高温作用下,锥体由于内部液相不断出现而逐渐软化,随着温度的升高,试锥内液相量不断增加和液相黏度的逐渐降低。锥体由于受其本身的重力作用而弯倒。通过比较试锥与标准测温锥的弯倒情况来表示试锥的耐火度。

耐火度可作为表明和比较各种耐火材料的高温难熔性能的技术指标。

5.10.3 仪器设备

(1) 加热炉:竖式管状炉或箱式炉。

应能按照5.10.5(3)条规定的升温速率均匀的升温至所需要的实验温度。在实验状态下,锥台周围最大温差不得大于10℃(相当于半个锥号)并应能保证炉内氧化气氛。

1) 目前耐火度试验大多是在竖式碳阻炉内(或称碳粒炉)进行的,其构造如图2-13所示。

① 镁砂管内径至少为80 mm。内径若小,易使试锥弯倒时碰上镁砂管。内径若大,耗电量必多。

镁砂管厚度为3~10 mm。

② 安放圆锥台的耐火支柱须能回转(1~3 r/min),并可上下调整。以保证圆锥台的四周温度均匀。

③ 高温圈与镁砂管的净间距一般为15 mm左右。通常该数为最大碳粒(最大碳粒一般取5 mm)的三倍。

④ 碳粒粒径一般为2.5~5.0 mm。

2) 箱式炉炉膛有效容积至少高70 mm、宽100 mm、长140 mm。

(2) 光学高温计。

(3) 试锥成型模具。

(4) 高温标准锥,应符合国家高温标准锥的要求。

(5) 锥台与耐火泥,在实验温度下不能与试锥彼此发生反应。

(6) 标准筛,筛孔180 μm。

5.10.4 试样制备

(1) 应从砖和制品上(包括预烧过的不定形制品)用锯片切取试锥并用磨轮修磨,再去掉烧成制品的表皮。不定形材料的试样应根据其使用状况来成型和预烧,然后切取、修磨。对于原料及不能切割的定形耐火制品试样根据下述规定成型试锥。

(2) 自检验用原料块的中心部位,按比例地各敲下不带表皮的小块,集成总重量约为 150 g,并全部粉碎至 2 mm 以下。混合均匀后,用四分法或多点取样法减缩至 10~20 g,再随磨随筛至全部通过 180 μm 的筛孔,避免产生过细的颗粒。过细的颗粒会影响耐火度。

耐火泥浆耐火度取样方法参照 GB/T 7316—1987 规定进行。

(3) 粉碎和研磨试样的过程中,不应掺入影响耐火度的杂质。例如用钢钵粉碎试样时混入的铁屑,须用磁铁吸除干净。

(4) 在合适的模具内成型试锥,每个试锥都应与所采用的高温标准锥有相似的几何形状,其高度为高温标准锥的 100%~120%。

(5) 加入不影响耐火度的有机结合剂(如糊精)用水调和试样若试样与水已反应,可选用其他合适的液体。

(6) 成型时所有成型工具不得玷污试锥。

(7) 对耐火生料,应经约 1000℃ 预烧,然后按上述规定成型试锥。

5.10.5 实验步骤

(1) 将检验用的试锥与选定的标准高温锥一起安插在由高铝料制成的圆锥台上或矩形锥台上(如图 5-13),必须严格遵守下列条件。

1) 检验时所选定的标准高温锥,应该包括相当于试锥估计耐火度的标准高温锥的号 2 个,以及高 1 号和低 1 号数的标准高温锥各 1 个。

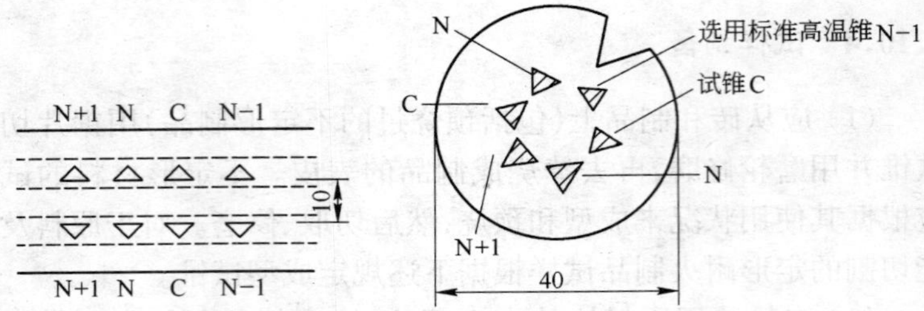

图 5-13 高温标准锥和试锥在锥台上排列图例

C—试锥;N—估计试锥耐火度选用的高温标准锥;

N − 1,N + 1—比 N 低或高 1 号高温标准锥

2）所有试锥及标准高温锥与圆锥台中心的距离要一致,并相互间隔。试锥与标准高温的总数采用圆锥台时不得超过 6 个。采用矩形锥台时,不能超过 8 个。

3）将试锥和标准锥安插在锥台上预留的孔隙中,其深度为 2～3 mm,并用耐火泥固定。

4）插锥时,必须使标有号数的标准高温锥的锥面和试锥的成型面对准圆锥台中心排列,但使该面相对的棱向外倾斜,与重心线的交角成 8°± 1°,并应留有足够的空间,使锥倒时不致受到阻碍。

(2) 调整好加热炉后,将已烘干(或风干)的带有标准高温锥和试锥的锥台,放置在耐火支柱上。

(3) 在 1.5～2 h 内,均匀地升温至比估计试样的耐火度低 200℃,然后回转圆锥台,再以平均每分钟 2.5℃ 的速率继续平均升温(相当于两个顺序号数的标准高温锥在 8 min 的时间间隔内分别弯倒)直至实验结束。

(4) 当任一试锥的顶端弯倒接触圆锥台时,均需立即观测标准高温锥的弯倒程度,至最末一个试锥的顶端弯倒接触圆锥台后,便停止试验。

5.10.6 结果计算

(1) 观察试锥弯倒情况。试锥与标准高温锥的顶端同时弯倒接触圆锥台时，此标准高温锥的号数即表示试锥的耐火度。而在某些情况下，试锥的弯倒程度介于两个相邻的标准高温锥之间，则用这两个标准高温锥号数来表示试锥的耐火度，并顺次记录，如CN170—172，观察试锥弯倒情况时，应以试锥弯倒为准，不能以标准锥为准来估计未弯倒锥的耐火度。

(2) 凡出现下列不正常的现象时，一律应重新检验。

1) 任一试锥或标准高温锥弯倒的不正规，例如它们的弯倒不是对准外边弯倒，又如仅顶熔化或下部较上部熔化更为严重等。

2) 同一个试样的两个试锥的弯倒偏差大于半号高温标准锥($\frac{1}{2}$CN)。

3) 由炉中所取出已弯倒的锥，被碳化或渗碳致使有黑色现象。

(3) 本检验方法的复验误差不得超过半号锥($\frac{1}{2}$CN)。

5.10.7 实验结果及记录

(1) 试样名称；

(2) 实验结果；

(3) 实验中必须说明问题，如试样是否预烧、其预烧温度试锥是切割的还是模制的等；

(4) 通过检验分析和比较以下各耐火原料的耐火度(表 5-14、表 5-15)，并给出耐火度曲线。

表 5-14 耐火度实验原料的化学组成(杂质不考虑)

编 号	Al_2O_3/%	SiO_2/%	耐火度/℃	备 注
No.1	5	95		
No.2	10	90		
No.3	15	85		
No.4	20	80		
No.5	25	75		
No.6	30	70		

表 5-15　耐火度检验记录

序　号	试样名称	标准锥号		试样锥号		试样耐火度	插锥位置
		位置	锥号	位置	锥号		
		1		2			
		3		4			
		5		6			

时间		电压	电流	温度	各号锥弯倒情况						备　注
时	分	V	A	℃	1	2	3	4	5	6	

实验员：　　　　　　　　　　　　实验日期：

思考题

(1) 测定耐火度的实际意义是什么？

(2) 影响耐火度测定的因素有哪些？

(3) 为什么不能用光学高温计直接测定耐火度？

5.11　荷重软化温度的测定

5.11.1　实验目的

(1) 学习耐火制品荷重软化温度实验(示差－升温法和非示差－升温法)的原理和方法。

(2) 了解影响耐火制品荷重软化温度的主要因素。

5.11.2　实验原理

荷重软化温度是耐火制品在持续升温条件下，承受恒定载荷产生变形的温度。

荷重软化温度是评定耐火材料质量的一项重要指标，它不仅反映了制品的化学矿物组成和组织结构，而且也是选用、确定耐火材料使用的重要依据。一般情况下，制品总是在高温荷重的条件下使用，往往会低于其耐火度的温度。由于砖体受压受热发生明显的塑性变形量大，势必引起整个炉体变形，甚至下沉损坏，所以测定荷重软化温度，对于耐火材料的实际使用也具有重要的意义。

荷重软化温度的测定原理是：置试件于高温炉内，在试件上加一定的压力，然后以一定升温速率加热，同时测量变形量和相应的温度，以试样开始出现塑性变形，并达到规定变形量时的相应温度作为荷重软化温度。

本实验中示差——升温法与 GB/T 5989—1998 规定的方法相同，适用于测定致密定形耐火制品荷重软化温度，非示差——升温法与 YB/T 370—1995 规定的方法相同，适用于测定烧成耐火制品荷重软化温度，致密耐火浇注料的荷重软化温度实验方法参见 YB/T 2203—1998。

5.11.3　示差——升温法

(1) 仪器设备：

1) 实验炉。应能在空气气氛中按 5(5)条规定的升温速率加热试样到最终试验温度。炉内装样区温度 500℃ 以上应均匀至 ±20℃ 以内。将几支热电偶分别放在相当于试样顶面和底面的中心，以及试样圆柱表面半高处等距离的 4 个点，测定炉温分布。

2) 加荷装置。应能对压棒、试样和支承棒三者的公共轴线施加压力，并在整个试验阶段沿该轴垂直地加压。加荷装置如图 4-1 所示，应满足下列要求。

① 支承棒，直径至少 45 mm，并带有轴向孔，棒的端面应平整

并与其轴垂直。

② 压棒，直径至少 45 mm，棒的端面应平整并与其轴垂直。

③ 垫片两块，厚度 5～10 mm，直径至少 50.5 mm。在实验条件下，垫片与试样、压棒之间不应发生反应，采用适合的耐火材料制作（硅酸铝制品可用烧结氧化铝或高温烧成莫来石；碱性制品可用镁质或尖晶石质材料）。必要时可在其间垫上 0.2 mm 厚的铂铑片。下垫片应有中心孔，孔径 10～11 mm，垫片的两个面应平整且相互平行。

④ 压棒和垫片应能承受载荷直到最终实验温度而无明显的变形。

⑤ 载荷示值误差在 ±2% 以内。

3) 示差式变形测量装置。测量装置（见图 5-14）应包括：

① 差动外管（刚玉质），放在支承棒内，紧顶下垫片的下表面，并能在支承棒内自由移动。

② 差动内管（刚玉质），放在差动外管中，通过下垫片和试样的中心孔紧顶上垫片的下表面，并能在差动外管、下垫片和试样内自由移动。

③ 位移传感器，其外壳紧接差动外管的下端，传感器的铁芯由差动内管带动，可用一提升装置使传感器始终跟踪差动管，测量精度至少为 0.005 mm。

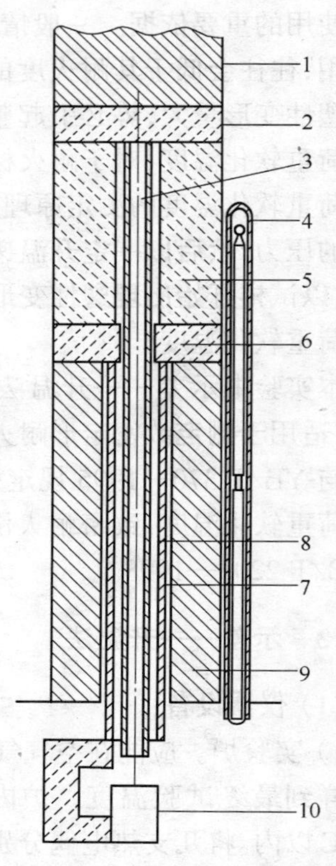

图 5-14　加荷及变形测量装置

1—压棒；2—上垫片；3—中心热电偶；4—控温热电偶；5—试样；6—下垫片；7—内刚玉管；8—外刚玉管；9—支承棒；10—测量装置

④ 差动管在整个试验过程中应能承受测量装置施加于该管上的压力而无明显变形。测量系统的热膨胀系数应有规律且重现性好。

4) 温度测量装置:

① 试样的温度应在其几何中心用带绝缘珠的中心测量热电偶测量,热电偶置于差动内管中,其热端位于试样的几何中心。

② 升温速率用位于试样外侧的带封头套管的热电偶控制,使热端位于试样半高处。

③ 热电偶用双铂铑丝制成,应能适于最终试验温度,并定期校正和更换。

5) 电热干燥箱。

6) 游标卡尺。

7) 角尺。

8) 塞尺。

(2) 试样的制备:

1) 形状尺寸。试样为带中心孔的圆柱体,直径 50±0.5 mm,高 50±0.5 mm,中心孔径为 12~13 mm,并与圆柱体共轴,其偏心度不大于0.5 mm。

2) 制样:

① 试样由制品上的任一角钻取,其轴与制品成型时加压方向一致。

② 制样时应避免试样产生缺边、裂纹等缺陷和水化现象。上下底面应平整且平行。

③ 试样的平行度,通过测量试样高度检查,任何两点的高度差不得大于 0.2 mm。

④ 试样的垂直度,用角尺和塞尺检查。试样的侧面与角尺之间的间隙不得大于 0.5 mm,上下底面应垂直于圆柱体的轴。

⑤ 试样制取后应于 110℃ ±5℃ 干燥 2 h。

(3) 实验步骤:

1) 测量试样:

① 用游标卡尺沿试样周边 4 个等分处分别测量试样高度，精确到 0.1 mm。

② 用游标卡尺分别在试样上下底面相垂直的方向上测量试样的外径和内径，精确到 0.1 mm。

2）装样：

将炉子提起，依次放置下垫片、试样和上垫片于支承棒上，尽量使三者与支承棒同心，差动内管与下垫片，试样中心孔壁之间无摩擦降下炉子，使试样处于炉内均温区。

3）加荷：

① 施加到试样上的总载荷应根据试样的实际横截面积计算。

② 施加在试样上的载荷应满足以下条件：

致密定形耐火制品 0.2 MPa；隔热定形耐火制品 0.05 MPa。应力误差为 ±0.2%，总载荷计算取舍至整数 1 N。

4）调整位移传感器

使位移记录笔处于适当位置，以保证准确完整地记录试样的变形曲线。

5）加热：

① 按规定的升温速率升温，升温速率由近期温热电偶调节，一般为 4.5～5.5 ℃/min。当温度超过 500℃ 时，速率可为 10 ℃/min。

② 按给定的升温速率连续加热，直到试样从膨胀的最高点压缩至超过它的原始高度的 5% 为止。对于硅质、镁质耐火制品，可压缩至试样溃裂或破裂。

6）记录。试验过程中每隔 5 min（不超过 5 min）记录试样中心温度和测量装置的读数各一次。当形变开始后，每隔 15 s 记录一次形变量和温度。

7）其他。实验结束后，如发现试样呈蘑菇状，上底面与下底面错开大于 2 mm 或试样周围的高度差大于 1 mm，则试验必须重做。

（4）结果计算：

1）按(3)所获得的实验结果绘制试样高度变化百分率和温度

的关系曲线(C_1);根据差动内管在试样中心孔内的一段长度随温度变化的百分率,绘出校正曲线(C_2);然后对应于任何给定温度T,$AB=CD$,绘出校正后试样的真实变形曲线(C_3),如图 5-15 所示。

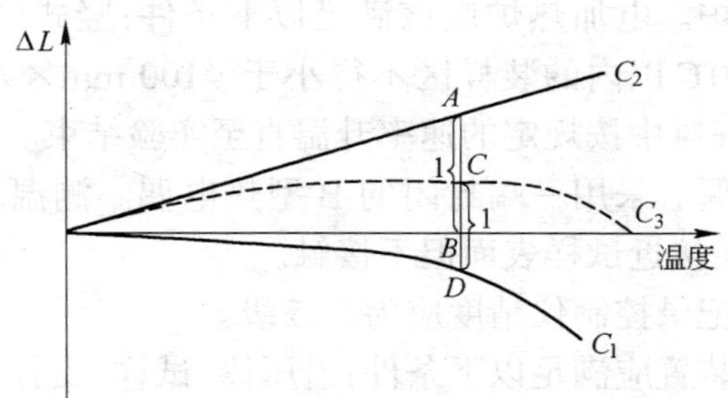

图 5-15 校正实验曲线

C_1—试验曲线;C_2—校正曲线;C_3—试样真实变形曲线

2) 通过曲线 C_3 的最高点画一条平行于温度轴的直线,如图 5-16 所示。

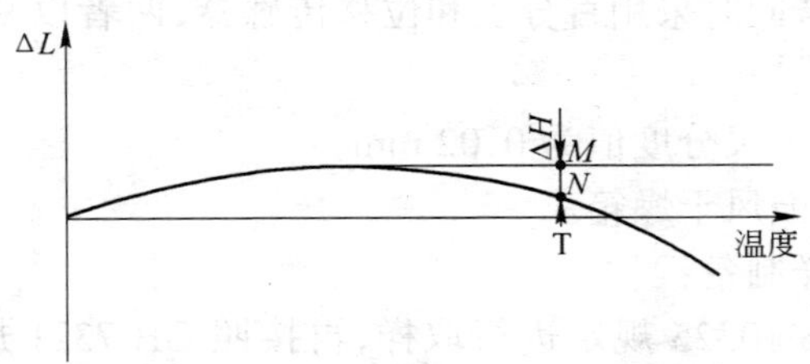

图 5-16 温度 T 时实际变形的测量

ΔH—试样变形;M-N—试样变形量

试样在温度 T 时的变形量(ΔH)等于该水平直线上对应于 T 的 M 点与曲线 C_3 上 N 点之间的距离 MN。

3) 按(4)2)条在曲线 C_3 上确定试样变形为 0.5%、1.0%、2.0%和 5.0%相对应的变形温度 $T_{0.5}$、$T_{1.0}$、$T_{2.0}$和 $T_{5.0}$。

4) 如硅质试样,当加热至某一温度时突然溃裂,或镁质试样突然破裂，致使无法测定各种变形温度，则直接记录溃裂点或破裂点。

5.11.4 非示差——升温法

(1) 实验仪器：

1) 加热炉。电加热炉应该满足以下条件：竖式圆形炉膛，其均温性在±10℃以内的装样区不得小于 ϕ100 mm×75 mm；加热炉能在空气气氛中按规定的速率升温直至实验结束。

2) 热电偶。采用一端封闭的 B 型热电偶。测温端放在试样中部并尽可能接近试样表面但不接触。

3) 温度记录控制仪精度应为 0.5 级。

4) 加荷装置应满足以下条件：沿压棒、试样、支撑棒及垫片的公共轴线施加负荷，其压力不小于 0.20 MPa；机械摩擦力及惯性力不得超过 4 N；压棒和垫片可采用石墨制品。用该压棒材质的圆柱体代替试样进行空白实验，从室温加热到实验炉最高温度，不得有压缩变形，同时整个加荷系统的膨胀量，每 100℃ 不得大于 0.2 mm；变形测量装置百分表或者位移传感器精度不得小于 0.01 mm。若同时采用百分表和位移传感器，两者以 90°～120°间隔安装。

5) 游标卡尺分度值为 0.02 mm。

6) 电热鼓风干燥箱。

(2) 试样制备：

按照 GB 10325 规定进行取样，再按照 GB 7321 规定制取试样，且应保证试样的高度方向为制品成型时的加压方向；圆柱体试样的直径为 36 mm±0.5 mm，高为 50 mm±0.5 mm；在外观上，两底面的平整度和平行度均不得大于 0.2 mm，底面与主轴的垂直度不应大于 0.4 mm。试样不应有缺边、裂纹等缺陷或者水化现象。

(3) 实验步骤：

1) 试样的干燥与测量。试样应在 110℃ ±5℃ 或者允许的较高温度下在电热鼓风干燥箱中干燥至恒量；然后测量尺寸，精确到 0.1 mm。

2）装样。将试样装至炉内均温区的中心，并在试样上、下两底面与压棒和支撑棒之间，垫以厚约 10 mm，直径约 50 mm 的垫片；压棒、垫片、试样、支撑棒及加荷机械系统，应垂直平稳地同轴安装，不得偏斜；调整好变形测量装置和测温热电偶。

3）加荷。对试样施加的荷重，应包括压棒、垫片的质量及加荷机械系统施加的压力，应准确至 ±2% 以内；对致密定形耐火制品施加的压力应为 0.20 MPa；对特殊制品，如隔热制品，按供需合同或制品的技术条件规定加荷。

4）加热。按下列规定的升温速率连续均匀地加热，直至实验结束。

≤1000℃　　5～10℃/min

>1000℃　　4～5℃/min

5）记录。每隔 10 min 需将时间、温度、变形以及其他特征记录一次，临近试样膨胀最大值时，必须及时观察记录；试样膨胀到最大值时应及时记录最大膨胀值及温度 T_0；记录实验结束时的变形量及温度；对镁质材料及硅质材料制品出现溃裂或破裂时，记录此时的温度 T_b；能够自动记录并绘制"温度、变形、时间"曲线时，应记录并绘制"温度 - 时间"、"变形 - 时间"及"变形 - 温度"曲线。

6）实验的终止。出现以下任一情况都应终止实验：达到了实验温度，即试样自膨胀最大变形到要求的某一百分数，如 $T_{0.6}$；达到了加热炉的最高使用温度；硅质及镁质制品产生了溃裂或破裂；其他异常情况。

(4) 实验结果及处理：

实验结束一般情况应该报告 T_0、$T_{0.6}$，必要时报告 T_b；依据合同或者制品技术条件，可以 T_x 作为实验结果；若实验炉已达到最高使用温度，试样还没有达到规定变形要求，则报告变形百分数和相应的温度；若出现以下任一情况则应重新实验：

1）实验过程中，加压系统明显向一侧倾斜；

2）实验后，试样上底面和下底面错开 4 mm 以上，或者试样周围的高度相差 2 mm 以上；

3）试样的一边熔化或有其他加热不均匀的现象；或因测温口进入空气后对试样产生明显影响而呈现淡色圆斑；

4）同时采用了百分表和位移传感器，而其变形不一致；

5）其他异常情况。

5.11.5 实验误差

同一实验室同一块砖的复验误差不得超过 20℃。不同实验室同一块砖的复验误差不得超过 30℃。

5.11.6 实验报告

实验报告应包括：试样名称及编号；施加的载荷；升温速率；通电时间；温度、电流、电压、变形量及异常情况；实验结果；实验班级；实验人员；实验日期。

思考题

(1) 叙述示差式荷重软化温度测定仪的工作原理。

(2) 若改变下列条件之一：试样规格；施加在试样上的载荷；规定的加热速率。荷重软化温度将会发生什么变化？

(3) 分析影响实验结果的因素有哪些？

5.12 重烧线变化的测定

5.12.1 实验目的

(1) 通过重烧线变化实验，评定耐火制品高温体积稳定性。

(2) 了解影响耐火制品重烧线变化的主要因素。

5.12.2 实验原理

重烧线变化指试样在加热到规定温度，保温一定时间，冷却到室温后所产生的残存膨胀或收缩。

将已测量长度的长方棱柱或圆柱体试样,置于氧化气氛的炉内,按规定的速率加热到实验温度,保温一定时间,冷却到室温后,再测量其长度,计算重烧线变化。

本实验方法等同于 GB/T 5988—1986《致密定形耐火制品重烧线变化试验方法》,该方法仅适用于测定致密定形耐火制品,定形隔热耐火制品重烧线变化的测定参见 GB/T 3997.1—1998。致密耐火浇注料线变化率的测定参见 GB/T 5203—1993。

5.12.3 仪器设备

(1) 实验炉。电炉或其他类型的炉子,炉内必须为连续氧化气氛,不允许在试样上发生任何还原反应。

实验炉应能按 5.12.5(3)条所规定的条件进行实验。

(2) 热电偶和温度记录仪。

(3) 长度测量装置。由百分表、载样台和不锈钢圆柱体标准块组成,如图 5-17 所示;载样台如图 5-18 所示。

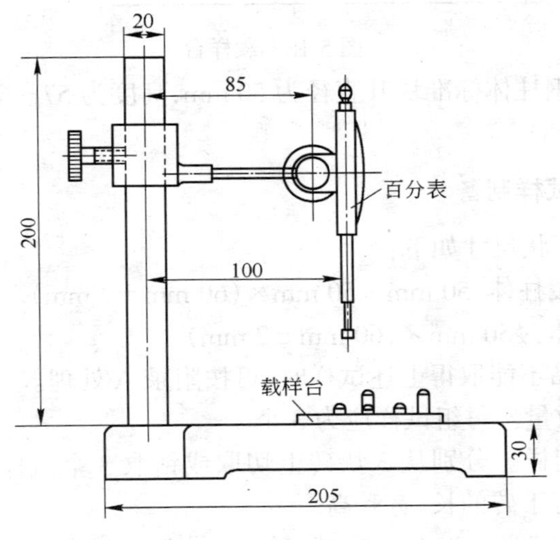

图 5-17 长度测量装置

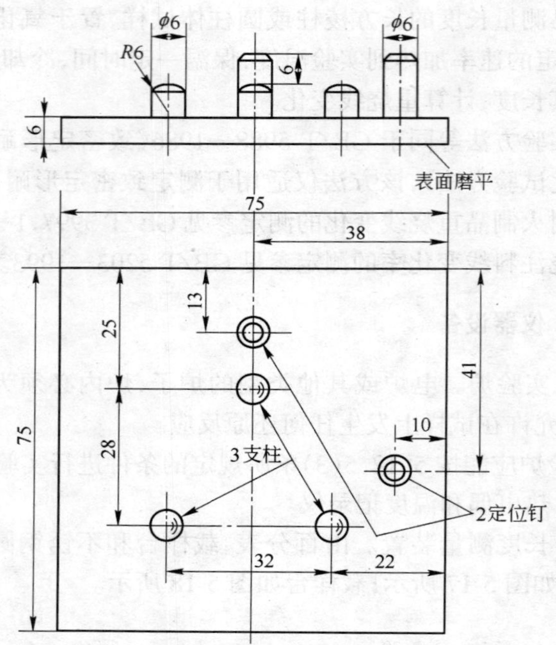

图 5-18　载样台

不锈钢柱体标准块其直径为 50 mm,高度为 57～64 mm(精确至 0.01 mm)。

5.12.4　试样制备

(1) 形状尺寸如下:

长方棱柱体:50 mm×50 mm×(60 mm±2 mm)

圆柱体:ϕ50 mm×(60 mm±2 mm)

当制品不能取得上述试样时,可按附录 A 处理。

(2) 数量。每组试样应为 3 个。

(3) 制样。分别从 3 块砖上切取或钻取 3 个试样,试样的长轴分别平行于砖的长、宽和高。

试样的 50 mm×50 mm 或 ϕ50 mm 的上下底面应磨平且相互平行。

5.12.5 实验步骤

(1) 试样烘干。实验前,试样须在 110℃ ± 5℃ 下烘 2 h。

(2) 试样测量。试样放在载物台上进行测量。测量前,将不锈钢圆柱体标准块垂直地放置在载样台的支柱上,调整百分表,借此精确测定试样长度,即在长方棱柱体试样的 50 mm × 50 mm 面的对角线上,对称地距每个角顶端 15～20 mm 处 4 个位置上测量。对圆柱体试样,对称地在其相互垂直的两个直径上,距周边 10～15 mm 处测量。测量值精确到 0.05 mm,在测量点位置加以标记。

(3) 加热:

1) 试样放置。将试样水平或垂直地放置在炉膛的均温带,但不得叠放。试样下垫一层与试样不起反应的粗颗粒垫砂。试样间距至少 13 mm,以便热气气流自由流动。为防止火焰直接冲击试样,应适当地屏蔽。

2) 温度测量和分布。炉膛温度必须均匀,保温时整个装样区温度差不允许超过 10℃。测温热电偶必须放置在能代表炉内真实温度部位,采用温度记录仪记录温度。保温期间的温度与实验温度差不得超过 10℃。

3) 实验温度,按制品技术条件规定。

4) 升温速率:

室温～800℃	10℃/min
>800～1200℃	3～5℃/min
>1200℃	1～3℃/min

5) 保温时间。在实验温度 ± 10℃ 之内保温 5 h 或按制品技术条件规定的时间保温。

(4) 烧后随炉自然冷却至室温,按 5.12.5(2)条所述的同一位置上测量试样长度。

5.12.6 结果计算

按公式(5-12)计算重烧线变化,以百分率表示。

$$L_c = \frac{L_1 - L_0}{L_0} \times 100\% \tag{5-15}$$

式中　L_c——试样重烧线变化率,%;

L_1——加热后试样长度,mm;

L_0——加热前试样长度,mm。

计算每个试样的重烧线变化率和3个试样的算术平均值,重烧收缩以"-"号表示、重烧膨胀以"+"号表示。

如果一个试样上,4个测量点长度变化值的代数符号不同,该样作废,必须重做。

重烧线变化结果计算至小数点后第一位,所取位数后按GB1.1—1981《标准化工作导则,编写标准的一般规定》附录C数字修约规则进行处理。

5.12.7　实验误差

同一实验室,同一块砖复验误差,绝对值不得超过0.1。

不同实验室,同一块砖复验误差,绝对值不得超过0.2。

5.12.8　实验报告

实验报告应包括:

(1) 实验名称及编号;

(2) 所用实验炉炉型;

(3) 实验尺寸及其在炉内位置;

(4) 实验温度及保温时间;

(5) 实验结果的单值及其平均值;

(6) 实验日期。

思考题

(1) 重烧线变化率与热膨胀率有何区别?

(2) 影响重烧线变化率测定的因素有哪些?

附录 B
浸液称量测定非标准试样的重烧线变化
（补充条件）

1．试样制备

试验制备如下：

（1）试样分别由每块制品上切取，并应能代表整块制品的组成部分（通常在边角处），尺寸大小宜在 50～200 cm^3 之间其中最大棱长不得超过 80 mm。

（2）试样不应有因制样所造成的显著的凸凹、缺角、裂纹等现象。如有特别不平坦、易脱落及尖棱处，应磨平或切掉。

（3）试样的未加工面先标记符号，经第一次浸液称量后再以氧化铬标记。

2．实验步骤

实验有以下步骤：

加热前、后的试样体积测定，以浸液称量法在水或有机液体中进行，试样表面附着的灰尘及细粒，应先以硬毛刷刷除，然后放入容器内，注入液体至试样完全淹没为止，保持 30 min 以上，再分别称量饱和试样在液体中和空气中的质量，但必需注意加热前后所有操作条件均需一致，在液体中静置时间前后相差不得超过 5 min。

试样的体积计算：

$$V = \frac{G_2 - G_1}{D_L} \tag{附 B-1}$$

式中 V——试样的体积，cm^3；

D_L——液体的密度，g/cm^3；

G_1——饱和试样在液体中的质量，g；

G_2——饱和试样在空气中的质量，g。

3．结果计算

结算结果如下：

（1）按公式计算重烧试样体积变化，以百分率表示：

$$V_c = \frac{V_1 - V_0}{V_0} \times 100 \qquad (附 B-2)$$

式中　V_c——试样重烧体积变化百分率,%;

V_0——加热前试样体积,cm^3;

V_1——加热后试样体积,cm^3。

(2) 按公式计算试样重烧线变化,以百分率表示

$$L_c = \frac{V_c}{3} \times 100 \qquad (附 B-3)$$

式中　L_c——试样重烧线变化百分率。

4. 其他

除上述规定外,其余按实验方法 1~8 条规定进行。

5.13　抗热震性的测定

5.13.1　实验目的

(1) 熟悉和掌握烧成制品抗热震性的标准检验方法;

(2) 观察和分析标准条件下耐火制品受急冷、急热的破裂状态,了解不同制品抗热震性的差异。

5.13.2　实验原理

耐火制品抵抗温度的急剧变化而不炸裂或不剥落掉片的性能称为抗热震性。

在高温设备中使用的耐火制品,几乎都要受到不同程度的热冲击作用。窑炉内的温度变化必然导致制品中不同部位之间出现温度差,从而使耐火制品不同部位之间产生变形差。如果制品相邻部位产生的温差过大,即变形差过大,制品中必产生相当大的内应力。当内应力值超过了制品本身的结构强度时,制品便会破裂。本实验就是依此原理来检验耐火制品的抗热震性的。

关于造成温差的条件(如加热方法、加热的最高温度、冷却方式)和测定方法(如以破损的重量损失计,以破损的损失面积计,以

机械强度的损失计等)等,各国规定的标准都不一致,各国标准中所规定的检验条件也不一定都符合耐火制品在高温设备中的真实使用条件,但为了在短时间内获得此项检验的结果,常采用急剧冷热变化的方式来加速制品的破裂,由此所得检验结果,仍可以认为具有相对意义的评定价值。

本试验条件和方法均与部标 YB/T 376.1—1995 一致,该标准适用于测定烧成耐火制品,不适用于隔热耐火材料。该标准规定:以试样经受 1100℃ 至冷水的急冷急热次数作为热震性的度量。YB/T 2206.2—1998《耐火浇注料抗热震性试验方法》与此实验方法相类似。对于碱性耐火浇注料、硅质耐火浇注料以及与水相互作用或水急冷法热震次数少难以判定抗热震性优劣的耐火浇注料应用 YB/T 2206.1—1998。对于水急冷法不适用的耐火制品应采用空气急冷法,详见 YB/T 376.2—1995。

5.13.3 仪器设备

(1) 加热炉:

1) 炉温应能达到 1100℃ 以上,装入试样后,5 min 内便能复原至 1100℃,并能控制在 ±15℃ 之内。

2) 炉膛内温度分布均匀,保证各块试样的受热端面之间的温差小于 15℃。

3) 炉膛内至少可容纳 3 块试样同时进行实验。

(2) 热电偶及温度表。

(3) 流动冷水槽,至少可容纳 3 块试样同时进行急冷,并保证流出水的温度比流入水的温度不高于 30℃。

(4) 试样夹持器。

(5) 电热鼓风干燥箱。

(6) 方格网。

(7) 钢板尺。

5.13.4 试样制备

(1) 试样的尺寸及形状,长为 200 ~ 230 mm,宽为 100 ~

150 mm、厚度为50～100 mm 的长方体试样。对于标普型制品则以整块制品进行试验；对于其他制品，则自制品的适当部位小心地切取上述长方体试样，并保证其试样受热端面即为制品的工作面。

(2) 试样表面，特别是实验受热面，不得有破裂现象，否则须另行制样。

(3) 试样的数量，应根据该制品标准的技术条件规定。

(4) 通常烧成的耐火制品，其风干试样即可供检验。如已被水湿润过则须在 110℃ ±5℃ 下烘干 2 h(或在更高的温度下烘干至恒重)。然后自然冷却至室温方可供作检验。

5.13.5　实验步骤

(1) 试样的急热过程

1) 将加热炉升温至 1100℃，保温 10～15 min 后，将试样的受热端迅速伸入炉膛内使受热端面距离炉门门框内侧 50 mm 左右，并使受热端面和其侧面均受急热。

2) 在炉门外试样与试样之间，试样与炉壁之间，均需用厚度大于 10 mm 的耐火板填塞。

3) 用热电偶测量试样受热端面的温度。

4) 试样入炉后，允许炉温降低 50℃ 以内。

5) 炉内最多允许装 6 块试样同时进行实验，但试样不得叠放。

(2) 试样的保温过程:

试样入炉后，在 5 min 内使炉温迅速回复至 1100℃，并继续控制炉温在 1100℃ ±15℃ 范围内，并保持 20 min。

(3) 试样的急冷过程:

1) 保温过程完毕后，立即由炉中取出试样，迅速将其次受热端浸入流动冷水(10～30℃)中约 50 mm 深。流出水的温度比流入水的温度不得高于 30℃。

2) 试样在流动冷水中急冷 3 min 后立即取出，放在空气中自然干燥 5～10 min。

3）观测和记录试样受热端面和其侧面的破裂情况。

4）在试样急冷过程中，炉温应控制在1100℃±15℃范围内，以备下次急热试样用。

（4）试样反复热交换过程：

1）当炉温达到1100℃，同时急冷试样在空气中自然干燥完毕后即可按上述规定反复急热冷试样，直至试样受热端面破损一半为止。

2）反复热交替过程必须连续进行，直至试验结束。

5.13.6 结果计算

检验结果的计算方法如下：

（1）试样热端面受破损一半的表示方法：用方格网（方格尺寸5 mm×5 mm）直接测量试样受热端面的破损面积，当破损面积等于试样受热端面积的50%±5%，即称为试样受热面破损一半。

（2）试样受热面破损率的计算：

用方格网直接测量试验前试样受热端面的方格数 A_1 和试验后破损的方格数 A_2，按下式计算试样受热端面破损率

$$P = \frac{A_2}{A_1} \times 100\% \tag{5-16}$$

式中 P——试样受热面破损率，%；

A_1——试验前试样受热端面的方格数，个；

A_2——试验后受热端面破损的方格数，个。

（3）试样耐急冷急热次数的计算方法：

1）试样受热端面破损一半以前，实验受1次急热过程和急冷过程，合称为试样耐急冷急热次数为1次。

2）在急冷过程中，试样受热端面破损一半时，该次急冷过程可作为有效的计算；但在急热过程中，试样受热端面破损一半时则该次急热过程不作为有效的计算。

3）若末次冷热交替后，试样受热端面的破损面积超过55%则该次无效。

4）在检验过程中，试样受热端面若受外力作用而破损，则其检验结果应作废。

5）每块试样的检验结果应分别报出。

5.13.7 实验记录

急冷急热实验记录见表 5-16。

试样品种名称　　　　　　　　检验日期

试样编号　　　　　　　　　　检验人

加热最高温度

急冷急热次数

表 5-16 急冷急热实验记录

热冷交替次数 \ 破损面积/%		1 号端面面积/cm^2	2 号端面面积/cm^2	3 号端面面积/cm^2
1 热	入炉前炉温/℃			
	入炉后最低炉温/℃			
1 冷	入炉到升至要求温度共经历/min			
2 热	入炉前炉温/℃			
	入炉后最低炉温度/℃			
2 冷	入炉到升至要求温度共经历/min			
3 热	入炉前炉温/℃			
	入炉后最低炉温/℃			
3 冷	入炉到升至要求温度共经历/min			
结果	1 号、2 号、3 号平均抗热震性/次			

思考题

(1) 抗热震性测试选 1100℃ 至水冷有何意义，若选为 600℃ 或 1500℃ 情况又会如何？

(2) 从实验结果看，急冷出现破裂或剥落多还是急热多，从热应力的产生分析为什么会出现此状况?

(3) 某试样受急热前面破碎面积为41%,经一次急冷急热后端面破损面积为49%,试问这次急热是否有效?

5.14 抗渣性测定

5.14.1 实验目的

(1) 学习耐火材料抗渣性实验的原理和方法;

(2) 了解影响耐火材料抗渣性的一些主要因素和比较几种耐火材料抗渣性的优劣。

5.14.2 实验原理和各种实验方法的特点

抗渣性是耐火材料在高温下抵抗炉渣侵蚀的性能。由于渣蚀是许多高温窑炉内衬损毁的基本原因,所以抗渣性是耐火材料最重要的使用性质之一,是评价耐火材料质量的重要指标。

炉渣侵蚀耐火材料的机理十分复杂,既与耐火材料的种类化学和矿物组成、结构状态等有关,也与炉渣的性质和相互作用的条件有关。一般而论,渣蚀过程包括有:耐火材料或其一些组分向炉渣中溶解和发生其他化学反应;溶剂和炉渣由热面向冷面迁移,使耐火材料渣化形成变质层,渣化形成的熔融体被冲蚀和流失;变质层崩裂剥落,等等。由于渣蚀过程复杂,仅从耐火材料或炉渣的状态,并不易确切地评估材料的抗渣性优劣。所以一般皆通过实验方法进行测定。

测定抗渣性的方法很多,除少数采用简易的间接法以外,多数是在模拟耐火材料使用过程中实际侵蚀条件下,采用对比实验方法。大体上可分为以下四类:

(1) 平衡状态法。熔锥法(三角锥法即属之),此法是根据耐火材料与炉渣发生化学作用所形成易熔物时耐火材料熔融温度降低的状态来判断其抗渣性的优劣。耐火材料与炉渣反应生成的易熔物愈多,熔融温度愈低,标志着耐火材料的抗渣性愈低。

通常,采用与测定耐火度相似的方法,即将耐火材料试样和炉渣分别磨成细粉,按各种不同比例混合,制成与标准锥形状相同的实验锥,然后测定其耐火度,以耐火度降低的程度评定其抗渣性。这种方法较简便,历史较久,但仅考虑炉渣与耐火材料的化学作用,而未能反映耐火材料的组织结构状态对渣蚀的影响。此法可认为是间接法之一。

(2) 静态法。其中典型者为坩埚法。坩埚法是以在比炉渣的熔融温度高约 100℃ 的一定温度下,使炉渣在表态下同耐火材料反应,经一定时间后,以耐火材料受熔渣侵蚀的程度作为其抗渣性优劣的标志。

通常,将耐火材料试样切割成立方体(50 mm×50 mm×50 mm 或其他尺寸)或直径和高度相近的圆柱体(常为 ϕ50 mm×50 mm)。在其上顶面中心钻一圆孔(常为 20 mm,ϕ10~20 mm)。放入一定量磨细的炉渣,在规定温度下保持一定时间,冷却后将试样沿纵轴切开,观察或测量炉渣侵蚀和试样软化的情况(见图 5-19)。

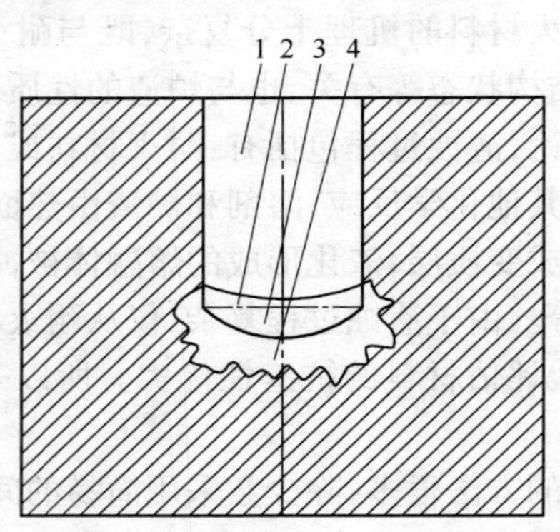

图 5-19　坩埚法抗渣实验试样测量图

1—实验后炉渣液面;2—实验前试样表面;3—实验后试样表面;
4—实验后炉渣渗透面积

此种方法可清晰地表明炉渣向材料内部侵蚀的情况。但是,此法所用炉渣量少而在实验中不能补充,炉渣与耐火材料之间只发生静态的渗透、溶解和其他化学反应,两者的接触面不能更新,无机械性磨损和冲蚀作用,因此并未能完全反映出耐火材料在使用过程中的实际渣蚀情况。虽然如此,由于此法仍较简便,且可同时做大量实验,在实验室中仍广泛采用。有的国家,如日本在其标准 JISR 2214—75 将此法列为耐火材料抗渣性的一种标准检验方法。但试样尺寸上又稍有差别。另外,有的在试样保温时,还在其上施加荷重,并测定其变形率,称吸渣荷重变形法。此类方法主要和适用于具有相当高气孔率的碱性耐火材料。

(3) 动态法。撒渣法(流渣法)、喷渣法(喷射法)、滴渣法和旋棒法(浸渍法)等都属之。

这类方法是在炉渣运动着和不断补充的条件下使耐火材料受侵蚀的。实验条件与耐火材料在使用中的实际渣蚀条件相近。所以是最常用的一类方法。

1) 撒渣法。将粉状炉渣撒布于高温下的耐火材料试样之上,经一定时间后熔渣侵蚀试样并自试样表面流失,使试样受渣蚀。以试样渣蚀后的体积或重量损失率来评定材料的抗渣性。这种方法虽与耐火材料在使用中的实际渣蚀相近,但受操作的影响较大。常有误差较大的现象。我国冶标 YB 374—1963 规定此法作为硅酸铝质的耐火制品及原料抗渣性的标准检验方法。

2) 喷渣法。将试样预砌为高温炉的内衬型式。高温炉有竖式炉和回转式炉。将粉状炉渣连火焰一起喷射于加热的试样表面之上,以试样试验前后的体积变化,来评定其抗渣性。此法不仅使得实验条件与材料使用时的渣蚀情况相近,试样表面既受炉渣的化学侵蚀又受机械磨损和冲蚀,还有温度梯度的影响,并可同时实验多种材料的试样,有较好的双比性。是一种有效的实验方法,但较复杂。美国 ASTMC 847—77 规定将此法列为标准方法。

我国 GB 8931—1988 标准规定的回转渣蚀法就属此种方法。

3) 滴渣法。将熔融状炉渣在高温炉中距试样一定高度滴于倾斜的耐火材料试样表面上,在一定温度下,依指定的渣量(如300~8000),经一定时间(如 2~7 h)进行试验。试样冷却后,以试样表面受侵蚀的沟槽容积判定其抗渣性。此法与撒渣法相近。但更接近于耐火材料在使用中的实际渣蚀情况。美国 ASTMC 768—73 曾规定将此法列为标准方法。

4) 旋棒法。将试样制成圆棒,在高温下,将其浸入炉渣中旋转一定时间后取出。以实验前后体积变化度量。此法中炉渣与试样的接触面也不断更新,也兼有化学和机械作用。

(4) 电化学法。即以耐火材料在高温炉渣中所产生的电动势度量材料的抗渣性。

本次实验,将回转渣蚀法进行介绍。高炉用耐火材料抗渣性实验方法见 YB/T 117—1997。

5.14.3 回转法

(1) 试验原理。其试验原理是:用试样砖组成断面呈多变形的试验镶板,作为回转圆筒炉的内衬,加热到试验温度,并按规定的时间承受所选炉渣的侵蚀与冲刷作用。测量试样前后试样砖的厚度变化,以比较其抗渣性。

(2) 试验设备:

1) 试验炉。试验炉如图 4-7 所示。炉体由圆筒形金属炉壳制成,并有隔热层,试验镶板作为内衬,两端装有堵头砖。堵头砖的尺寸依炉体确定,中间应有圆孔,孔径大小应保证在试样上形成一个渣池,并有利于加渣、出渣及观察炉内情况。堵头砖的材质要与试样及炉渣的化学性质相适应,在试验时不能有严重损坏。传动机构应能使炉体以 3~5 r/min 速率回转,并能倾斜 90°倒渣。

2) 加热装置。加热装置应能以 500℃/h 左右的速率将试样加热到所需的试验温度。一般可采用丙烷—氧气烧嘴。

3) 测温装置。应该能够连续测量炉内试样中间部位的温度。一般采用红外线测温仪测温,并用光学高温计辅助测量温度。

4) 其他用具:长柄钢钳,游标卡尺。

(3) 试样的制备及炉渣要求:

1) 试样的制备及要求

试样的形状应制备成如图 4-8 所示的斜削棱柱体，应保持原砖面作为渣蚀面。试样每组应为 3 块。

2）炉渣的要求

应选择与实际使用时相同的炉渣，并将其破碎至 5 mm 以下，制成一定形状的渣块，如圆柱体，以便于用钢钳通过堵头送入炉内。制作渣块时，加入的结合剂应不影响炉渣及试样的性质。

（4）试验步骤：

1）试样的测量。每块试样在试验前都应沿 230 mm 长度方向测其厚度（图 4-8 中的 d），在其中心以及向中心两侧距 75 mm 处各测量一次，计算其平均值。

2）试样的组装。每组的 3 块试样应能相互连接放置组成镶板，注明每组的中心试样，如图 4-8 所示（必要时可以试样粉末作胶泥，填充砖缝）。每炉至少安放两组试样形成一个多边形中空棱柱体，每块试样的外（冷）面用耐热涂料标记。将该棱柱体放入炉壳中的堵头砖上（两者中心应该在同一直线上），周围充填隔热材料，棱柱体上再放置一块堵头砖，顶上覆盖纤维毡，最后用盖板压紧固定。

3）加热及加渣：

让炉体在水平位置上回转，并以大约 500℃/h 的速率升温至规定的试验温度，保温 30 min，加渣 1000 g，再升温到试验温度，使其形成约 10 mm 深的渣池，若没有形成则应再加 500 g 渣，如果漏渣严重不能形成渣池则试验应该重做。保温 1 h 后迅速将炉体倾斜 90°倒渣，同时应该保持加热和回转，尽可能把渣倒净。

渣倒完后，炉体复位再加 500 g 炉渣，在试验温度下保持 1 h，再使炉体倾斜 90°倒渣。这一过程反复进行，通常保持 5～50 h（取决于侵蚀深度，约 10 mm）。试验结束炉体倾斜状态下自然冷却。

4）试样的处理：

炉体冷却下来，取出试验镶板，拆开，在试样渣蚀面的中心沿 230 mm 长度方向垂直渣蚀面切开。

（5）实验结果计算：

沿切开后的试样 230 mm 长度方向,在中心 150 mm 区间内,每隔 25 mm 测量一次试样的厚度(精确至 0.1 mm),计算其平均值。测量时,如果有渣附着在试样上,应该及时去掉,但应该仔细区分反应层与附着层。根据试验前后所测量试样的厚度,计算其平均值,以 mm 为单位表示。

(6) 实验报告包括:

1) 所试验的材料;

2) 试验温度,℃;

3) 试验持续时间,h;

4) 炉体回转速率,r/min;

5) 单块试样及每组试样平均厚度变化(特别注明每 3 块一组的中心试样);

6) 炉渣的性质、组成及其试样总用量;

7) 扼要叙述试验后每种试样典型外观,包括反应层、附着层厚度、侵蚀特征等。

8) 试验班级;

9) 试验人员;

10) 试验日期。

思考题

(1) 测定抗渣性有哪些试验方法,说明各自的特点。

(2) 影响耐火材料抗渣性实验结果的因素有哪些?

6 材料光学显微分析方法

6.1 晶体模型的观察与分析(一)

6.1.1 实验目的与任务

(1) 通过晶体模型了解晶体对称的概念及对称操作。

(2) 掌握在模型上寻找以下对称要素:对称面、对称中心、对称轴、倒转轴。

(3) 根据对称特征划分晶族、晶系。

(4) 认识单形并了解这些单形在各个晶系中的分布。

(5) 分析聚形晶体是由哪些单形聚合而成的。

6.1.2 在晶体模型上确定对称要素的方法

晶体的对称是由晶体内部的格子构造所决定,因而晶体的对称有其自身的特点,遵守“晶体对称定律”。在晶体中可能存在的对称要素有对称面 P、对称中心 C、对称轴 L^n、倒转轴 L_i^n、映转轴 L_s^n。

在结晶多面体中,可以有一个对称要素存在,也可以有若干个对称要素组合在一起共同存在。对称要素的组合不是任意的,它服从对称要素组合定理。按照对称要素组合,将自然界中晶体外形归纳出 32 种对称型。

晶体是一几何多面体,其棱、面、角有一定的排列规律,对称要素的位置与晶面、晶棱及角顶也相应地具有几何上的关系。利用这些关系就可以在晶体模型上寻找对称要素。

(1) 用镜像反映的对称操作寻找对称面 P。晶体中一个假想的平面把晶体分为两个相等的部分,且这两部分互成镜像反映,这个假想的平面即为对称面。

在一个晶体上,可以没有对称面,也可以有一个或几个对称面。在找对称面时,模型不要转动,以免同一对称面重复出现。

下面的平面可能是对称面:

1）垂直平分晶棱的平面;

2）通过晶棱的平面;

3）垂直平分晶面的平面;

4）穿过角顶的平面。

(2) 用旋转的对称操作寻找对称轴 L^n。对称轴是通过晶体的中心一个假想直线,将晶体围绕其旋转,每隔一定的角度(基转角 α),相同的棱、面、角重复出现。旋转 360°重复的次数是该对称轴的轴次 n。

$$n = \frac{360}{\alpha}$$

晶体中对称轴的数目可以为零,也可以为一个或数个。当某一对称轴可以是几种轴次时,应取最高轴次。

下面的直线可能是对称轴:

1）通过晶棱中点的直线,可能是 L^2;

2）通过晶面中点的直线,可能是 L^2、L^3、L^4、L^6;

3）通过顶点的直线,可能是 L^2、L^3、L^4、L^6。

(3) 用反伸的对称操作寻找对称中心 C。在一个晶体中,可能没有对称中心,也可能有一个对称中心,不可能存在几个对称中心。

确定晶体是否有对称中心时,可将晶体放于桌面,看晶体上是否有一晶面与桌面相接触的晶面大小相等、形状相同,并且相互反向平行。把晶体如此重复数次,如果晶体上每一晶面都有这种情形,说明晶体有对称中心,否则无对称中心(即观察所有晶面是否为两两平行且同形等大,如果是,就有对称中心,否则无对称中心)。

(4) 用"旋转 + 反伸"的对称操作寻找旋转反伸轴 L_i^n。晶体

上有 L_i^4 或 L_i^6 存在时,往往有 L^2(与 L_i^4 重合)与 L^3(与 L_i^6 重合)存在,同时在晶体上还会有晶棱、顶点上下交错分布的现象。因此确定 L_i^4、L_i^6 的具体方法如下:

1) 找出晶体上的 L^2 或 L^3,并放在直立位置;

2) 旋转晶体,观察其面、棱、点有无上下交错现象,如有并垂直此直线且没有对称面,则此直线可能是 L_i^4 或 L_i^6;

3) 通过晶体中心,垂直该直线作一假想平面;

4) 在晶体上半部,认定一个晶面(或晶棱),将晶体围绕该面(或直线)旋转 90°或 60°,并假想上述认定的晶面(或晶棱)仍留在原来的位置,则在其下部有一晶面(或晶棱)与之成镜像反映,则此直线为 L_i^4 或 L_i^6。

6.1.3 实验内容

实验室备有各种理想晶体的模型,挑选若干种晶体模型,按下列步骤观察与分析:

(1) 在晶体模型上找出全部对称要素;

(2) 根据对称特点,确定其晶族、晶系;

(3) 分析聚形晶体的单形数目、名称及晶面数目;

(4) 将分析结果填入表 6-1。

6.1.4 晶体模型分析结果记录

晶体模型分析结果实验记录见表 6-1。

表 6-1 实验记录

模型号	对称要素				对称型	晶系	晶族	单形	
	P	L^n	C	L_i^n				数目	名称

思考题

(1) 什么是晶体的对称?

(2) 各晶族、晶系的晶体具有什么特点?

(3) 如何在晶体模型上正确而迅速地找出全部对称要素?

(4) 根据晶体的晶格常数,判断晶体所属的晶系:

镁橄榄石: $a=0.476$ nm $b=1.021$ nm $c=0.599$ nm $\alpha=\beta=\gamma=90°$

α-石英: $a=0.496$ nm $b=0.496$ nm $c=0.545$ nm $\alpha=\beta=90°$ $\gamma=120°$

镁方柱石: $a=0.779$ nm $b=0.779$ nm $c=0.502$ nm $\alpha=\beta=\gamma=90°$

β-C_2S: $a=0.548$ nm $b=0.928$ nm $c=0.676$ nm $\alpha=\gamma=90°$ $\beta=94°33$

(5) 比较各晶系的对称特点,判断下列对称型属于哪一晶系:

① $L^3 3L^2 3PC$ ② $4L^3 3L^2 3PC$ ③ $L^2 PC$

④ $3L^2 3PC$ ⑤ $L_i^6 3L^2 3P$ ⑥ $L^2 2P$

⑦ $3L^4 4L^3 6L^2$ ⑧ $L^4 4L^2 5PC$ ⑨ C

6.2 晶体模型的观察与分析(二)

6.2.1 实验目的与任务

实验目的与任务如下:

(1) 掌握14种布拉维空间格子(点阵)形式。

(2) 掌握等大球体的紧密堆积原理。

(3) 掌握配位多面体共顶或共面连接的情况。

(4) 掌握几种常见的无机化合物的晶体结构模型。

(5) 通过晶体模型观察,理解同质多晶现象,理解晶体的结构与性质之间的关系。

6.2.2 结晶学知识基础

(1) 14 种布拉维格子。晶体的共同特点是内部质点在三维空间按周期性的重复排列,对于每一种晶体结构,均可以抽象出一个相应的空间点阵。不同的晶体空间点阵的差别在于其结点产生重复的方向和间距不同。

对于同一个空间点阵,如果所取的三组不共面的行列不同,就可以划分出不同的平行六面体。由于不同的晶体可以抽象出不同的空间点阵,为了更好的研究晶体结构的基本特征,使所划分出来的平行六面体具有充分的代表性,因此规定了选择平行六面体时所遵循的规则:

1) 所选平行六面体的对称性应符合整个空间点阵的对称性;

2) 在不违反对称性的条件下,应选择棱与棱之间直角关系最多的平行六面体;

3) 在遵循前两条的前提下,所选的平行六面体的体积应为最小;

4) 当对称性规定棱间交角不为直角时,应选择结点间距小的行列作为平行六面体的棱,且棱间交角接近于直角的平行六面体。

单位平行六面体除原始格子(P)外,还有体心格子(I)、面心格子(F)、底心格子(C)。

对于 7 个晶系的晶体,去除不符合对称特点和不符合单位平行六面体选择原则的格子,共有 14 种不同形式的空间格子,即 14 种布拉维格子。

布拉维格子是空间格子的基本组成单位。知道了格子形式和单位平行六面体参数,即可确定整个空间格子的特征。

(2) 球体紧密堆积原理。由于原子和离子都具有一定的有效半径,因而可以看成具有一定大小的球体,在金属晶体和离子晶体中,金属键和离子键没有方向性和饱和性。因此,从几何角度来看,金属原子之间或离子之间的相互结合,在形式上可看成是球体间的相互堆积,由于晶体具有最小内能性,原子或离子相互结合时,相互间的引力或斥力处于平衡状态,故要求球体间作紧密堆积。

球体紧密堆积有两种情况:等大球体的最紧密堆积和不等大球体的紧密堆积。

等大球体的最紧密堆积方式有 ABAB……和 ABCABC……不等大球体的堆积可以看成较大的球体成等大球体的紧密堆积方式,较小的球则按其本身的大小,填充在八面体或四面体间隙中。

(3) 同质多晶现象。晶体的性质是由晶体的组成和结构决定的,而组成与结构之间又存在密切的内部联系,化学组成相同的物质,在不同的热力学条件下,可以结晶成结构不同的晶体。

(4) 配位数与配位多面体。一个原子或离子的配位数是指在晶体结构中,该原子或离子周围,与它直接相邻结合的原子个数或所有异号离子的个数;配位多面体是指在晶体结构中,与一个阳离子(或原子)成配位关系而相邻结合的各个阴离子(或原子),它们的中心连线所构成的多面体。

6.2.3 实验内容

实验室备有若干晶体模型,按以下步骤进行观察:

(1) 观察 14 种布拉维点阵;

(2) 观察等大球体的紧密堆积;

(3) 观察不等大球体紧密堆积中,阳离子和阴离子的位置关系;

(4) 分析配位四面体和配位八面体共顶、共面、共棱连接的情况;

(5) 观察石墨和金刚石的晶体结构模型;

(6) 观察氯化钠、氯化铯、金红石、萤石的晶体结构;

(7) 观察硅酸盐晶体结构中硅氧四面体共顶连接的情况。

6.2.4 实验报告要求

(1) 绘出 14 种布拉维格子;

(2) 叙述球体的紧密堆积方式;

(3) 描述配位四面体和配位八面体共顶、共面、共棱连接的情况;

(4) 描述氯化钠、氯化铯、金红石、萤石的晶体结构特点;

(5) 分析金刚石和石墨的晶体结构与其性能的关系。

思考题

(1) 试用鲍林规则,分析氯化钠的晶体结构。

(2) 为什么具有萤石型结构的晶体往往存在着负离子扩散机制?

(3) 硅酸盐结构分类的原则和各类结构中硅氧四面体的形状,各类结构中硅与氧的比例是多少,硅氧比与结构之间的关系如何?

6.3　偏光显微镜的构造、调节和使用

6.3.1　实验目的与任务

(1) 熟悉偏光显微镜的构造及各部件的用途。

(2) 掌握偏光显微镜的调节和使用方法。

6.3.2　偏光显微镜的构造

偏光显微镜的型号繁多,但其主要构成部件大同小异,仅对江南 XPT-6 型偏光显微镜(图 6-1)作一介绍。

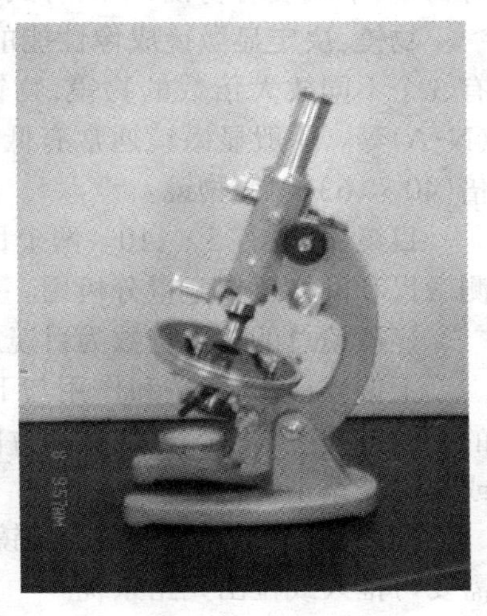

图 6-1　江南 XPT-6 型偏光显微镜

镜座:支持显微镜全部重力的基座,其外形一般为马蹄形或圆台形。

镜臂:连接镜筒与镜座的弓形臂,可向后自由倾斜。但倾斜角度不宜过大,以防显微镜向后翻倒。

反光镜:一个具有平、凹两面的小圆镜。可以任意转动,以便对准光源,把光反射到显微镜的光路中去。一般进行中、低倍

观察时,用平面反光镜,进行高倍观察,应使用凹面反光镜使光线少许聚敛,增加视域亮度。

下偏光镜:位于反光镜之上,从反光镜反射来的自然光,通过下偏光镜即成为振动方向固定的偏光。下偏光镜可以转动,以便调节其振动方向。

锁光圈:在下偏光镜之上,可自由开合,用以控制进入视域的光量。

聚光镜:在锁光圈之上,可以把下偏光镜透出的偏光聚敛成锥形偏光。用以观察晶体的干涉图。聚光镜可自由推进或拉出光路系统。

载物台:一个可以转动的圆形平台。边缘有 0°~360°的刻度,并附有游标尺,可以读出旋转的角度。有固定螺丝可以固定物台。物台上有一对弹簧夹,用来夹持薄片。

镜筒:联结在镜臂上的一个长形圆筒。转动镜臂上的粗动螺丝或微动螺丝可使镜筒上升和下降,用以调节焦距。镜筒上端装有目镜,下端装有物镜,中间有试板孔、上偏光镜和勃氏镜。

物镜:决定显微镜成像性能的重要构件。每台显微镜上至少有 3 个不同放大倍数的物镜,物镜上均刻有放大倍数、数值孔径(N·A)等。一般显微镜通常有低倍(4×)、中倍(10×、25×)和高倍(40×、63×)等物镜。

目镜:一般有 5×、10×两个目镜,目镜中带有十字丝,并附有测微尺和网格尺作定量分析用。

显微镜总的放大倍数为目镜放大倍数与物镜放大倍数之积。

上偏光镜:其构造和作用与下偏光镜相同。但使用时上偏光的振动方向应与下偏光的振动方向垂直。上偏光镜可以自由推入或拉出光路系统。

勃氏镜:位于上偏光镜与目镜之间,用于观察干涉图的。根据需要可推入或拉出光路系统。

除了以上一些主要部件外,显微镜还配有一些附件,如物镜校正螺丝、试板(石膏试板、云母试板、石英楔)等,一般同目镜、物镜一起放置在镜头盒中。

6.3.3 偏光显微镜的使用和调节

6.3.3.1 偏光显微镜使用注意事项

(1) 工作环境应清洁、干燥、光亮和有良好的通风条件，严禁工作台上堆放书包等杂物。

(2) 从木箱中取出显微镜时，必须先取出镜头盒，再取出显微镜，且必须稳拿轻放。

(3) 镜头盒放在显微镜的前方。

(4) 擦镜头时用擦镜纸擦拭。

(5) 使用和调节时，要细心缓慢进行，切勿用力过猛。

(6) 保护好薄片，轻拿轻放。

(7) 如有故障，立即报告教师，使用完毕，清点零件，恢复原样，放回木箱。

6.3.3.2 偏光显微镜使用前的调节

(1) 安装镜头：

1) 装目镜：将选好倍数的目镜插入镜筒上端，目镜上的齿头应嵌入镜筒上端切口内，使十字丝固定在东西南北方向。

2) 装物镜：物镜一般选用中、低倍镜，其装卸有如下两种方法：

① 弹簧夹型：将物镜上的小钉夹于弹簧的凹陷处；或将弹簧拉杆尖头对准物镜上的凹陷缺口即可将物镜卡牢。

② 螺丝扣型：将选用的物镜装在镜筒下的螺丝扣上，拧紧为止。

(2) 调节照明(对光)：

装上物镜和目镜后，推出上偏光镜与勃氏镜，打开锁光圈，转动反光镜对准光源，直至视域明亮为止。光线的强弱可通过锁光圈调节。

(3) 调节焦距(准焦)。调节焦距主要是为了使物像清晰可见，其步骤如下：

1) 将欲观察的薄片置于物台上，使盖玻片朝上，并将其用薄片夹子压紧在载物台上。

2）从侧面看着镜头，旋转粗动螺丝，将镜筒下降到最低位置（高倍物镜要下降到几乎于薄片接触为止）。

3）从目镜中观察，转动粗动螺丝使镜筒缓缓上升，直至视域中物像清楚为止。如果物像不够清晰，可转动微动螺丝使之更清晰。

应当注意，物镜与薄片之间的工作距离因放大倍数而不同，低倍物镜工作距离长，高倍物镜工作距离短，所以调节高倍物镜的焦距时切忌只看镜筒里面而下降镜筒，这样最容易压碎薄片而使镜头损坏。

（4）校正中心。偏光显微镜镜筒的光学轴应与载物台的机械旋转轴相一致，这样，视域中的被观察对象才不至于在旋转物台时偏离原来位置，甚至跑出视域之外，给鉴定工作带来不便。因此，偏光显微镜在使用前应进行中心校正，使显微镜镜筒中轴与载物台旋转轴相重合。中心校正的具体步骤如下：

1）准焦后，在薄片中任选一个小黑点（参考点）置于十字丝中心，如图 6-2（*a*）。旋转物台 360°，若在旋转物台过程中小黑点在十字丝中心始终不动，则表明镜筒轴与物台转轴重合，中心已校正好；若在物台旋转过程中小黑点离开十字丝中心或跑出视域之外，则表明中心不正，这时小黑点会围绕偏心 o 做圆周运动，如图 6-2（*b*）。

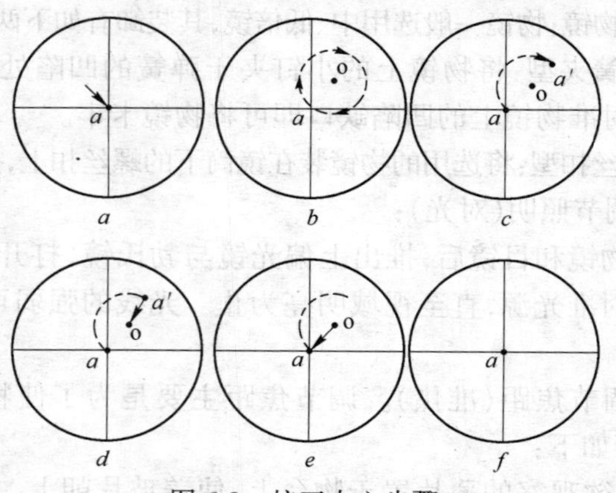

图 6-2　校正中心步骤

a、*e*—移动薄片；*b*、*c*、*f*—转物台 360°；*d*—扭动校正螺旋；

2) 若偏心不大,转动物台小黑点在视域内旋转出现时,这时应将小黑点由十字丝中心旋转180°至图6-2(*c*)中的a'处。

3) 将中心校正螺丝手柄分别套在物镜上的中心校正螺丝上,双手捏住手柄,同时双眼注视视域内的小黑点,观察其随螺丝转动时的移动方向。利用中心校正螺丝的转动,将小黑点由a'沿着图6-2(*d*)中$a'a$连线方向位移至偏心o处。

4) 移动薄片,将小黑点由o移至十字丝中心(或重新找一个小黑点放在十字丝中心),如图6-2(*e*)所示。旋转物台并观察小黑点是否已在十字丝中心不转动,如图6-2(*f*)所示。若旋转物台时小黑点不动,表明中心已校正好;若旋转物台时,小黑点仍离开十字丝中心旋转,则仍需按步骤(2)、(3)继续调整,直至旋转物台时,小黑点在十字丝中心不动,中心才算校正完好。

5) 若偏心很大,旋转物台时,小黑点由十字丝中心旋出视域之外,这时需根据小黑点的移动情况估计偏心圆中心点的方位。若偏心圆中心点方位在图6-3中o点时,可将小黑点转回至十字丝中心。双手捏住中心校正螺丝手柄,双眼注视视域内的小黑点,转动校正螺丝,使小黑点自十字丝中心向偏心圆中心点o反方向(图6-3中箭头所示方向)移动约偏心圆半径的距离至a'。移动薄片,使小黑点回到十字丝中心(或重新找一个小黑点放在十字丝中心),旋转物台,检查中心是否已经校正好,如此反复多次调整,至旋转物台时,小黑点在十字丝中心不动为止,中心校正完毕。

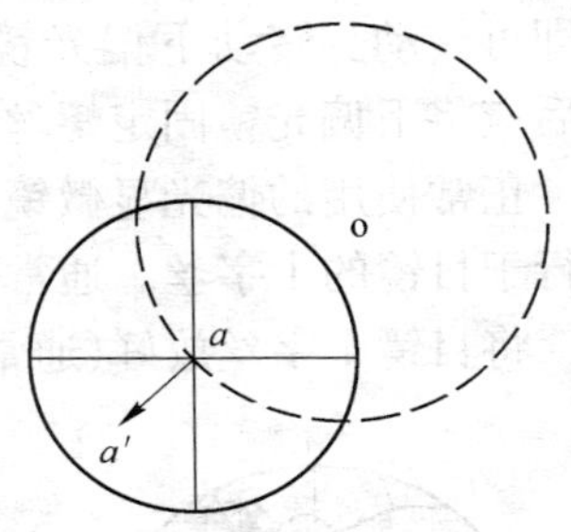

图6-3 偏心较大时校正中心示意

(5) 偏光镜校正:

1) 确定下偏光镜的振动方向。偏光显微镜有上、下两个偏光镜,一般上偏光镜的振动方向已固定,下偏光镜的振动方向可调。偏光显微镜使用前,下偏光镜的振动方向,可由典型的有色矿物黑

云母来确定,具体步骤如下:

将上偏光镜推出光路。

将具有黑云母的薄片置于载物台,夹好薄片,准焦。

找出具有极好完全解理的黑云母,移至视域中心。

旋转物台,使黑云母颜色达最深,此时黑云母解理缝的方向即为下偏光镜的振动方向(此振动方向不一定与上偏光镜振动方向正交)。

2)上、下偏光镜振动方向正交的判断与调整。

取下矿物薄片,将上偏光镜推进光路,如果视域黑暗,说明上、下偏光镜振动方向正交。若视域不黑暗,说明上、下偏光镜振动方向未正交。

这时需转动下偏光镜进行调整。转动下偏光镜时,先用左手将下偏光镜托住,再用右手将下偏光镜固定螺丝稍微放松,下偏光镜即可转动。转动下偏光镜,使视域达最暗,上、下偏光镜正交。随后应将下偏光镜固定螺丝旋紧以防脱落。

正常使用的偏光显微镜,上下偏光的振动方向应正交,并且应平行于目镜的十字丝。通常按下列步骤可一次将偏光镜校正好。

将目镜十字丝放好(通常在东西、南北方向上)。

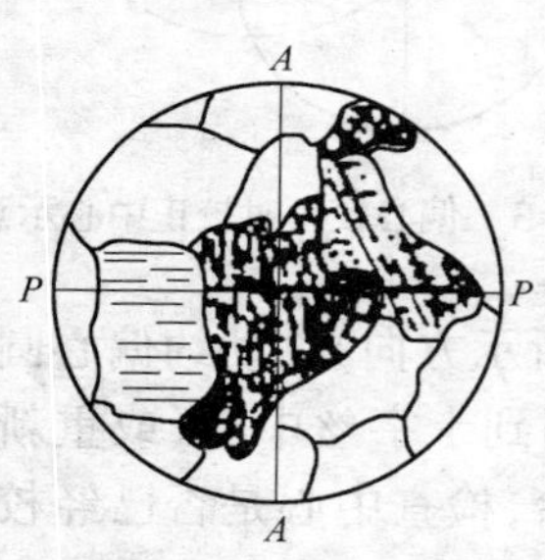

图 6-4　下偏光振动方向的确定

将上偏光镜推出光路,放上薄片,使薄片中黑云母的解理缝平行于某一十字丝方向。

转动下偏光镜,使黑云母颜色达最深,此时与目镜十字丝平行的黑云母解理缝方向就是下偏光的振动方向,目镜十字丝之一已平行下偏光的振动方向,如图 6-4 中的 *PP* 方向。

将上偏光镜推入光路,检查上下偏光镜的振动方向是否正交。

若取下薄片时视域最暗,说明上下偏光镜振动方向已正交。若视域明亮,说明上下偏光镜振动方向平行,这时应重新放上薄片,将黑云母解理缝平行于另一十字丝,转动下偏光镜,使黑云母颜色达最深，这时下偏光的振动方向必定与上偏光振动方向正交。

6.3.4　实验内容

将偏光显微镜按实验步骤调整校正好，并检查是否符合使用要求。

思考题

(1) 偏光显微镜在使用前为什么必须校正中心？在校正中心时，转动校正螺丝，为什么只能使小黑点移至偏心圆中心，而不能移至十字丝交点？

(2) 当上下偏光镜振动方向平行时，偏光显微镜光路中有什么现象？当上下偏光镜振动方向正交时，偏光显微镜光路中有什么现象？

(3) 计算实验中使用的物镜分辨率及其焦距各为多少？

(4) 偏光显微镜有哪些主要部分？有哪些主要附件？

6.4　单偏光下晶体的光学性质

6.4.1　实验目的与任务

(1) 掌握单偏光的使用特点。

(2) 观察晶体在单偏光下的光性特征。

(3) 掌握在单偏光下观察晶体的方法。

6.4.2　晶体在单偏光镜下的光性特征

(1) 晶体形态及显微结构。晶体的形状、大小及结晶完整程度不仅与晶体的组成、结构有关，而且与其形成条件、析晶顺序有密切关系。所以，研究晶体的形态既可帮助鉴定矿物，又可推测它们的形成条件。

在偏光显微镜下观察到的晶体，其形态是晶体上某一方向的切面。根据晶体的结晶习性，切片中的晶体常以某些固定的形状出现，如水泥熟料中的 C_3S 晶体常以不等边的六角形或长方形出现，β-C_2S 晶体常以圆形出现，γ-C_2S 晶体常以长条形出现等。这些由于结晶习性所形成的固定形态常常是鉴定矿物的重要依据。

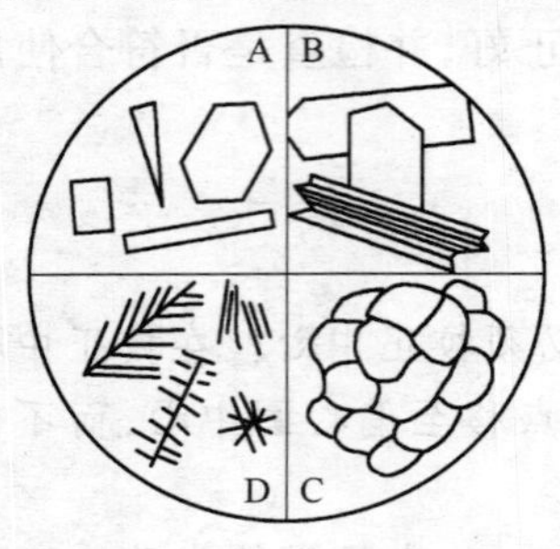

图 6-5　晶体的自形程度
A—自形晶；B—半自形晶；
C—它形晶；D—畸形晶

根据晶体边棱的规则程度，晶体形态可分为边棱规则完整的自形晶、部分边棱完整的半自形晶、无规则形状的它形晶及一些特殊形态的晶体（如图 6-5）。通常呈针状、条状、柱状、板状、粒状、纤维状、放射状、叶片状、树枝状、包裹状、花环状、气孔状等，如图 6-6 所示。这些不同形态的晶体聚合在一起，就组成了各种各样的显微结构，如等粒状结构、斑状结构、玻璃状结构及气孔状结构等。根据晶体的形态及所表现的各种显微结构，就可推知晶体的形成工艺和判断产品的质量，使显微结构分析服务于生产。

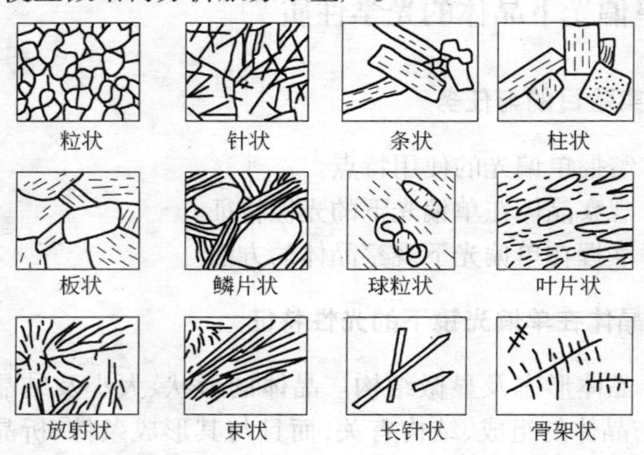

图 6-6　集合体中矿物的形态

（2）颜色和多色性。薄片中晶体的颜色，是晶体对白光中七色光波选择吸收的结果。如果晶体对白光中七色光同等程度的吸收,晶体呈无色透明。若晶体对七色光中某些色光吸收多,对另一些色光吸收少或不吸收,则光通过薄片后,未吸收掉的光相互混合形成晶体的颜色。

颜色随光波在晶体中的振动方向变化而变化,称多色性。薄片中晶体的颜色和多色性用光率体的轴名表示。一轴晶光率体有两个主轴,对应有两种主要颜色,用 *N*e、*N*o 表示。这两种主要颜色可在平行于光轴的切面上观察。二轴晶光率体有 3 个主轴,对应有 3 种主要颜色,用 *N*g、*N*m、*N*p 表示。观察这 3 种主要颜色至少要找两个切面,在平行于光轴面的切面上观察 *N*g、*N*p 代表的主色,利用垂直于光轴的切面观察 *N*m 代表的主色。

(3) 轮廓、贝克线、糙面与突起。轮廓是晶体的边界。贝克线是晶体轮廓边缘附近出现的一条细亮线。升降镜筒时,贝克线会移动,其移动规律是:提升镜筒时,贝克线移向折射率大的晶体一侧;下降镜筒时,贝克线移向折射率小的晶体。

糙面是由于晶体表面具有一些显微状的凹凸不平,致使光波通过时集散不一,明暗不均而使其表面呈现粗糙感。

突起是由于物质的折射率与树胶的折射率不同而呈现的晶体高低不同。以树胶的折射率 1.54 为标准,突起分为六个等级(见图 6-7),各个等级所表现的折射率变化范围:

负高突起<1.54　　负低突起 1.48~1.54

正低突起 1.54~1.60　　正中突起 1.60~1.66

正高突起 1.66~1.78　　正极高突起>1.78

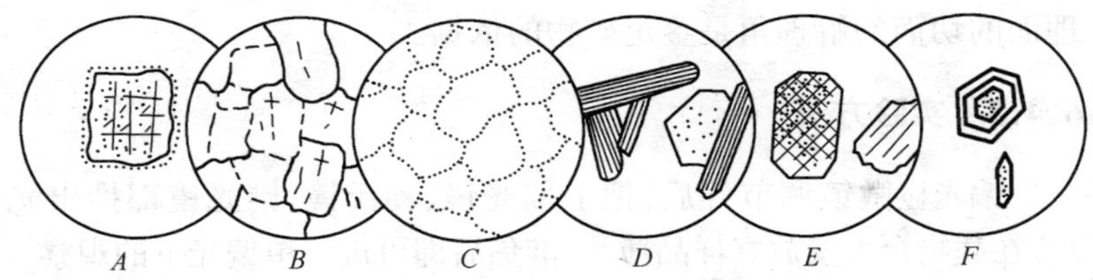

图 6-7　突起等级

A—负高突起;*B*—负低突起;*C*—正低突起;*D*—正中突起;
E—正高突起;*F*—正极高突起

利用贝克线的移动规律可以判断突起的正负：提升镜筒贝克线向晶体移动时，为正突起；提升镜筒贝克线向树胶移动时，为负突起。

晶体的突起高低、轮廓、糙面、贝克线的明显程度，都反应了晶体折射率与树胶折射率的差值，差值愈大，突起越高，轮廓、糙面越明显，贝克线也愈清晰。

突起的高低随晶体方位不同而变化很大称为闪突起。双折射率大的矿物平行于光轴或平行于光轴面的切面上具有明显的闪突起，可称为矿物的鉴定特征。

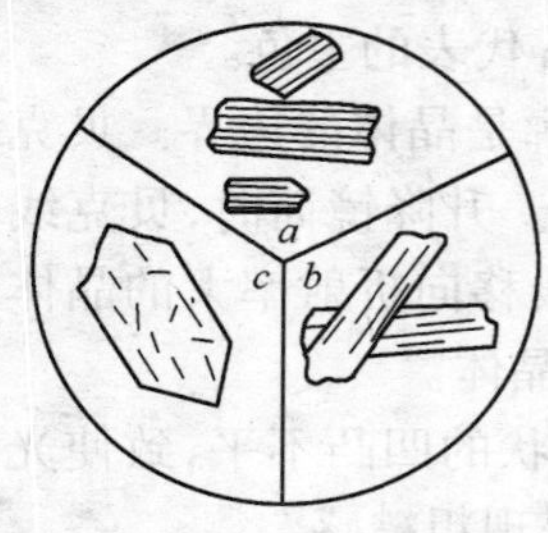

图 6-8 晶体的解理等级

(4) 解理及解理角。晶体沿着一定方向裂开成光滑平面的性质称为解理，在薄片中表现为一些平行的（一组解理）或交叉的（二组解理）细缝。根据解理发育的完善程度，解理分为不同等级，如图 6-8所示。*a* 为极完善解理：解理缝呈细密而连续的直线。*b* 为完善解理：解理缝粗疏，一条缝未完全贯穿整个晶体。*c* 为不完善解理：解理缝稀少且断断续续，有时只见痕迹。

解理缝的粗细及清晰程度，除与晶体的性质有关外，还与切片方位有关。当切面与解理面垂直时，表现的是晶体的真实解理状况。因此，垂直于解理面的切面的解理特征或同时垂直于两组解理面的切面的解理角是鉴定矿物的依据。

6.4.3 实验方法

偏光显微镜调节好后，把上偏光镜、勃氏镜、锥光镜都推出光路，在载物台上安放好样品薄片，准焦后即可进行单偏光下的观察。

6.4.4 实验内容与步骤

观察晶形、解理：

1）观察晶体形态及其发育程度。在花岗岩、闪长岩、云英岩薄片中找出有色矿物黑云母、角闪石和无色矿物石英、长石，仔细观察它们的晶体形态、轮廓和表面状况。将观察结果记入表 6-2。

表 6-2 晶体形态实验记录

晶体形态 / 矿物名称	自形晶	半自形晶	它形晶	备 注

2）观察解理发育的完善程度和不同方向切片中的解理表现：

在花岗岩、闪长岩、云英岩、绿泥石、萤石薄片中寻找解理最清楚的切面，确定它们的解理类型。将观察结果记入表 6-3。

表 6-3 晶体解理程度实验记录

解理程度 / 矿物名称	极完全解理	完全解理	不完全解理	备 注

3）测定解理角。找出角闪石具有二组解理的切面，测定其解理角，并判断其是否为真解理角。将测量结果记入表 6-4。

表 6-4 解理角测量记录

矿物名称	解理组数	第一次物台读数	旋转后物台读数	解理角

解理角的测定步骤如下：

① 选择正确切片（把具有二组解理的切面移置视域中心，稍微提升或下降镜筒，解理的位置不发生位移，表明解理面基本与矿物切片平面垂直）。

② 使解理角的一边与十字丝之一平行，记下物台读数。

③ 旋转物台，使角的另一边与同一十字丝重合，再记下物台读数。两次读数之差即为解理角的大小(可多测几个不同方向的角，取其平均值作为解理角)。

4) 观察颜色及多色性。旋转载物台，仔细寻找黑云母、角闪石多色性变化最显著的切面和无多色性变化的切面。多色性变化最显著的切面为平行于光轴面的切面，观察并记录该切面颜色最深和颜色最浅时的颜色，这两种颜色即代表 Ng 和 Np 主色；无多色性变化的切面为垂直于光轴的切面，它的颜色即代表 Nm 主色。将观察结果记入表 6-5。

表 6-5 单偏光下晶体的光学性质

矿物名称	颜色	多色性	突起	边缘	糙面	贝克线移动

5) 观察突起、糙面、贝克线。在花岗岩、闪长岩、云英岩、方解石、萤石、橄榄岩(石)薄片中观察橄榄石、方解石、石英、萤石的边缘、糙面、突起、贝克线，并利用贝克线的移动规律确定矿物相对折射率的大小，将结果记入表 6-5。

寻找贝克线时，应适当关小锁光圈使视域稍暗，并应在轮廓十分清楚的矿物的边缘上寻找一条亮细线。观察贝克线移动时，应注意采用微动螺旋提升镜筒，快速旋转微动螺旋并使旋动的幅度不超过微动螺旋的 1/4 圈，这样就可清楚判别贝克线的移动方向。

6.4.5 实验结果记录

按实验步骤将实验观察、测量结果记录于表 6-2～表 6-5。

思考题

(1) 研究晶体形态具有哪些实际意义？为什么不能根据一个切面中的形态来判断晶体的实际形态？应该如何判断其真实形状？

(2) 薄片中矿物的解理纹是怎样产生的？为什么有解理的矿物有时在薄片中见不到解理？

(3) 已知角闪石两组解理的夹角为56°和124°,为什么在薄片中测出的解理夹角不一定是上述角度？

(4) 什么是吸收性？它与多色性有什么不同？黑云母的3个折射率 $Ng=1.677$, $Nm=1.676$, $Np=1.623$, Ng为深褐色,Nm为深褐色,Np为黄色。问：

1) 黑云母的哪一个切面上吸收性最大？哪一个切面上多色性最强？

2) 为什么能用黑云母来确定下偏光镜的振动方向？

3) 黑云母的哪一个切面上颜色无变化？为什么？这个切面有何特征？

4) 薄片中各矿物颗粒厚度基本一致,为什么在显微镜下突起高低不一？

5) 突起正负的标准是什么？如果矿物颗粒不与树胶接触,能否确定其正负？

6) 为什么有的矿物有多色性,有的则没有？

7) 什么情况下可以见到矿物的边缘、糙面和突起？它们的显著程度受什么控制？

8) 贝克线产生的原因是什么？它的移动规律是什么？

9) 在单偏光镜下能观察矿物的哪些性质？

6.5　正交偏光下晶体的光学性质

6.5.1　实验目的与任务

(1) 掌握正交偏光的使用特点。

(2) 观察晶体在正交偏光下的光性特征。

(3) 熟悉正交偏光下研究晶体的方法。

(4) 学习补色原理及其应用。

6.5.2 正交偏光下晶体的光性特征

(1) 消光现象。晶体在正交偏光下呈现黑暗的现象,称为消光现象。消光现象有两种情况:

1) 全消光。当光波通过的是晶体光率体的圆切面,由于光波可沿圆切面的任意方向振动,因此,来自下偏光镜的光波通过晶体光率体的圆切面后与上偏光振动方向垂直而不能透出上偏光镜,使得晶体光率体的圆切面方向变成黑暗。旋转物台 360°,这种黑暗现象始终存在,称之为全消光。均质体如非晶体、等轴晶系晶体和非均质体垂直于光轴的切面均有全消光现象。

2) 四次消光。当光波通过的是晶体光率体的椭圆切面,当椭圆切面的长、短半径方向与上、下偏光镜的振动方向一致时,来自下偏光镜的光波沿椭圆的长、短半径方向透过晶体而与上偏光垂直,不能透出上偏光镜,使晶体对应的椭圆切面方向变成黑暗。旋转物台 360°,这种黑暗现象只有在光率体椭圆切面的长短半径方向与上下偏光方向一致的 4 个位置存在,故称 4 次消光。非均质体如中、低级晶族晶体的非圆切面都存在着 4 次消光的特征。

非均质体的椭圆切面在正交偏光下处于消光时的位置,称消光位。晶体光率体切面处于消光位就意味着该椭圆切面的长、短半径与上、下偏光镜的振动方向平行。

根据晶体处于消光位时,解理纹、双晶缝或边棱与目镜十字丝的关系,可将非均质体的消光(见图 6-9)分为下述 3 种:

1) 平行消光。晶体处于消光位时,解理纹、双晶缝或边棱与目镜十字丝之一平行。

2) 斜消光。晶体处于消光位时,解理缝、双晶缝或边棱与目镜十字丝斜交。

3) 对称消光。在具有两组解理的切面上,当晶体处于消光位时,目镜十字丝平分两组解理的夹角。

三方、四方、六方晶系晶体的切面以平行消光和对称消光为特征。斜方晶系晶体切面以平行消光和对称消光为主要特征,同时也可见斜消光切面。单斜晶系切面以斜消光为主,特征方位的切面方可见平行和对称消光。三斜晶系的切面均为斜消光。

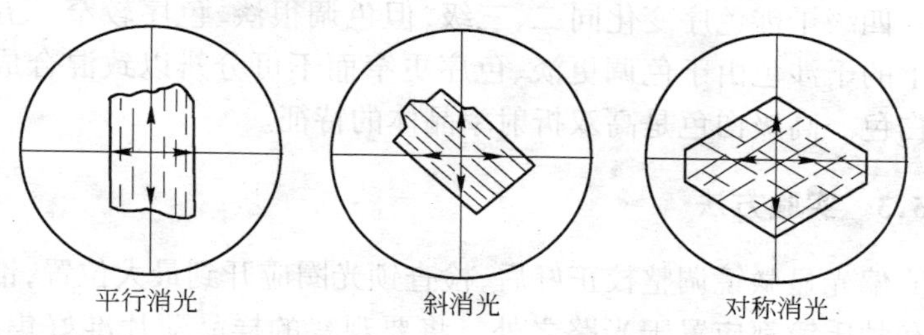

图 6-9　晶体的消光类型

(2) 干涉现象。自然光通过下偏光镜以平面偏光进入样品薄片后,由于非均质体的双折射,分解成振动方向垂直,传播速度不同的两种偏光,它们透出薄片的光程不同,存在光程差,传至上偏光镜时,导致光的干涉效应。

如果采用白光照明,晶体在保持原形貌情况下呈现各种各样的色彩,称之为干涉色。

干涉色的种类,只与透过薄片的两束偏光的光程差有关。当光程差为零时,干涉色为黑色,光程差逐渐增加,干涉色有规律地顺着下列次序变化:钢灰、蓝灰、灰白、白、黄白、亮黄、橙黄、红、紫、紫蓝、蓝、蓝绿、绿、黄绿、橙黄、鲜红、淡紫、灰蓝、翠绿、淡黄、淡红、淡蓝、淡绿……高级白(详见干涉色色谱表)。

这种有规律变化的干涉色序,通常把它分为下列几级:

第一级:光程差为 0～560 nm,基本干涉色由低到高为黑、灰、白、黄、橙、红。一级干涉色的特征是有黑、灰、白,无蓝、绿;一级黄为亮黄;一级红为红带紫。

第二级:光程差为 560～1120 nm,基本干涉色变化为紫、蓝、绿、黄、橙红。二级干涉色的特征是二级蓝深;二级黄带橙;二级红为鲜红。

第三级:光程差为 1120～1168 nm,基本干涉色变化为紫、蓝、绿、黄、橙红。三级干涉色的特征是除绿色很鲜艳翠绿外,其余色调均较二级干涉色淡。

四级干涉色序变化同二、三级,但色调很淡、色序较窄。五级以上的干涉色由于色调更淡、色序更窄而不可分辨以致混合成高级白色。高级白色是高双折射率晶体的特征。

6.5.3　实验方法

偏光显微镜调整校正好后,检查锁光圈应开到最大位置,锥光镜和勃氏镜都应置于光路之外。将要观察的样品薄片准好焦,再把上偏光镜加入到光路中,便可进行正交偏光下的观察和测试。

6.5.4　实验内容与步骤

(1) 消光与干涉现象的观察。观察花岗岩、闪长岩、云英岩薄片中黑云母、角闪石和长石不同切面的消光现象。

将薄片置于视域中央,调好焦距,推入上偏光镜,然后旋转载物台 360°,观察视域黑暗及 4 次明亮、4 次黑暗的现象。每次黑暗并非骤然变暗,而是逐渐由明到暗,直到消光。从消光位转到 45°(对角位)时视域最亮,所见的干涉色最明显。

观察 4 次消光时,注意它们有哪些消光类型。将实验结果记入表 6-6。

表 6-6　干涉色级序测定记录

矿物名称	干涉色	插入补色器干涉色变化	干涉色级序	双折射率

(2) 干涉色的观察:

1) 观察石英楔的干涉色级序。调好照明,将载物台上的薄片取下。从试板孔缓慢插入石英楔,从目镜中可观察一到二级各干涉色连续出现。有的可以看见四级干涉色。

观察时应注意各级干涉色的特点:一级有灰白,无蓝绿;二级蓝深,二级黄带橙;三级绿色鲜艳;四级干涉色淡;高级白。

2) 观察石膏、云母试板的干涉色特点。将石膏试板、云母试板分别插入试板孔内,仔细观察它们的干涉色。

(3) 利用补色器判定干涉色级序的升降。将橄榄岩(石)薄片置于载物台,选一带色环的橄榄石颗粒置于视域中央,旋转载物台使矿物消光。再转 45°,观察干涉色。从试板孔缓缓插入石英楔,观察干涉色的连续变化。根据矿物边缘干涉色圈移动情况判断干涉色的升降。

(4) 干涉色级序的测定:

1) 根据矿物边缘的干涉色圈判断干涉色级序。

由于薄片边缘较薄,向中央逐渐加厚,所以同一切片上的干涉色也是边缘较低,逐渐向内增高。如果外圈为一级灰白,向中间逐渐升高而成一圈一圈的色环,那么,边缘出现一个红色圈,则矿物中央的干涉色为二级,出现 n 个红色圈,则矿物中央的干涉色为 $(n+1)$级。但若矿物边缘不是从一级灰白开始或者矿片厚度不是小于或等于 0.03 mm,就不能应用此法。

利用橄榄岩(石)薄片,根据矿物边缘色圈,判断橄榄石干涉色级序。

2) 用补色器测定干涉色级序。干涉色级序的测定除了利用补色原理外,还应根据消色现象来确定。

所谓消色是指补色器与矿物切面异名轴平行时,即石英楔子与矿物晶体切面异名轴平行的情况下,当通过矿物切面的光程差与通过石英楔子的光程差相等,二者总光程差为零($R_{总}=R_{矿物}-R_{石英楔}=0$)时,矿物的干涉色与石英楔的干涉色相互抵消而使该部位呈现一条暗带。所以只要找到这条消色的暗带,暗带所在的位置就是石英楔光程差与矿物光程差相等处,这个位置矿物的干涉色与石英楔的干涉色必定相同。因此,当把矿物薄片从载物台上拿掉后,呈现暗带位置石英楔的干涉色就是矿物的干涉色,若推出石英楔时红带出现的次数为 n,则干涉色级序为 $n+1$。

测定方法如下:

选择花岗岩、闪长岩、云英岩薄片中黑云母、角闪石、石英和长石为测定对象：

将待测矿物置于视域中心，转动载物台使其达到消光位，从消光位再转 45°到对角位，观察其干涉色。缓缓插入石英楔，观察干涉色级序的变化，可能有下面两种情况：

① 插入补色器（石膏试板、云母试板、石英楔），矿物干涉色迅渐降低。

首先，应缓慢插入石英楔，观察色序下降顺序，找出暗带消色位置。

接着，撤去薄片，观察石英楔上暗带消色位置的干涉色，与矿物切面的原干涉色比较。若二者干涉色完全一样，证明所找暗带消色位置是正确的；若二者干涉色不相同，说明暗带消色位置判断错误，应重新找出暗带消色位置，直至撤去薄片后石英楔上暗带消色位置的干涉色与矿物切面的干涉色相同为止，这时石英楔上暗带消色位置的干涉色级序与矿物切面的干涉色级序相同。

然后，缓慢退出石英楔，观察退出过程视域中红色带出现的次数 n，便可判定矿物切面的干涉色级序为 $n+1$。

最后，根据干涉色的级序在色谱表中求出相应的双折射率。将实验结果记入表 6-7。

表 6-7　实验结果记录

矿　物	干 涉 色	消光类型	最大双折射率	延性符号	备　注
黑云母					
角闪石					
长　石					
石　英					
白云母					

② 插入补色器（石膏试板、云母试板、石英楔），矿物干涉色迅渐升高。

首先，将载物台旋转 90°，使二者异名轴平行。

然后,再插入石英楔,按方法 a 确定干涉色级序及相应的双折射率。

3) 注意事项:

① 补色器的插入特别是石英楔的插入需要缓慢平稳,石英楔插在试板孔内时切忌提升镜筒,以免损坏石英楔。

② 利用补色器判断色序升降时,应注意选用补色器。一级黄以下的干涉色选用石膏试板,一级黄以上的干涉色选用云母试板,若有干涉色环应用石英楔。

③ 不同的补色器,判断色序升降的标准不相同。使用石膏试板时,以一级红作为判断标准,补色器与矿物重叠后干涉色序高于一级红色时,色序升高,低于一级红色时,色序下降。

使用云母试板时,以矿物本身的干涉色作为判断标准,补色器与矿物重叠后的干涉色高于矿物的干涉色时,色序升高,低于矿物的干涉色时,色序下降。

如果利用石英楔子观察干涉色环的移动来判断色序升降,当缓慢插入石英楔时,干涉色环若由外向中心移动,表明色序升高,干涉色环若由中心向外移动,表明色序下降。

(5) 晶体延性符号的测定。延性符号是延长型矿物的鉴定特征。晶体的延长方向与 Ng 方向平行或夹角小于 45°,为正延性。晶体的延长方向与 Np 方向平行或夹角小于 45°,为负延性,要知晶体的延性正负,只要知道晶体的光率体切面的轴名,可见晶体延性符号的测定归根结底是其光率体椭圆切面轴名的测定。

1) 光率体椭圆半径方向与名称(轴名)的确定:

将薄片中待测矿物置于视域中心,旋转载物台至消光位,再将物台旋转 45°,即晶体切面上光率体椭圆半径与目镜十字丝成 45°角。从试板孔中插入补色器(石膏、云母试板),观察干涉色升降变化。干涉色升高,说明补色器与切面上光率体椭圆同名半径平行;若干涉色降低,则二者异名半径平行。补色器光率体椭圆半径是已知的,由此可确定晶体光率体椭圆半径和名称。

2) 晶体延性符号的测定:

选择花岗岩、闪长岩、云英岩薄片中黑云母和长石为测定对象：

① 把薄片中欲测矿物置于视域中心，从消光位顺时针转 45°，观察干涉色。

② 插入补色器，观察干涉色的升降，确定矿物光率体椭圆切片的轴名。

③ 判断与延长方向一致的是 Ng 还是 Np，即可确定延性的正负。将结果记入表 6-7。

测定消光角（图 6-10）：

a 将待测矿物置于视域中心，使欲测的解理纹、晶棱与目镜竖十字丝平行，记下载物台刻度。

b 旋转物台，使矿物达消光位，此时十字丝即代表光率体椭圆半径切面长短轴半径方向。记下载物台刻度值，前后两次数值之差就是消光角的值。

c 将载物台从消光位转 45°，插入试板，根据干涉色升降确定椭圆半径名称（轴名）。将结果记入表 6-8。

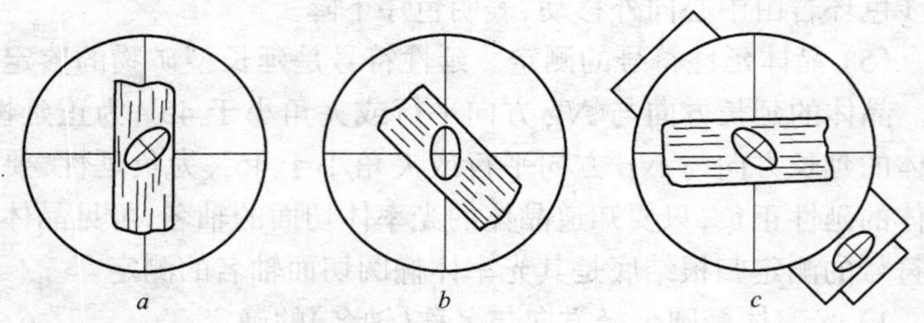

图 6-10 消光角的测量步骤

表 6-8 消光角测定实验记录

矿物名称	解理纹、晶棱平行目镜十字丝时载物台读数	矿物达消光位时载物台读数	消光角	备 注

思考题

(1) 为什么在薄片中见到同一种矿物的干涉色有多种？什么样的干涉色可以作为鉴定矿物的依据？

(2) 消光和消色都是矿物在正交偏光镜下呈现最暗的现象，它们有何本质区别？

(3) 在测定矿物的干涉色级序时，当消色暗带位置确定后退出石英楔数红带出现数目时，为什么必须将矿物薄片从载物台上拿掉？

(4) 某学生测定矿物的干涉色级序，在插入石英楔找消色暗带位置时，消色暗带位置不出现，试分析原因。

(5) 如何区别一级白和高级白？

(6) 非均质矿物任何方向的切片(垂直光轴的切片除外)为什么在正交偏光镜下产生 4 次明暗？

(7) 当测定干涉色级序、延性时，光率体(椭圆半径名称)为什么都要从消光位转 45°？

6.6 锥光下晶体的光学性质

6.6.1 实验目的与任务

(1) 了解锥光的装置及特点。

(2) 学会识别一轴晶、二轴晶主要类型的干涉图。

(3) 掌握应用干涉图测定光性符号的方法。

6.6.2 锥光下干涉图特征

(1) 一轴晶干涉图：

1) 垂直光轴切片干涉图：

形象特征：由一个黑十字和同心圆干涉色色圈组成(见图 6-11)。

① 黑十字由两相互垂直的黑带组成，分别平行上下偏光振动方向，且内窄外宽。

② 黑十字交点位于视域中心，为光轴出露点。

③ 干涉色色圈的干涉色级序由中心向外逐渐逐渐增高，且增密。

④ 黑十字的粗细、色圈多少与矿物双折射率 ΔN 和薄片厚度 d 有关。ΔN 越大、d 越厚，则黑十字越细、色圈越多、密。

⑤ 旋转物台一周，干涉图不变。

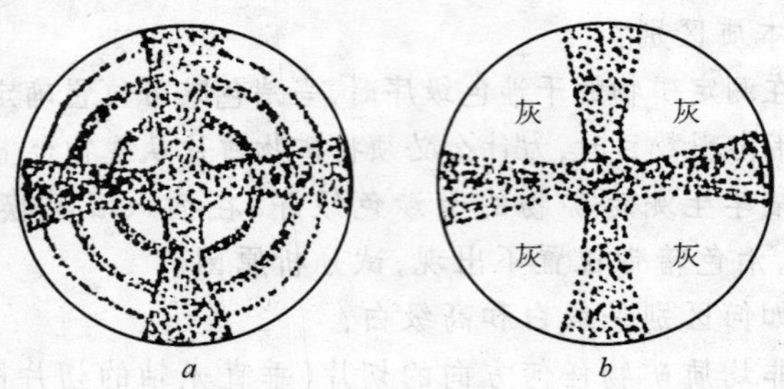

图 6-11　一轴晶垂直光轴切片干涉图

测定光性符号：

干涉图中视域被黑十字分割成 4 个象限，插入消色器，根据各象限干涉色的升降变化，确定光性正负。

干涉色级序下降的两象限连线垂直于消色器 Ng 方向，为正光性(+)；

干涉色级序下降的两象限连线平行于消色器 Ng 方向，为负光性(−)。

消色器选择是根据干涉色色圈多少来决定的：无色圈或色圈较少时，选用石膏试板；色圈较多时，选用云母或石英楔。

由于对称，只判断一个象限即可。

2）斜交光轴切片干涉图：

形象特征：偏心图形。

① 与垂直光轴切片的干涉图相似，但光轴出露点不在视域中心。

② 偏离的程度与斜交位置有关（切片法线与光轴夹角的大小）：

夹角不大，黑十字仍在视域中；

夹角较大,黑十字交点在视域外,视域中只见黑带和部分干涉色色圈。

③ 旋转物台,光轴出露点的轨迹为圆;黑带的运动规律是平移。

3) 测定光性符号:

① 黑十字交点在视域中,测定方向同垂直光轴切面。

② 黑十字交点在视域外,首先根据干涉色色圈的圆心方位和旋转物台时黑带的移动规律,判断视域所在象限,再按垂直光轴切面方法测定。

视域见一横带,顺时针转物台,黑带下移,交点在视域外右方,二三象限。

视域见一横带,顺时针转物台,黑带上移,交点在视域外左方,一四象限。

视域见一竖带,顺时针转物台,黑带左移,交点在视域外下方,一二象限。

视域见一竖带,顺时针转物台,黑带右移,交点在视域外上方,三四象限。

(2) 二轴晶干涉图:

1) 垂直 Bxa 干涉图形象特征(见图 6-12)。

① 当光轴面迹线与目镜十字丝平行时(0°位),为一粗一细两黑带组成的黑十字和"∞"字形干涉色色圈。

黑十字交点位于视域中心,为 Bxa 出露点。

黑十字两个黑带分别平行于上下偏光振动方向。

光轴面迹线方向黑带较细,光学法线方向黑带较粗(Nm)。

光轴面迹线方向黑带的最细处为光轴出露点(OA)。

干涉色色圈以两光轴出露点为中心向四周扩散,其级序逐渐增高,密度逐渐增大。色圈多少取决于矿物双折射率 ΔN 及薄片厚度 d,ΔN 及 d 越大,色环越多。

② 转动物台,黑十字从中心分裂成两弯曲黑带,分别位于光轴面所在两个象限内。

当光轴面迹线与目镜十字丝斜交 45°时(45°位),为两个双曲线状黑带和“∞”字形干涉色色圈。

两弯曲黑带的顶点为光轴出露点。二者间距离与 2V 成正比,二者连线为光轴面迹线。弯曲黑带凸向 Bxa 出露点(视域中心),以 N_m 对称。“∞”色圈以 *OA* 为中心(与 0°位形状相同,只是旋转了 45°)。

③ 90°位:黑带向视域中心靠拢,重合为黑十字,粗细位置变;

135°位:与 45°位相同,但光轴出露点更换 90°位置。

180°位:恢复原 0°位。

旋转物台过程中“∞”色圈随光轴出露点移动,形状不改变。

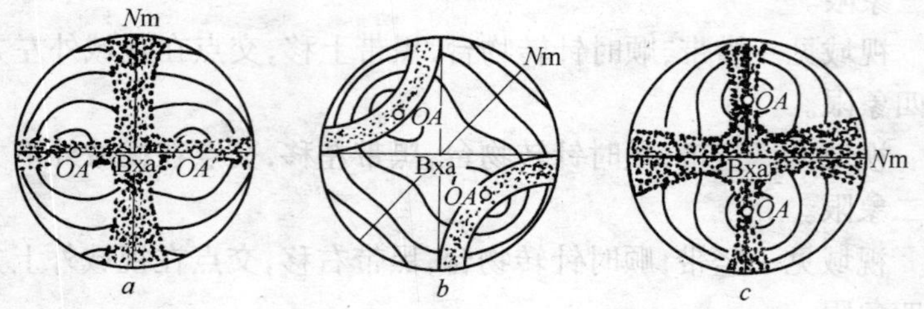

图 6-12 二轴晶垂直 Bxa 切片干涉图

测定光性符号。利用 45°位时干涉图:

① 不论光性正负,在两光轴出露点之间,与光轴面迹线一致的是 Bxo 投影方向,在两光轴出露点之外(黑带凹方),与光轴面迹线一致的是 Bxa 投影方向。

知道了 Bxa、Bxo、*N*m 方位,加入试板,根据干涉色级序变化,可确定 Bxa 是 *N*g 还是 *N*p。

② 若把黑带凹方作为相互对应的两象限,连通部分为另外两象限,则干涉色级序降低的两象限的连线垂直试板 *N*g 方向,则为正光性(+)。

注意:当 2 V 角较大时,垂直 Bxa 干涉图与垂直 Bxo 干涉图不易区分,不宜用来测定光性符号。

2)垂直光轴干涉图形象特征:相当于垂直 Bxa 干涉图的一

半,其光轴出露点位于视域中心(见图 6-13)。

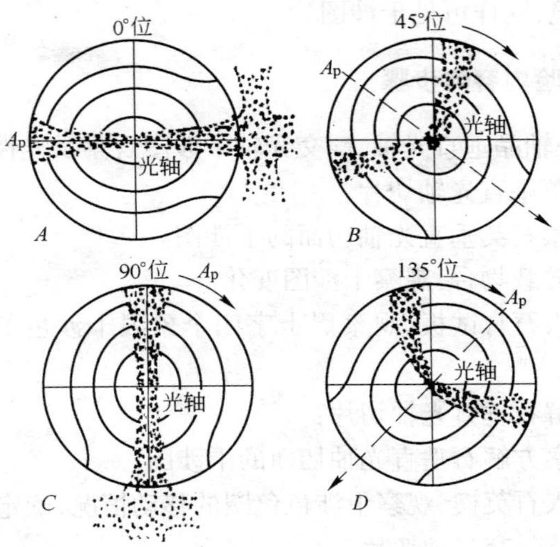

图 6-13 二轴晶垂直光轴干涉图

① 0°位时为一条平行十字丝之一的黑带和以光轴为中心的干涉色色圈。

② 转动物台,黑带弯曲。45°位时弯曲最大,顶点为 *OA*,凸向 Bxa 出露点。

③ 90°位时黑带变直,方向发生改变;135°位时黑带再度弯曲到最大,但凸向改变。

④ 黑带弯曲、伸直均以 *OA* 为顶点;色圈形状不变,随之变化转动。

测定光性符号:

方法同垂直 Bxa 切片,利用 45°位干涉图。

6.6.3 实验方法

偏光显微镜调整校正好后,用中倍物镜在薄片中找好欲观察的矿物颗粒,并移到视域中心。加入聚光镜,换用高倍物镜并小心准焦。轻轻推入上偏光镜和勃氏镜,即可观察干涉图(不用勃氏镜则去掉目镜,同样可见干涉图)。

6.6.4　实验内容与步骤

(1) 一轴晶垂直光轴、斜交光轴干涉图观察及光性正负测定:

1) 石英垂直光轴切片:

① 观察石英垂直光轴切面的干涉图。

② 旋转载物台,观察干涉图变化。

③ 插入石膏试板,观察黑十字四个象限干涉色的变化,确定光性正负。

2) 方解石垂直光轴切片:

① 观察方解石垂直光轴切面的干涉图。

② 插入石英楔,观察干涉色色圈的移动情况,确定光性正负。

3) 石英斜交光轴切片:

① 在薄片中选一干涉色为一级灰且较大的颗粒置于视域中心。

② 观察其干涉图,旋转载物台观察黑十字移动情况,并确定视域所属象限。

③ 插入石膏试板,观察干涉色升降,确定光性正负。

将上述切片的观察结果记入表 6-9。

表 6-9　一轴晶干涉图观察及光性正负测定实验记录

矿物名称及切片方向	石英垂直光轴切片	方解石垂直光轴切片	石英斜交光轴切片
干涉图特点素描			
插入补色器后干涉色变化			
光性正负			

(2) 二轴晶干涉图观察及光性正负测定:

1) 白云母垂直 Bxa 切片:

① 观察白云母 Bxa 切面的干涉图。

② 旋转载物台，观察干涉图变化。

③ 使干涉图处于45°位，为二双曲线。

对薄白云母，插入石膏试板，观察曲线内外干涉色级序的变化，确定光性正负。

对厚白云母插入石英楔，观察曲线内外色圈移动的情况，确定光性正负。

2）白云母垂直光轴切片：

① 观察白云母垂直光轴切面的干涉图。

② 旋转载物台，观察干涉图变化。

③ 使干涉图处于45°位，插入补色器，观察曲线内外干涉色级序的变化，确定光性正负。

将上述切片的观察结果记入表6-10。

表 6-10 二轴晶干涉图观察及光性正负测定实验记录

矿物名称及切片方向	薄白云母垂直 Bxa 切片	厚白云母垂直 Bxa 切片	白云母垂直光轴切片
黑十字平行目镜十字丝时的干涉图			
旋转物台45°后，干涉图的变化特征			
插入补色器后干涉色变化			
光性正负			

思考题

(1) 如何确定一轴晶斜交光轴干涉图的象限？

(2) 一轴晶垂直光轴干涉图，为什么插入石膏试板后黑十字变成红十字？

(3) 普通角闪石的主折射率 $Ng=1.701$，$Nm=1.691$，$Np=1.665$，确定普通角闪石的光性符号。

(4) 一轴晶、二轴晶垂直光轴干涉图有何区别？

(5) 如何区分二轴晶任意切面干涉图与一轴晶斜交光轴干

涉图？

(6) 确定轴性、光性符号应选择什么样的切面？它们在单偏光、正交偏光下具有什么特点？

(7) 偏光显微镜的三个光路系统如何调节？能进行哪方面研究？

6.7 材料显微结构评价

6.7.1 实验目的与任务

(1) 了解光学显微镜的基本构造与操作、掌握显微结构的观察与分析方法。

(2) 了解光学显微分析中对光片的基本要求、掌握光片制备的基本技能。

(3) 了解无机非金属材料显微结构的基本特征，掌握材料显微结构的描述与评价。

6.7.2 实验方法

本实验给出实验样块，要求学生制备光片，并通过光学显微镜对试样的显微结构进行观察、描述、比较和评价。

6.7.3 实验内容与步骤

(1) 光片的制备。反光显微镜的试样要制成合格的磨光片或抛光片，简称为光片。

1) 选样。根据观察目的和分析要求选取具有代表性的样品部位，切割成约 10 mm×10 mm×10 mm 的样块，并清洗干净。

2) 镶嵌或渗胶。对一些尺寸较小的样品，需进行镶嵌；对疏松或气孔较多的样品应先渗胶。

3) 粗磨。选择样品较平整的一面，放在研磨机上用粗砂将表面磨平，整理外观，磨去棱角。

4) 细磨。用细砂研磨，直至将粗磨留下的痕迹全部清除为止。

5) 精磨。用更细的细砂研磨,直至表面十分平坦,放在亮处观察隐约可见反光。

6) 抛光。将试样置于抛光机上,加研磨膏(抛光粉)进行抛光,直至试样表面光亮如镜,反光显微镜下观察无明显划痕为止。

7) 标记。磨好的试样应进行编号,贴上标签,明确其来源和品名。

8) 侵蚀。根据观察目的和分析要求选择适合的侵蚀方法及侵蚀条件,对试样进行侵蚀(常用试剂见附录2)。

需要同时在透射光和反射光下进行显微结构分析时,将试样制成光薄片,甚至超光薄片(小于0.02 mm)。制备光薄片时,先将试样磨制成厚度为0.03 mm的薄片,不加盖玻片,在抛光机上对精磨后的薄片表面进行抛光即可。

(2) 反光显微镜的认识、操作与观察:

1) 反光显微镜的构造。尽管反光显微镜的种类及型号很多,但其基本构造和原理大致相同,江南XPK-6型、江南XPK-1型反光显微镜如图6-14、图6-15所示。

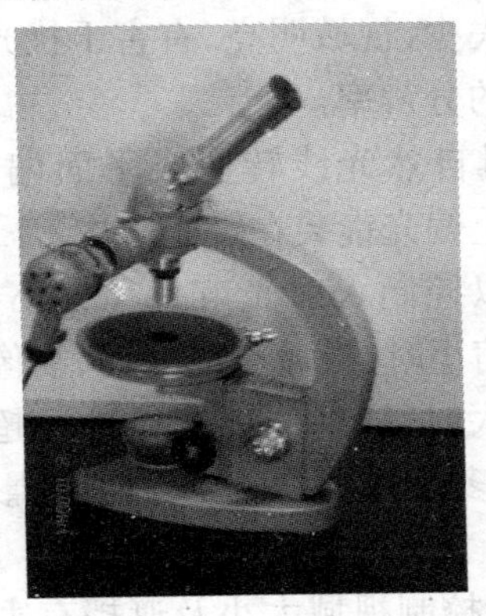
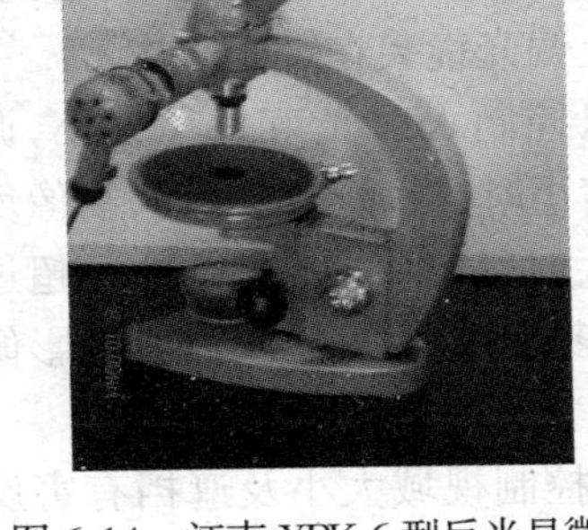

图6-14 江南XPK-6型反光显微镜

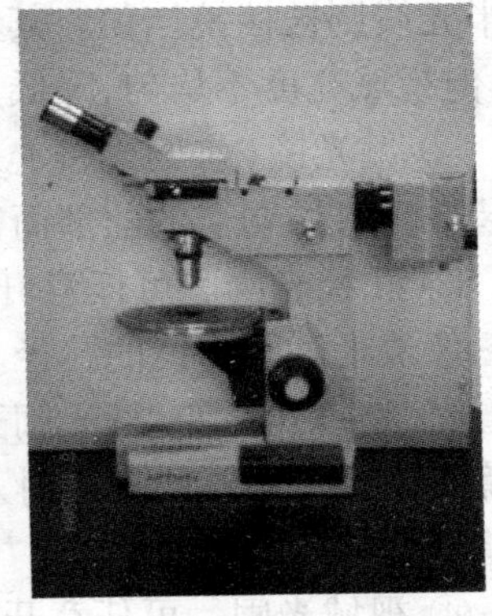

图6-15 江南XPK-1型反光显微镜

江南XPK-1型反光显微镜与江南XPT-6型透射型偏光显微镜的主要结构比较,机械部分、光学部分、零件盒等基本相同;唯一不同的是在光学部分拥有反射照明用的垂直照明器。

掌握反光显微镜使用方法的关键在于弄清垂直照明器的构造特点和性能。

垂直照明器主要由反射器、偏光镜、孔径光阑和视域光阑构成。其作用是把从光源的入射光通过物镜垂直投射到样品表面,再把样品表面反射回来的光投射到目镜焦平面。

① 反射器。完成将入射光向上或向下反射的装置,常用的有玻璃片反射器和棱镜反射器。

玻璃片反射器为一片 45°倾斜的透明玻璃片。入射光在玻璃片上通过一次反射经物镜射到光片表面,其反射光经物镜再通过在玻璃片上的一次透射到达目镜。其光强损失大,视域亮度较弱,有害干扰光较多;但视域亮度均匀,分辨率高。(为了减少光强损失,增加视域亮度,通常采用加膜玻璃片反射器。在普通玻璃片上镀上一层透明的高折射率物质,如硫化锌、氧化铋,以提高玻璃片的反射能力。)

棱镜反射器由直角三角棱镜组成,通过在棱镜上的一次反射使入射光照射到光片表面,其一半反射光呈发散状态射向目镜,另一半光线则被棱镜挡住。其光线损失少,视域明亮,有害干扰光较少;但视域亮度不均匀,降低了物镜的分辨率。

② 偏光镜(前偏光镜)。使入射自然光线转变成平面偏光。因装在垂直照明器的前部而得名。上偏光镜装在镜筒之中。

③ 孔径光阑。可任意开缩,用以控制入射光束直径大小,调节图像清晰度及物镜的孔径。光阑缩小时,视域亮度减弱,物像反差增高,物镜孔径变小;光阑开到最大时,入射光束直径远远超过物镜透镜直径而不能全部射入物镜,多余光线发生漫反射,使影像反差降低。

④ 视域光阑。可任意开缩,用以控制视域大小及遮挡有害反射光射入视域。观察局部细节,适当缩小光阑,可消除周围有害光线;一般情况,光阑不宜开得过大,与视域边缘保持一致即可。

2) 反光显微镜的调节和使用。反光显微镜使用前首先要接好光源,其次的镜头安装、准焦与偏光显微镜的相同。

反光显微镜的调节主要包括物镜的中心校正、偏光系统的校正和垂直照明系统的校正。

① 物镜的中心校正。与偏光显微镜的校正相同。(详见6.3.3.2)

② 偏光系统校正。利用天然的石墨或辉钼矿。

矿物的延长方向(解理纹)平行于入射偏光的振动方向时,矿物的反射力(亮度)较垂直方向强。

③ 垂直照明系统校正:

光源校正:视域明亮、均匀。

调节视域光阑:使光阑中心与目镜中心重合,避免边缘杂乱光线干扰。

调节孔径光阑:挡去漫反射光线,调节视域中心亮度,控制影像反差。

④ 光片放置。取一载玻片,上面放置一块橡皮泥,将磨制好的光片光面向上置于橡皮泥上,用压平器将光片压平,再将载玻片固定于载物台上即可观察。

(3) 材料显微结构的描述与评价。晶体在理想条件下才能长成规则的多面体外形,无机材料制品都是在一定时间内人为控制条件制成的。因此,晶体一般不可能生长很完整,随着生产工艺过程及条件的变化,将形成不同的形貌特点。

在无机材料中,组成矿物的晶体受自身内部构造、生产工艺过程及其条件的影响,将具有不同的显微结构及性能,直接影响制品的质量和使用效果。无机材料显微结构特征:

1) 晶相。材料中结晶相是最基本组成部分,主晶相的性能标志着材料的物理、化学性能,但其他相的影响也不可忽视。

① 晶体颗粒(晶粒)自身晶体结构和生长环境影响其晶形的发育程度:自形、半自形、它形。

晶体形态有粒状、柱状、板状、针状、片状等。

颗粒大小:粗、中、细。

颗粒分布特征:定向排列、环带结构、包裹结构等。

② 表面与界面。

③ 杂质。晶相描述时应注意种类、数量、形状、大小、分布、结合情况。

2) 玻璃相。玻璃相是材料中的非晶态低熔物,可以起到粘结颗粒、填充气孔、降低温度、抑制晶体长大、防止晶型转变等作用。

描述时应注意其数量、分布。

3) 气孔。气孔的产生原因很多,原料中的杂质、工艺过程控制不当等都会产生气孔。气孔和材料制备过程中产生的裂纹对材料的性能均有影响。

描述时应注意其数量、形状、大小、分布。

4) 基质。基质是填充在主晶相间的结晶物和玻璃相。

描述时应注意基质的组成以及晶相与基质的结合状态。

6.7.4 实验报告要求

(1) 简述光片的制备过程。

(2) 记录显微结构观察、拍照结果,对照片进行描述、比较和评价。

(3) 写出实验体会与疑问。

思考题

(1) 偏光显微镜与反光显微镜的构造有何不同? 其研究对象和内容有何不同?

(2) 反光显微镜如何进行调节和使用?

(3) 对试样光片侵蚀的目的是什么? 侵蚀应注意的问题?

(4) 简述无机材料的显微结构特征,描述与评价时应注意什么?

7 材料近代分析测试方法

7.1 X射线衍射分析

7.1.1 实验目的与任务

实验目的与任务如下：

(1) 练习使用PDF卡片及索引进行物相定性分析。

(2) 掌握测定晶体结构参数的方法、步骤。

7.1.2 物相的定性分析

物相的定性分析：

(1) 原理。任何一种结晶物质都具有特定的晶体结构。在一定波长的X射线照射下，对应有特定的衍射花样。每种物质和它的衍射花样都是一一对应的，不可能有两种物质给出相同的衍射花样。

如果试样中存在两种或两种以上的晶体物质时，每种物质所特有的衍射花样不变，它们的衍射花样也不会相互干涉，多相试样的衍射花样只是由它所含物质的衍射花样机械叠加而成。

因为衍射花样中各衍射线的位置（2θ）所确定的晶面间距（d），以及衍射线的相对强度（I/I_1）分别取决于晶胞的形状、大小和晶胞内原子的种类、数目及排列方式，这些都是物质的固有特征。

由此可知，任何一种结晶物质的衍射数据 d 和 I/I_1 是其晶体结构的必然反映，因而可根据它们来鉴定结晶物质的物相，$d \sim I$ 数据组就是基本判据。

(2) 基本方法。制备各种单相物质的衍射花样并使之规范化，将要分析物质的衍射花样与之对照，从而确定物质的相组成。

将试样的 $d \sim I$ 数据与各种已知晶体的 $d \sim I$ 数据进行对比。

目前大量应用的是粉末衍射卡片库，收集了大量晶体的衍射数据标准卡，每张卡片上列出晶体的粉末衍射花样的基本数据，称之为 PDF 卡片。进行物相定性分析的核心就是如何运用 PDF 卡片。

(3) 卡片索引。为了快速找到所需卡片，编辑了卡片索引，主要有字母索引和数值索引两大类。字母索引是按物质化学元素英文名称的第一个字母顺序排列的；数字索引以衍射线的 d 值为检索依据，按编排方式的不同有哈氏索引和芬克索引。

1) 哈氏索引：

八强线按强度排 $d_1, d_2, \cdots, d_8$ 对应 $I_1 > I_2 > \cdots > I_8$；

用最强三条线进行组合排列，每种物相在索引中出现 3 次。

2) 芬克索引：

八强线按面间距排 $d_1 > d_2 > \cdots > d_8$ 对应 $I_1, I_2, \cdots, I_8$；

八强线循环排列，每种物相在索引中出现 8 次。

(4) 分析步骤：

1) 获得待测试样的衍射花样(衍射谱)。

2) 获得衍射线对应的晶面间距 d 及相对强度 I/I_1 的数值。

3) 进行检索，确定卡片号。

4) 对照卡片全谱，判断物相。

(5) 注意事项：

1) d 是主要依据，I/I_1 是参考。d 值小数点后 2 位允许有偏差。

2) 重视低角区衍射数据，多相物质衍射线条可能有重叠现象，低角区衍射线重叠机会小，数据更可靠。

3) 只能判定某相存在，不能断言某相不存在。力求全部数据都能合理解释，也存在少数衍射线不能解释的情况，可能由于某相物质含量太少，无法鉴定。

4) 多相物质，去除一相后，剩余线条要进行归一化处理。

5) 尽可能与其他的分析实验手段结合，互相配合，互相印证。

7.1.3 晶体结构参数的测定

(1) 原理。结晶物质在一定条件下具有一定的晶胞参数。温度、压力、化合物的化学剂量比、固溶体的组分比以及晶体中杂质含量的变化会引起晶胞参数的变化。因此,精确测量晶胞参数是十分重要的。无机材料研究中,主要利用粉晶衍射数据来测量晶胞参数。

对于立方晶系物质,将其晶面间距公式 $d_{HKL} = \alpha/\sqrt{H^2+K^2+L^2}$ 代入布拉格方程得:

$$\sin^2\theta = \frac{\lambda^2}{4\alpha^2}(H^2+K^2+L^2)$$

令 $H^2+K^2+L^2=m$

在同一衍射花样中,对任意线条,λ、α 为定值,各衍射线条的

$$\sin^2\theta_1 : \sin^2\theta_2 : \cdots = m_1 : m_2 : \cdots$$

$\sin^2\theta$ 值测定后,即可得到 m 的比值(顺序比),得出对应各条线的干涉指数,见表7-1。

表7-1 m 的比值,各条线的干涉指数

$H^2+K^2+L^2$	1	2	3	4	5	6	8	9	10	11	12	…
HKL	100	110	111	200	210	211	220	221	310	311	222	…

不同结构类型的晶体,其系统消光规律不同,产生衍射晶面的 m 顺序比不同。由结构因子计算可知:

简单立方:$m_1:m_2:\cdots=1:2:3:4:5:6:8:9:10:\cdots$

体心立方:$m_1:m_2:\cdots=1:2:3:4:5:6:7:8:9:10:\cdots$

面心立方:$m_1:m_2:\cdots=1:1.33:2.66:3.67:4:5.33:6.33:6.67:8:9\cdots$

金刚石立方:$m_1:m_2:\cdots=1:2.66:3.67:5.33:6.33:8:9:10.67:11.67:\cdots$

通过衍射线条的测量,计算同一物相各线条的 m 顺序比,即可确定该物相晶体结构类型及各衍射线条的干涉指数。

由 d_{HKL} 及 $H^2+K^2+L^2$ 值即可求出晶格常数 a。

$$a = d_{\mathrm{HKL}} \cdot \sqrt{H^2 + K^2 + L^2} = \frac{\lambda}{2\sin\theta} \cdot \sqrt{H^2 + K^2 + L^2}$$

理论上,每条线计算的 a 应相等,由于实验误差而不等,通常取其平均值。

(2) 利用德拜照片,测定晶体常数。德拜照相法是粉末衍射法的一种,采用围绕试样的圆筒形照相底片,可将全部衍射线束同时记录下来,在底片上得到一系列圆弧线段,如图 7-1～图 7-3 所示。

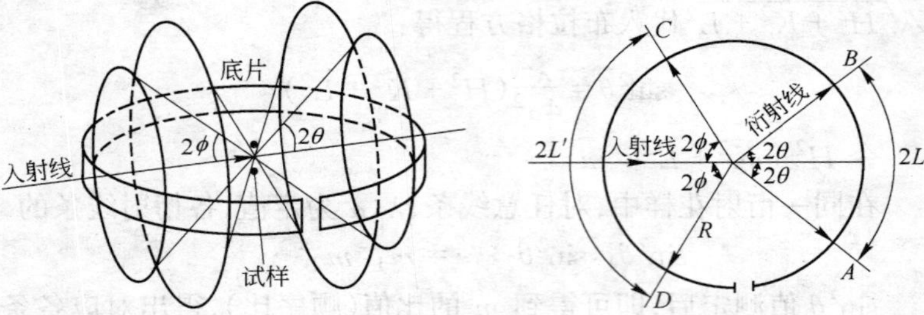

图 7-1　德拜法衍射原理　　　　图 7-2　衍射弧对于 θ 角的关系

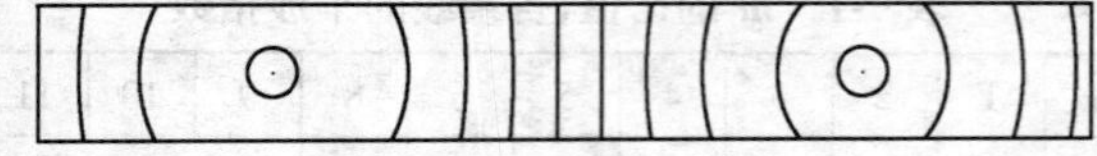

图 7-3　德拜照片

$$\theta = \frac{S}{4R} = \frac{S}{2} \cdot \frac{180^\circ}{2\pi R} = \frac{S}{2} \times \frac{90^\circ}{\text{半周长}}$$

从照片中只要测得各弧对的间距($S/2$)和半周长即可计算各个弧对对应的半衍射角 θ,再由布拉格方程计算出各晶面的晶面间距 d。

由各弧对的 m 顺序比,可确定该物相晶体结构类型及各衍射线条的干涉指数,进而可求出晶格常数 a。

测定步骤如下:

对照片中各对弧对进行编号、标注。

测量有效周长(半周长 L)。

测量并计算各弧对的间距($S/2$)。

计算 θ 和 d。

$$\theta=\frac{S}{2}\times\frac{90^{\circ}}{L}\qquad d=\frac{\lambda}{2}\times\frac{1}{\sin\theta_{\mathrm{i}}}$$

指数标定，计算晶体常数 a。

$$a=d_{\mathrm{HKL}}\cdot\sqrt{H^2+K^2+L^2}=\frac{\lambda}{2\sin\theta}\cdot\sqrt{H^2+K^2+L^2}$$

7.1.4　实验内容与步骤

(1) 借助索引及卡片对给定实验数据进行物相检索分析，判定物相名称(卡片号)。

根据提供的试样数据，按步骤进行物相的定性分析，将结果填入表 7-2。

表 7-2　物相的定性分析实验记录

编　号	实 验 数 据				卡片号	物 相 名 称
	d/nm	I/I_1	d/nm	I/I_1		

(2) 给定德拜照片，测定晶体常数。根据给定某一晶体的德拜照片，通过测量、计算及物相检索分析，判定物相名称并求出该晶体的晶体常数。将结果填入表 7-3。

表 7-3　晶体常数测定实验记录　　$\lambda=$ nm

弧对	L	$S/2$	θ_i	d_i	$m_i:m_1$	$H^2+K^2+L^2$	HKL	a

思考题

(1) PDF 卡片索引有哪几类，如何应用？

(2) 物相定性分析过程有哪些，应注意的问题是什么？

(3) 多晶粉末在晶体结构测定中能进行哪些工作,需要哪些步骤?

7.2 扫描电子显微镜

7.2.1 实验目的与任务

(1) 了解扫描电镜的基本结构、原理及操作。

(2) 观察不同信号所产生的试样的图像特征。

(3) 通过对试样显微图像的观察,了解扫描电镜图像衬度原理及其应用。

7.2.2 SEM 的工作原理、结构

(1) 原理。扫描电镜是利用聚焦电子束在试样上扫描时,激发某些物理信号,来调制一个同步扫描的显像管,在相应位置成像。

扫描电镜具有分辨本领高、放大倍数连续可调、样品制备简单等优点,成为固体材料表面分析的有效工具,即可观察材料断口和显微组织三维形态,还可进行表面成分分析,如图 7-4 所示。

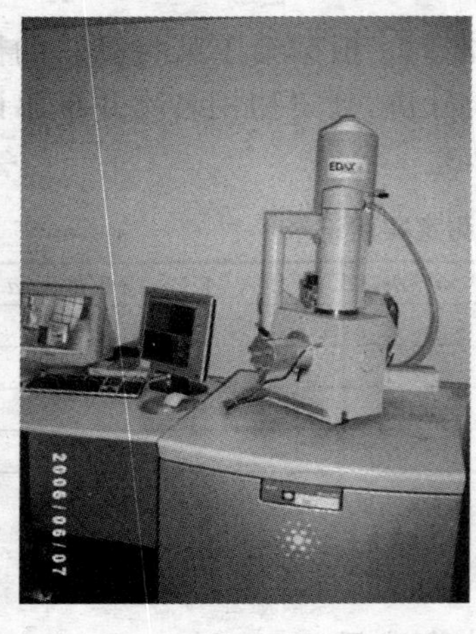

图 7-4 FEI QUANTA 200 型 SEM

扫描电镜的成像原理和透射电镜不同,它不用透镜进行放大成像,而是像闭路电视系统那样,逐点逐行扫描成像。

电子枪发射电子束,在加速电压作用下,经电子透镜聚焦后,在样品表面按顺序逐行扫描,激发样品产生各种物理信号,经放大,送到显像管的栅极上,同步调制显像管的电子束强度(荧光屏上的亮度),两束电子束作同步扫描,样品上电子束的位置与显像管荧光屏

上电子束的位置一一对应。荧光屏上得到与样品表面特征对应的信息图,画面上亮度的疏密程度表示该信息的强弱分布。

(2) 结构。扫描电镜由电子光学系统、扫描系统、信号收集系统、图像显示与记录系统、真空系统、电源及控制系统组成。

1) 电子光学系统。包括电子枪、聚光镜、物镜、样品室。

作用是将电子枪发射的电子束聚焦成亮度高、直径小的入射束。

样品室的作用是放置样品和安置信号探测器(收集信号)。样品可进行三维空间的移动、倾斜和转动,进行特定位置分析。

2) 扫描系统。由扫描发生器和扫描线圈组成。

作用是使入射电子束在样品表面扫描,并使显像管电子束在荧光屏上作同步扫描;改变入射束在样品表面的扫描幅度(振幅),从而改变放大倍数。

3) 信号收集系统。扫描电镜应用的信号可分为:电子信号(二次电子、背散射电子、透射电子、吸收电子)、特征 X 射线信号、可见光信号(阴极荧光)。

吸收电子直接用电流表测出,其他电子信号用电子收集器收集;特征 X 射线用 X 射线谱仪检测;可见光信号用可见光收集器收集。

(3) 成像的物理信号。具有一定能量的电子,照射固体样品时,与样品内原子核和核外电子发生弹性和非弹性散射,激发样品产生多种物理信号。

1) 二次电子(SE)。入射电子与原子核外电子发生相互作用,使原子失掉电子称为离子(电离),脱离的电子称为二次电子。二次电子是距样品表面 5~10 nm 深度范围激发出来的低能电子。

对样品表面状态非常敏感,能有效显示样品表面的微观形貌。其产额越多,荧光屏上该部位亮度越大。产额与原子序数之间无明显依赖关系,不能进行成分分析。

空间分辨率较高,是扫描电镜成像的主要信号。

2) 背散射电子(BE)。电子射入样品,受到原子的弹性和非弹性散射,一部分电子的散射角大于 90°,从试样表面逸出,称为背散射电子、反射电子。

BE 又分为弹性背散射电子和非弹性背散射电子。前者能量损失很小,接近入射电子能量,是距样品表面 100~1000 nm 深度范围散射来的。

对样品物质的原子序数敏感,可以进行成分分析。BE 的形貌衬度不如 SE,但仍可作形貌分析。

3) 吸收电子(AE)。入射电子中部分与样品作用,随着非弹性散射次数增多,其能量损失、活动力降低,不能再逸出表面,被样品吸收,称为吸收电子。分辨率低。

4) 特征 X 射线。特征 X 射线是原子内层电子受到激发之后,在能级跃迁过程中直接释放的,具有特征能量和波长的一种电磁波辐射。发射深度为 500~5000 nm。利用其固定的波长,可进行成分分析和晶体结构研究。分辨率低。

5) 俄歇电子(AUE)。处于激发态的原子体系,释放能量的另一种形式是反射具有特征能量的俄歇电子。

距试样表面小于 10 nm 深度范围内反射的,可进行表层成分分析。

6) 透射电子(TE)。透射电子是入射束的电子透过样品而得到的电子。它取决于样品微区的成分、厚度、晶体结构及位向等。

7.2.3 图像解释

扫描电镜的图像是通过像衬度来解释。其图像的衬度是信号衬度:

$$C = \frac{i_2 - i_1}{i_2}$$

式中 i_1、i_2——电子束在样品表面扫描时从任何两点探测到的信号强度。

扫描电镜像衬度的形成主要基于样品微区(形貌、原子序数、晶体结构、表面电场磁场等方面)存在差异,入射电子与微区作用时,产生特征信号强度就存在差异,最后反映到显像管荧光屏上的图像就有一定的衬度。

根据衬度形成的依据分为形貌衬度、原子序数衬度和电压衬度:

(1) 形貌衬度。形貌衬度是由于试样表面形貌差异而形成的衬度。利用对样品表面形貌变化敏感的物理信号作为显像管的调制信号所得到的像衬度。

二次电子像的衬度是典型的形貌衬度。实验证明,对光滑试样表面、入射电子束能量大于 1 keV 且固定不变时,二次电子的产额与电子束入射角度的关系为

$$\text{SE 产额} \propto \frac{1}{\cos\alpha}$$

式中 α——入射电子束与试样表面法线之间的夹角。

实际样品的形状是复杂的,但都可以看作是由许多位向不同的小平面组成的。一般情况,入射电子束的方向是固定的,由于试样表面的凹凸不平,它对样品表面不同处的入射角也就不同,电子束在样品表面扫描时任何两点的形貌差表现为信号的强度差,进而形成衬度。

由于作用体积的存在,在断口峰、台阶、突出的第二相粒子处的图像特别亮。

二次电子像分辨率高、场深大、立体感强,是 SEM 主要成像方式。

背散射电子信号也可用来显示样品表面形貌,但它对表面形貌变化不很敏感,所以,背散射电子像的分辨率不如二次电子像。一般不用它观察形貌。

(2) 原子序数衬度。原子序数衬度是由于试样表面物质化学成分(原子序数 Z)差异而形成的衬度。利用对样品微区原子序数或化学成分变化敏感的物理信号作为显像管的调制信号所得到的一种显示微区化学成分差异的像衬度。

信号主要有:背散射电子、吸收电子、特征 X 射线。

1）背散射电子像衬度。背散射电子的产额（电子信号强度）随着试样表面物质的原子序数增加而增大（Z 小于 40 的元素，随 Z 变化较为明显），样品表面上平均原子序数较高的区域，产生较强的信号，图像上相应的像区较亮。

2）吸收电子像衬度。不考虑透射电子，吸收电子信号强度与二次电子和背散射电子的发射有关：

$$SE + BE + AE = 1$$

吸收电子像的衬度与二次电子像和背散射电子像互补（平均 Z 较大微区，BE 信号强度较高，AE 信号强度较低，二者衬度相反）。

（3）电压衬度。电压衬度是由于试样表面电位差异而形成的衬度。利用对样品表面电位状态敏感的物理信号作为显像管的调制信号所得到的像衬度。

采用二次电子作调制信号可得到电压衬度像。电压衬度可用来研究材料的工艺结构。

7.2.4 实验内容与步骤

实验内容与步骤：

（1）扫描电镜构造认识。对照实物，熟悉扫描电镜的基本构造，加深对其工作原理的了解。

（2）扫描电镜的操作演示：

1）电子束合轴：

① 调整灯丝电流饱和点；

② 调整电子束对中。

2）放置样品。

3）观察图像：

① 二次电子像，表面形貌衬度观察；

② 背散射电子像，原子序数衬度观察。

4）配合能谱仪进行定性分析。

5）拍照记录。

6）停机。

7.2.5 实验报告要求

(1) 简述扫描电镜的结构。

(2) 简要说明形貌衬度和原子序数衬度原理。

(3) 根据实验体会,说明对扫描电镜的认识。

思考题

(1) 简述扫描电镜的成像原理。

(2) 扫描电镜的分辨率与哪些因素有关?

(3) 扫描电镜对样品的要求是什么?

(4) 简述衬度的概念及扫描电镜图像衬度原理。

7.3 透射电子显微镜

7.3.1 实验目的与任务

(1) 了解透射电镜的基本结构、原理及操作。

(2) 通过明、暗场成像操作的实际演示,了解明、暗场成像原理。

(3) 通过选区电子衍射的操作演示,加深对电子衍射原理的了解。

(4) 通过对试样显微图像的观察,了解透射电镜图像衬度原理及其应用。

7.3.2 TEM 的工作原理、结构

(1) 原理。透射电镜用聚焦电子束作照明源,使用对电子束透明的薄膜试样,以透过试样的透射电子束或衍射电子束所形成的图像来分析试样内部的显微组织结构。

(2) 结构。透射电镜是一种高分辨本领、高放大倍数的电子光学仪器,主要由电子光学系统、电源系统、真空系统和操作控制系统四部分组成。其重点是电子光学系统,分为照明、成像及观察

记录;其他为辅助系统。

1) 照明系统。作用是提供光源;选择照明方式。

① 电子枪。是电镜的电子源,发射并使电子加速,其重要性仅次于物镜。决定了像的亮度、图像稳定度和穿透样品的能力。常用加速电压 50～200 kV,超高电压达数千伏。

② 聚光镜。多为磁透镜,其作用是将电子束会聚于样品上,并通过调节其电流来控制照明亮度、照明孔径角和束斑大小。

高性能透射电镜采用双聚光镜系统,提高照明效果。

2) 成像系统。物镜、中间镜和投影镜都是采用磁透镜,它们与样品室构成成像系统,作用是安置样品、放大成像。

① 物镜一般为短焦距强激磁的透镜,成一次像。

决定透射电镜的分辨本领,要求它有尽可能高的分辨本领、足够高的放大倍数和尽可能小的像差。

② 中间镜是长焦距弱激磁的透镜,成二次像。

③ 投影镜是短焦距强激磁的透镜,最后一级放大像,最终显示到荧光屏上,称为三级放大成像。

一般来说,物镜和投影镜的放大倍数固定,通过改变中间镜的电流来调节电镜总放大倍数。放大倍数越大,成像亮度越低,成像亮度与总放大倍数平方成反比。

3) 观察记录系统。电子是人眼无法观测的,透射电镜中的电子信息转换为可观察图像,是通过荧光屏和照相底版实现的。

7.3.3 明、暗场成像与选区电子衍射

(1) 明、暗场成像。透射电镜中,可以利用投影到荧光屏上的选区衍射谱进行两种最基本的成像操作。既可以选直射电子成像,也可以选部分散射电子成像。这种成像电子的选择是通过在物镜背焦面上插入物镜光阑实现的。选用直射电子形成的像被称为明场像,像清晰;选用散射电子形成的像被称为暗场像,像有畸变,分辨率低。

(2) 选区电子衍射。选区衍射就是选择特定像区的各级衍射

束成谱,即对样品中指定区域进行电子衍射。透射电镜以成像方式操作时,中间镜物平面与物镜像平面重合,荧光屏上显示样品中某一区域的放大图像。此时,如果在物镜像平面内插入一个孔径可变的选区光阑,让光阑孔只套住感兴趣的那个微区,那么光阑孔以外的成像电子束被挡住,只有进入光阑孔内的微区像进入中间镜和投影镜参与成像。

然后,降低中间镜的激磁电流变为衍射操作,那么只有感兴趣的那个微区散射的电子波可以通过选区光阑进入下面的透镜系统,荧光屏上将只显示选区范围以内晶体所产生的衍射花样。从而实现了选区形貌观察与衍射的对应。选区电子衍射的特点是可以把试样选区的显微像与衍射花样对照进行分析,从而得出有用的晶体学数据。

7.3.4 实验内容与步骤

(1) 透射电镜构造认识。对照实物,熟悉透射电镜的基本构造,加深对其工作原理的了解。

(2) 透射电镜的操作演示:

1) 透射电镜的调整。合轴调整是使电镜的照明和成像各组成部分严格同轴和消除透镜像散,从而简化获得高质量图形的操作。

电子枪合轴在镜筒外调节好灯丝尖端与栅极帽小孔的对中并将它们的组合件装到电子枪的高压瓷瓶上。当镜筒达到工作真空度后,加上所需电压,逐渐加大灯丝电流,同时注意电子束流标示及荧光屏的亮度,直至荧光屏的亮度和指示的束流不增加时为止。如果随灯丝电流增大,荧光屏反而变暗,则应调节电子枪对中装置,使荧光屏上的光斑达到最亮。调整照明部分的倾斜。

在变化物镜电流或加速电压的情况下,改变照明电子束的倾斜角度,使电流中心或电压中心与荧光屏中心重合即可。

2) 透射电镜的操作步骤:

① 镜筒抽真空。开动机械泵,进行抽真空。

② 置换样品。用样品传递装置将样品杯送入样品更换室，然后将样品更换室抽真空。打开样品更换室与样品室间的空气锁紧阀门，调节样品传递装置，把样品杯放入样品台中心孔内。

③ 将电子枪和灯丝加高压。

④ 打开聚光镜和成像透射电源开关，由低挡开始逐步给电子枪加上所需要的加速电压。

⑤ 观察图像。观察图像时，通常将成像透镜置于低放大倍率范围，使第二聚焦镜适当聚焦，调节物镜电流，使荧光屏上的图像显示清晰。然后将第二聚光镜散焦，移动样品台，选择样品的成像区域，确定图像的放大倍率，调节物镜电流使荧光屏上的图像清晰。拍照记录。

⑥ 停机。

(3) 明、暗场成像操作演示。明、暗场成像是透射电镜最基本也是最常用的技术方法，其操作比较简单。

暗场成像操作如下：

1) 在明场像下寻找感兴趣的视域；

2) 插入选区光阑围住所选择的视域；

3) 按“衍射”按钮转入衍射操作方式，取出物镜光阑，此时荧光屏上将显示所选区域内晶体产生的衍射花样。

4) 使入射电子束方向倾斜，以便用于成像的衍射束与电镜光轴平行，此时衍射斑点位于荧光屏中心。

5) 插入物镜光阑，以套住荧光屏中心的衍射斑点，转入成像操作方式，取出选区光阑。此时荧光屏上显示的图像即为该衍射束形成的暗场像。

通过倾斜入射束方向，把成像的衍射束调整至光轴方向，这样可以减少球差，获得高质量的图像，用这种方式形成的暗场像称为中心暗场像。在倾斜入射束时，应将透射斑移至原强衍射束斑位置，而将弱衍射束斑相应地移至荧光屏中心，变成强衍射斑点。

(4) 选区电子衍射的操作演示：

1) 在成像的操作方式下，使物镜聚焦，获得清晰的形貌像。

2）加入选区光阑将感兴趣的区域围起来，调节中间镜电流使光阑边缘的像在荧光屏上非常清晰，这就使中间镜的相面与投影镜的物面相重。

3）调整物镜电流使选区光阑内的像清晰，这就使物镜的像面与选区光阑处于同一平面上，保证了选区的准确。

4）移去物镜光阑，减弱中间镜电流，使中间物镜平面上移到物镜背焦面处，这时在荧光屏上就会看到衍射花样。为得到清晰的衍射花样，第二聚光镜适当欠焦以提供尽可能平行的入射电子束，同时调节中间镜电流，使中心斑最细小、最圆整。

7.3.5 实验报告要求

(1) 简述透射电镜的结构；

(2) 简要说明明、暗场成像的基本原理；

(3) 简要说明选区电子衍射的基本原理；

(4) 简要说明形貌衬度和原子序数衬度原理；

(5) 根据实验体会，说明对透射电镜的认识。

思考题

(1) 简述透射电镜的成像原理。如何改变透射电镜的放大倍数？

(2) 透射电镜中物镜和中间镜各处在什么位置，起什么作用？

(3) 透射电镜对样品的要求是什么？

(4) 选区电子衍射与明、暗场成像的本质区别是什么？

(5) 什么是衬度？透射电镜图像衬度有哪些？

7.4 热分析

7.4.1 实验目的与任务

(1) 了解差热分析、热重分析的基本原理。

(2) 了解热分析仪器的结构及使用方法。

(3) 熟悉综合热分析的特点,掌握综合热曲线的分析方法。

7.4.2 热分析方法

热分析是物理化学分析的基本方法之一,是根据物质的温度变化所引起的性能(能量、质量、尺寸、结构)变化,来确定状态变化的分析方法。

热分析的技术基础在于:物质在加热、冷却过程中,随着物理、化学状态的变化,通常伴随有相应的热力学性质或其他性质变化,通过对某些性质参数的测定,研究分析物质的物理、化学变化过程。它的主要内容包括以下几个方面:

(1) 差热分析(DTA):研究物质在加热过程中内部能量变化所引起的吸热或放热效应。

(2) 热重分析(TGA):研究物质在加热过程中质量的变化。

(3) 体积(长度)分析:研究物质在加热或冷却过程中所发生的膨胀或收缩。

(4) 对同一物质来说,上述几个方面的变化可能同时产生,也可能只产生其中之一二个。差热分析可作为物质的特性分析,通过与各种物质标准差热曲线对比,可做矿物组成的初步鉴定。若同时配合热重和体积分析,则可对矿物组成做出比较准确、可靠的判断,有助于确定热效应处发生了什么物理、化学变化。

(1) 差热分析:

1) 原理。物质在加热过程中的某一特定温度下,往往会发生物理、化学变化并伴随有吸热、放热现象。差热分析是通过物质在加热过程中特定温度下的吸热、放热现象来研究物质的各种性质的。它是在程序控制温度条件下,测量试样与参比物(热中性体)之间的温度差与温度(或时间)关系的一种技术。

在进行差热分析时,将样品和参比物分别放置在加热炉中的两个坩埚内,坩埚底部装有热电偶(见图 7-5),样品和参比物同时升温。当样品未发生物理、化学状态变化时,样品温度 T_s 和参比物温度 T_r 相同,$\Delta T = T_s - T_r = 0$;当样品发生物理、化学变化而产生放热或吸热时，样品温度高于或低于参比物温度，产生温度差ΔT，这个温差由置于两者中的热电偶反映出来。相应的温差热电势讯号经放大后送入记录仪，从而得到以ΔT为纵坐标，温度T（或时间t）为横坐标的差热分析DTA曲线，如图7-6所示。

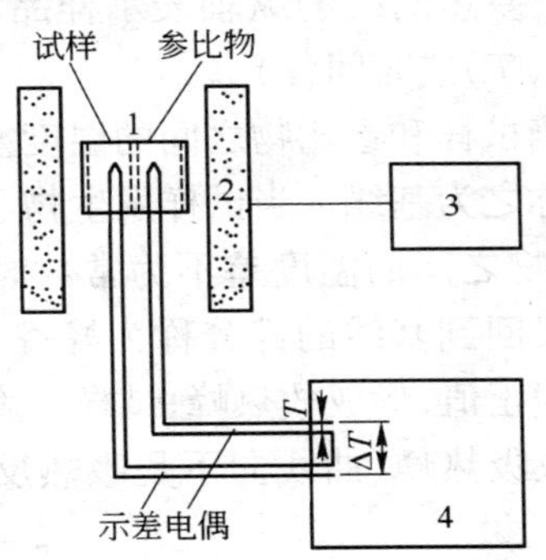

图7-5 示差热电偶的基本原理

1—试样支撑—测量系统；2—炉子；3—温度程序控制系统；4—信号放大及记录系统

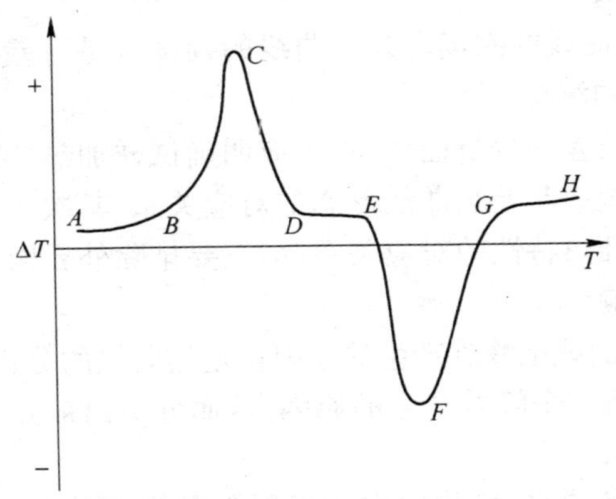

图7-6 典型的DTA曲线

差热分析方法能较精确地测定和记录一些物质在加热过程中发生的脱水、分解、相变、氧化还原、升华、熔融、晶格破坏和重建，以及物质间的相互作用等一系列的物理化学现象，并借以判定物质的组成及反应机理。

差热分析方法也是研究凝聚系统相平衡的一种方法,研究凝聚系统相平衡,通常有淬冷法(静态法)和热分析法(动态法)两种,动态法又分为冷却曲线法(或加热曲线法)和差热曲线法。

2) 差热曲线。差热曲线的纵轴表示样品和参比物的温度差 ΔT,横轴表示温度(T)或时间(t)。

差热分析中,当试样和参比物之间的温度差为常数时,差热曲线是一条平直线,称之为基线。当试样发生物、化学变化产生热效应而使试样和参比物之间的温度差不为常数时,差热曲线偏离基线,离开基线然后又回到基线的部分称为峰谷。试样温度高于参比物温度,温度差为正值,形成放热峰;试样温度低于参比物温度,温度差为负值,形成吸热峰(曲线向下是吸热反应,向上是放热反应)。

通过分析差热曲线出峰温度、峰谷的数目、形状和大小,结合样品来源及其他分析资料,可鉴定样品的矿物、相变,进而分析其吸热或放热效应。

① 差热曲线的判读。差热曲线的判读就是对差热分析的结果做出合理的解释。

正确判读差热分析曲线,首先应明确试样加热(或冷却)过程中产生的热效应与差热曲线形态的对应关系;其次是差热曲线形态与试样本征热特性的对应关系;第三要排除外界因素对差热曲线形态的影响。

② 差热曲线上峰谷产生的原因。差热曲线的分析,其根本是解释曲线上每一个峰谷产生的原因,从而分析出被测试样是由哪些物相组成的。

A 矿物的脱水:矿物脱水时表现为吸热。出峰温度、峰谷大小与含水类型、含水多少及矿物结构有关。

B 相变:物质在加热过程中所产生相变或多晶转变多数表现为吸热。

C 物质的化合与分解:物质在加热过程中化合生成新矿物表

现为放热;而物质的分解表现为吸热。

D 氧化与还原:物质在加热过程中发生氧化反应时表现为放热;而发生还原反应时表现为吸热。

③ 差热曲线上转变点的确定。根据国际热分析协会(ICTA)对大量试样测定的结果,认为曲线开始偏离基线那点的切线与曲线最大斜率切线的交点最接近于热力学的平衡温度,因此用外推法确定此点为差热曲线上反应温度的起始点或转变点。

外推法即可确定起始点,亦可确定反应终点。

对应于差热电偶测出的最大温差点温度称为峰值温度。该点即不表示反应的最大速度,亦不表示热反应过程的结束。通常峰值温度较易确定,但数值易受加热速率及其他因素的影响,较起始温度变化大。

④ 热反应速度的判定。差热曲线的峰形与试样性质、实验条件等密切相关。同一试样,在给定的升温速度下,峰形可以表征其热反应速度的变化。峰形陡,热反应速度快;峰形平缓,热反应速度慢。由热反应的起点 T_a、终点 T_b 及峰值温度点 T_p 构成的峰形可用图 7-7 中划分的线段 M 与 N 的比值为表示其斜率的变化 $\tan\alpha/\tan\beta = M/N$,该式不仅反映出试样热反应速度的变化,而且具有定性意义。

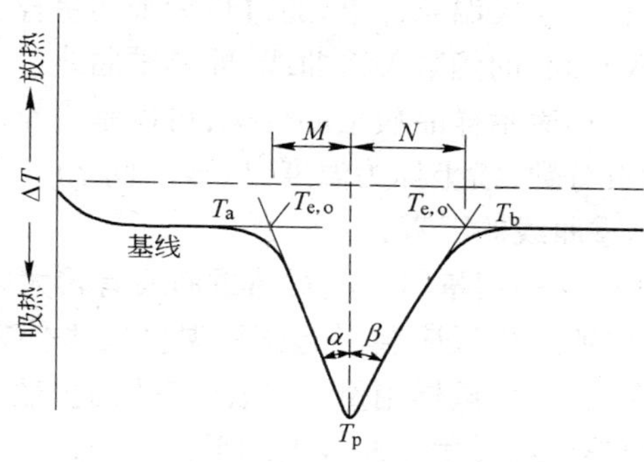

图 7-7 差热曲线的判读

⑤ 矿物鉴定和分析。应用差热曲线进行矿物鉴定,如果被测物质是单相矿物,可将测得差热曲线与标准物质的曲线或标准图谱集上的曲线对照,若两者的峰谷温度、数目及形状大小彼此对应吻合,则基本可以判定。若被测物质是混合物,混合物中每种物质的物理化学变化或物质间的相互作用都可能在曲线上反映出来,峰谷可能重叠,峰温可能变化,这时若只将所测曲线与标准图谱对比,一般不能做出确切的判定,通常应结合其他鉴定方法,如 X 射线衍射物相分析等进一步确定。

另外,矿物本身及实验条件对差热曲线的峰谷温度及形貌影响较大,例如矿物不纯或掺杂、颗粒度、用量及装填密度、升温速度以及气氛等,都可以使峰温产生位移、曲线形貌改变、分辨率降低。分析时应仔细考虑各种因素并结合样品来源及其他分析资料,做出正确判断。

(2) 热重分析:

1) 原理。许多物质在加热或冷却过程中,除产生热效应外,往往有质量变化,其变化的大小及出现的温度与物质的化学组成和结构密切相关。

利用加热或冷却过程中物质质量变化的特点,可以区别和鉴定不同的物质。

热重法是在程序控温条件下,通过热天平测量样品质量,得到质量与温度(或时间)的函数关系曲线,即热重曲线(TG 曲线)。

曲线的纵坐标表示样品质量的变化,可以是失重的百分数,还可以是余重的百分数;横坐标为温度 T(或时间 t)。

2) 影响热重曲线的因素:

① 试样。试样的用量与粒度对热重曲线有较大影响。

试样的吸热或放热反应会引起试样温度发生偏差,试样用量越大,偏差越大。另外,试样用量大,逸出气体的扩散受到阻碍,热传递受影响,使热分解过程在曲线上的平台不明显。

试样的粒度不同会使气体产物的扩散过程有较大变化,会导致反应速率和曲线形状的改变。粒度越小,反应速率加快,曲线上反应区间变窄。

② 气氛。试样周围的气氛对试样热反应本身有较大影响，试样的分解产物可能与气流反应，也可能被气流带走，使热反应过程发生变化。气氛的性质、纯度、流速对曲线的形状有较大影响。

3）注意事项：

研究证明，不同矿物具有不同的失重曲线，若将未知矿物的失重曲线与一套纯矿物的标准曲线进行比较，即可鉴定未知矿物组成。但是在许多情况下，未知样品往往不只含一种矿物，而有些矿物的失重温度范围常常相差不大或基本一样，这就给单凭失重曲线鉴定矿物组成带来困难，因此确定矿物组成还需和其他研究方法（如 X 射线分析、电子显微镜分析等）配合，才能获得可靠的结果。

(3) 综合热分析：

将单功能的热分析仪相互组装在一起，就可变成多功能的综合热分析仪。如 DTA-TG、DSC-TG、DTA-TMA、DTA-TG-DTG 等。其优点是在完全相同的实验条件下即在同一次实验中可以获得多种信息，如 DTA-TG-DTG 综合热分析可以一次同时获得差热曲线、热重曲线和微熵热重曲线。根据在相同实验条件下得到的样品热变化的多种信息，就可比较顺利地得出符合实际的判断。

综合热曲线实际上是各单功能热曲线测绘在同一张记录纸上，因此，各单功能标准热曲线可以作为综合热曲线中各个曲线的标准。利用综合热曲线进行矿物鉴定或解释峰谷产生的原因时，可查阅有关的标准图谱。

7.4.3 实验仪器设备

WCT-A 型微机差热天平为微机化的 DTA-TG-DTG 同时分析仪。其中 WCT-1A 型为中温型（室温～1100℃），WCT-2A 型为高温型（室温～1400℃），可以对微量试样同时进行差热分析，热重测量及热重微分测量。主要技术指标：

(1) 调温速度：0.1～200℃/min，间隔 0.1℃/min；

(2) 差热量程：±10 μV，±25 μV，±50 μV，±100 μV，±250 μV，±500 μV，±1000 μV；

(3) 热重量程：1 mg，2 mg，5 mg，10 mg，20 mg，50 mg，100 mg，200 mg；

(4) 微分量程：2 mV/min、5 mV/min、10 mV/min、20 mV/min、50 mV/min；

(5) 坩埚容积：0.06 mL。

7.4.4　试样制备

试样一般用 100～300 目的粉末，聚合物可切成碎块或碎片，纤维状试样可截成小段或绕成小球，金属试样可加工成碎块或小粒。

试样量一般不超过坩埚容积的 4/5，对于加热时发泡试样，不超过坩埚容积的 1/2 或更少，或用氧化铝粉末稀释，以防止发泡时溢出坩埚，污染热电偶。

参比物是在测温区内热中性物质，一般用 α-Al_2O_3 粉末，粒度为 100～300 目，经过 1300℃以上高温焙烧和干燥保存。

参比物的导热性能及热容最好与试样接近，以减少差热曲线基线的漂移。做金属试样的差热分析时也可用铜或不锈钢做参比物。试样量较少或热容很小时，也可以不用参比物，直接放空坩埚。

7.4.5　实验内容与步骤

(1) 实验内容。在综合热分析仪上测绘 *DTA-TG* 曲线，并对曲线进行分析。

(2) 实验步骤：

1) 将选择好的参比物和待测试样分别装填进参比物座和试样座，尽可能使试样与参比物有相近的装填密度。(为使试样的导热性能与参比物相近，常在试样中添加适量的参比物使试样稀释。)

2）将试样容器平稳放入加热炉内，调整好热电偶的位置以及记录仪零点。

3）调节控温器升温速度（一般为 1～10℃/min）及记录仪走纸速度，记录仪走纸速度根据升温速度而定。

4）按规定速度升温同时记录以下参数：

① 标明使用物（试样、参比物、稀释剂）的名称、组成、试样的质量和稀释方法；

② 标明使用物的来源；

③ 记录升温速度；

④ 记录炉膛气氛的压力、组成、纯度；注明其状态（静止或流动）；

⑤ 记录试样的装填方法及试样的大小、形状。

7.4.6 实验报告要求

（1）简述差热分析、热重分析的基本原理；

（2）记录实验过程，测绘 *DTA-TG* 曲线并判读曲线；

（3）对实验中所观察到的现象、得到的结果进行分析讨论。

思考题

（1）简述差热分析的原理及应用。

（2）差热分析中放热峰和吸热峰产生的原因有哪些？

（3）简述热重分析的原理及应用。

（4）试样数量、粒度、试样与基准物的热容差及升、降温速率对结果有何影响？

（5）试对实验中所观察到的异常现象及误差做出合理解释。

（6）如果两套仪器测得两条差热曲线形状、特征温度不一致，请做出可能的解释。

（7）实验中影响测试准确度的因素有哪些？

8 综合、设计性实验

8.1 高铝质浇注料的制备

8.1.1 实验目的

(1) 了解高铝质浇注料的生产工艺过程、掌握生产工艺原理。

(2) 了解耐火材料性能测试设备及检测方法。

(3) 通过本实验,了解不同配比、不同热处理温度对高铝质浇注料性能的影响。

8.1.2 实验内容

通过对高铝质浇注料配方的设计、原料的选择、配料计算、试样制备、性能的测试,对高铝质浇注料性能进行综合评价。

8.1.3 实验原理

实验原理参照耐火材料工艺学教材。

8.1.4 实验设备与原料

(1) 台秤及天平(感量 0.001 g);

(2) 游标卡尺;

(3) 破粉碎设备:颚式破碎机、对辊破碎机、磨粉机;也可采用加工好的颗粒、粉料;

(4) 高温电阻炉;

(5) 水泥胶砂搅拌机;

(6) 成型模具 160 mm×40 mm×40 mm 三联模;

(7) 电热干燥箱;

(8) 耐压强度实验机、抗折强度实验机、气孔率实验设备等;

(9) 原料:高铝矾土熟料,CA-50 铝酸盐水泥,三聚磷酸钠等。

8.1.5 实验步骤

按下面工艺流程进行实验:原料→破粉碎→配料→干混→湿混→浇注成型→脱模养护→干燥→性能测试→热处理→冷却后性能测试。

(1) 试样制备:

1) 确定高铝质浇注料的组成和选用的原料;

2) 进行配料计算:确定各种颗粒料、细粉料级配及用量,粒度要求:5~8 mm15%,3~5 mm20%,1~3 mm15%,0~1 mm20%。高铝水泥+<0.088 mm30%,外加三聚磷酸钠 0.18%。选取不同的高铝水泥用量(加入量为 12%、14%、16%),每组同学完成一种热处理温度下的几种配方试样。

各组同学也可自行选择原料、进行颗粒级配及配方的设计、选择热处理温度进行实验。

3) 按配方计算量称重,在搅拌机内充分干混均匀,然后加入 6%~8%的水,混合均匀。

4) 成型:将试料浇注成 160 mm×40 mm×40 mm 的试样,养护后备用,测量试样尺寸,做好标记。

(2) 干燥。将试样在干燥箱中干燥,干燥温度 110℃,干燥时间 24 h 以上。测试干燥后试样的性能。

(3) 烧成。将干燥后的试样装入高温电炉中烧成,按电炉操作规程操作,最高烧成温度为 800℃、1200℃、1400℃,在该温度下保温 3 h(每组完成一个烧成温度)。

(4) 测试试样的性能。冷却后测试项目如下:烧后线变化率(%),测试温度为 800℃、1200℃、1400℃,常温耐压强度(MPa),常温抗折强度(MPa),测试温度为 110℃、800℃、1200℃、1400℃冷却后,显气孔率(%),并记录。

8.1.6 实验报告

(1) 实验目的。

(2) 实验仪器、设备及工作原理。

(3) 叙述高铝质浇注料的生产工艺要点(或实验过程)。

(4) 实验原始数据。

(5) 分析不同水泥含量,不同热处理温度对高铝质浇注料性能的影响,综合分析后确定出高铝质浇注料的配方。

(6) 分析实验过程中的现象和影响性能指标的因素。

思考题

(1) 浇注料成型中加水量对试样强度有何影响?

(2) 热处理温度及保温时间对试样性能的影响?

说明:综合性实验按组进行,采用轮换或每人做一部分的形式共同完成,集中讨论分析实验结果。

8.2 莫来石质高温材料的合成

8.2.1 实验目的

(1) 了解人工合成莫来石高温材料的生产工艺过程、掌握生产工艺原理。

(2) 了解高温材料性能测试设备及检测方法。

(3) 通过本实验,了解采用不同原料制备莫来石的方法及一般人工合成高温材料的方法和步骤。

8.2.2 实验内容

通过对合成莫来石原料配方的设计,配料计算、试样制备、性能的测试,对所合成的莫来石性能进行综合评价。

8.2.3 实验原理

(1) 工艺原理。用工业氧化铝、氢氧化铝与黏土或硅石等原料经适当配合来合成莫来石。目前国内外采用的配方大致为以下几种：

1) 工业铝氧 + 黏土(纯净高岭土和叶蜡石)；

2) 工业铝氧 + 硅石；

3) 工业铝氧 + 高铝矾土(Al_2O_3 含量较低)；

4) α-Al_2O_3 + 硅石(或熔融石英)。

我国主要采用第一种配方。

合成莫来石熟料的生产工艺基本上分为：

1) 物料经干状混合、粉碎后成球,在回转窑内煅烧成合成莫来石熟料；

2) 物料经湿法粉碎,压滤成坯块,在回转窑内煅烧；

3) 将工业氧化铝和耐火黏土用可塑法压成坯块,在隧道窑内煅烧成合成莫来石熟料；

4) 电熔法,将上述配合料混合好装入电弧炉中熔融生产合成莫来石熟料。

(2) 配料计算：按 Al_2O_3-SiO_2 系相图,Al_2O_3 含量为 71.8%～77.3%,SiO_2 含量为 22.7%～28.2%时,Al_2O_3/SiO_2 应在 2.55～3.40 范围内。但由于原料自身的组成及工艺的不同,配料的合理性应通过试验得出。采用工业铝氧和高岭土或叶蜡石配料时,配料中 Al_2O_3 含量应达 68%或稍高些,但不超过 72%,此时莫来石含量最高,不出现刚玉相。原洛阳耐火材料研究院用工业氧化铝和苏州土合成莫来石,认为 Al_2O_3 含量为 68%较为适宜。玻璃搪瓷工业科学研究所认为,配料中 Al_2O_3 为 66%～68%最好。李广平研究天然矾土的相变化,Al_2O_3 含量为 65%～68%时,熟料中莫来石含量最高。平田雄使用氢氧化铝和水选黏土合成莫来石得出,70%Al_2O_3 使熟料有 1%的刚玉,当 Al_2O_3 含量超过 70%时,刚玉量则剧增。以纯度高的工业铝氧和硅石(或熔融石英)配制时,其 Al_2O_3 含量一般应比莫来石的理论值高 1%～3%。

例如：某厂用烧结法以特级生焦宝石和工业氧化铝合成莫来石,所用原料化学成分见表 8-1。特级生焦宝石物理性能：气孔率

2.30%,密度 2.55 g/cm^3,吸水率 0.90%,耐火度大于 1770℃。原料加热失重率见表 8-2。

表 8-1　原料化学成分(%)

原　　料	Al_2O_3	SiO_2	Fe_2O_3	TiO_2	MgO	R_2O	灼减
特级生焦宝石	39.59	44.36	1.25	0.63	0.18	0.057	13.81
工业氧化铝	96.75	0.13	0.21	0.11	0.11	0.12	0.015

表 8-2　原料加热失重率(%)

原　　料	200℃	400℃	600℃	800℃	1000℃
特级生焦宝石	0.58	0.90	8.45	13.29	13.51
工业氧化铝	0.42	0.63	0.87	0.97	0.98

考虑到两种原料的 Al_2O_3 含量及灼减量,Al_2O_3 含量以 71.49%,$\frac{Al_2O_3\%}{SiO_2\%}=2.75$ 为宜。

所以 $SiO_2\%=\frac{Al_2O_3\%}{2.75}=\frac{71.49\%}{2.75}=26\%$,所以需要特级生焦宝石的份数为$\frac{26}{44.36}\times100=58.6$ 份,58.6 份特级生焦宝石引入的 Al_2O_3 为:$\frac{58.6\%\times39.59\%}{100\%}=23.2\%$,剩余的 Al_2O_3 为 $71.49\%-23.2\%=48.29\%$,所以,需要的工业氧化铝份数为$\frac{48.29}{96.75}\times100=49.9$ 份,原料的总量 $=58.6+49.9=108.5$ 份,化为各原料重量%结果为

特级生焦宝石　　$\frac{58.6}{108.5}\times100\%=54\%$

工业氧化铝　　$\frac{49.9}{108.5}\times100=46\%$

所以特级生焦宝石:工业氧化铝粉重量百分比为=54:46。

8.2.4　实验设备

实验设备及器材如下:

(1) 台秤及天平(感量 0.001 g);

(2) 游标卡尺;

(3) 成型模具 ϕ36 mm×36 mm 钢制试模;

(4) 电热干燥箱;

(5) 高温电阻炉;

(6) 耐压强度试验机、抗折强度试验机、气孔率试验设备等。

8.2.5 实验步骤

按下面工艺流程进行实验:原料→破粉碎→配料→干混→湿混→压制成型→脱模→干燥→烧结→冷却后性能测试。

(1) 试样制备:

1) 确定合成莫来石的配料组成;

2) 加入少许 CMC 溶液或其他结合剂混匀。

3) 成型:

① 在油压机上用钢模将混合料压制成 ϕ36 mm×36 mm 试块。缓慢烘干备用。

② 测量试样尺寸,做好标记。

(2) 烧结:

1) 根据原材料在烧结过程中可能发生反应的温度范围,制定出烧结莫来石高温材料的烧结制度。

2) 按照电炉操作规程进行操作,按升温曲线进行烧结。

(3) 测试:

1) 测量烧后试样尺寸并记录;

2) 测试烧后试样的气孔率、体积密度、吸水率、抗热震性等指标。

8.2.6 实验报告

(1) 成型。实验目的,莫来石原料配制计算,成型操作步骤;

(2) 烧结。实验目的,原料在烧结过程中可能发生的物理、化学反应的类型和相应的温度段,设置的烧结制度(每段的升温速度和保温时间);

(3) 各操作步骤相应的数据记录、实验中发生的现象、实验结果;

(4) 实验结果分析。

思考题

(1) 合成莫来石高温材料烧结过程中主要发生哪些反应?

(2) 不同原料合成莫来石时对产品性能有何影响?

8.3 高温材料烧结性实验

8.3.1 实验目的与任务

(1) 掌握试样制备过程(物料的混合、成型、干燥、烧成)。

(2) 加深对烧结、液相烧结概念的理解。

(3) 掌握与烧结相关实验现象。

(4) 掌握材料气孔率、体积密度的测试方法。

(5) 掌握体系组分数对烧结的影响。

8.3.2 实验仪器与原料

LP1002 型电子天平、YA71-45A 型液压机、101 型电热鼓风干燥箱、XZWL-13-8Y 型中温实验炉、游标卡尺。原料:一级高铝骨料和细粉、钾长石细粉。

8.3.3 实验内容与步骤

(1) 实验内容包括:试样的成型与烧结,试样尺寸变化测量,试样体积密度和气孔率测量。

(2) 实验步骤:

1) 坯料制备。配料计算,所需试样个数:9 个,其中 3 个为一组,共制备 3 组试样。其中 1 组试样由高铝料组成,另外两组颗粒料为高铝骨料,细粉用钾长石取代部分高铝细粉,钾长石为两个引入量,分别对应另外 2 组试样。按二级配料进行配料,配料比为颗粒料:细粉=65:35。

试样压制成 ϕ36 mm×36 mm,试样体积密度按 2.5 g/cm^3 估算,根据试样的体积和体积密度计算每组试样所需物料量。为了增加坯体的强度在细粉中外加 2% 白糊精。

配料:根据计算结果称量好各种物料,在样品盘中首先加入颗粒料,然后加入 5% 水,进行搅拌至均匀,然后加入细粉进行搅拌,直至不再发现白颗粒为止。将搅拌好的物料导入塑料袋中备用。

2) 成型。成型在 YA71-45A 型液压机上进行,根据试样尺寸计算每个试样所需质量,成型压力为 12~15 kN。

成型时首先将模具清理干净,将模套和垫片置于压机下垫板上,把称量好的坯料倒入模具,插入上压杆进行加压,加压时应掌握先轻后重,以免产生层裂,达到最大压力时保压 3 min;然后将模具倒置加上脱模器脱模,将成型好的试样放入试样盘,每组试样成型 3 个,每组学生成型 3 组,计 9 个。

将试样放入烘箱进行烘干,烘干时掌握先低温后高温,以免试样干燥开裂,干燥完毕,测量试样尺寸,并做好标记,以备烧成后测量烧成后尺寸。

3) 试样的烧成。试样烧成在高温电阻炉中进行,烧成温度 1400℃,保温 3 h。升温过程中低温阶段升温速度要慢,大于 600℃ 升温速率可以较高,可达 20℃/min。达到 1400℃,保温 3 h,然后自然冷却,待冷却至低于 100℃ 方可出炉。

4) 烧成试样尺寸测量:等试样冷却至室温进行试样尺寸测量。根据原有标记进行烧成后试样尺寸测量,对试样高度和直径进行测量,并进行记录。

5) 气孔率和体积密度测量:测试烧后试样的气孔率、体积密度,测试采用阿基米德法进行测试。气孔率、体积密度在专用设备上进行,分别测试试样的干重、湿重和悬浮重。

显气孔率不仅反映材料的致密程度,而且反映其制造工艺是否合理,是评定耐火制品的一项重要指标。吸水率则用来评定原料烧结程度的好坏。体积密度表示制品的密实程度,在生产中用来评定坯体的质量和计算重量。按下面公式可分别得到试样的显气孔率、吸水率和体积密度。

显气孔率(P_a):

$$P_a(\%)=\frac{m_3-m_1}{m_3-m_2}\times 100\% \tag{8-1}$$

吸水率(W_a):

$$W_a(\%)=\frac{m_3-m_1}{m_1}\times 100\% \tag{8-2}$$

体积密度(D_b):

$$D_b(g/cm^3)=\frac{m_1\times D_1}{m_3-m_2} \tag{8-3}$$

式中　D_1——浸渍液体的密度,此处为水,取 $D_1=1\ g/cm^3$ 即可;

m_1——试样干重,g;

m_2——试样悬浮重,g;

m_3——试样湿重,g。

8.3.4 实验报告

(1) 试样制备:

试样的配料、干燥、成型和烧成过程制备步骤。

(2) 试样体积密度测试过程与数据计算:

试样体积密度、气孔率测量过程及数据处理。

(3) 实验结果分析与讨论。

(4) 实验收获与体会。

思考题

(1) 烧结概念与烧结相关现象。

(2) 液相烧结与液相烧结致密化机理。

(3) 毛细现象。

(4) Al_2O_3-SiO_2-K_2O 相图,K_2O 含量对液相量的影响。

8.4 二级颗粒最佳级配实验

8.4.1 实验目的与任务

(1) 掌握颗粒级配的测定方法。

(2) 熟悉测定颗粒体积密度的设备及试验方法。

(3) 分析不同细粉含量对混合料堆积容重的影响,并得出最佳结论。

在通常情况下,用户希望耐火制品最好是致密的,即要求制品内部存在的空隙越少越好。因为致密的制品,其强度较高,同时也能增强制品对炉渣侵蚀的抵抗能力。为此,在制品生产上均将制砖原料先破碎成较小的颗粒状,并分粗、中、细等不同的粒级。单一粗级颗粒堆积起来所形成的较大空隙用细级颗粒料来加以充填,细颗粒料填充粗颗粒料空隙之后还会存在更细小的空隙,这些空隙则用更细的粉末料来加以填充,这样逐级填充的结果就可以使制品在单位体积内所能容纳的料逐渐增多,即达到逐渐趋于致密的目的。

为了实现粗、中、细各级颗粒料经过混合之后,能够达到最致密的结果,就必须使粗、中、细各级颗粒之间在数量上有一个合理的比例。如果粗颗粒过多或细颗粒过多,均会引起混合物堆积密度的下降。

在生产上,根据产品的使用要求,确定各种原料以及各种原料的不同粒级之间的比例关系并按此比例来加以控制。这项工作称之为配料。按粒度要求进行配料,只是配料工作的一部分。

本实验的目的仅仅是针对颗粒级配料作一次初步的实验研究。为了易于掌握配料的基本原理和便于研究,本实验仅以二级配料为例。

在进行配料实验之前,应首先完成以下三项工作:

(1) 测定粗颗粒(2.5~5.0 mm)的体积密度(颗粒密度);

(2) 测定粗颗粒(2.5~5.0 mm)的堆积密度;

(3) 计算粗颗粒的空隙度。

在完成以上工作之后方能进行二级颗粒最佳级配的实验。

8.4.2 粗颗粒体积密度的测定(粒径在 2.5～5.0 mm)

(1) 目的与定义:

本实验是根据颗粒级配计算上的需要而进行的一个测定项目,其目的是为确定粗颗粒堆积后的空隙度提供必要的数据。

关于耐火原料,熟料颗粒的体积密度的检验方法,GB/T 2999—2002 对颗粒的体积密度所做的定义如下:

$$D_{体} = \frac{试样质量}{试样真体积 + 闭口气孔体积}$$

从颗粒级配出发,本实验对颗粒的体积密度的定义作如下修改:

$$D_{体} = \frac{试样质量}{试样真体积 + 闭口气孔体积 + 微细开口气孔体积}$$

式中所指微细的开口气孔体积是指颗粒级配中的细粉所不能进入的开口气孔体积,也就是指开口气孔直径小于细粉粒径的那部分开口气孔体积。

根据 D'体的定义来作测定,实际上是有很大困难的,目前还没有一个可寻的好方法。因此只能采用近似的方法,得出一个近似的结果。

为了使测定工作不致过于繁琐,我们不拟采用(GB/T2999—2002)所规定的方法。而采用如下近似简化法。这种近似简化法所得的结果,应用在颗粒级配的计算上已完全能够满足需要。

(2) 仪器与用具:

1) 工业天平,感度 0.01 g;

2) 比重瓶;

3) 玻璃漏斗;

4) 滴管、小毛刷等。

(3) 测定步骤:

1) 将已破粒的料先通过 5.0 mm 筛,随之再通过 2.5 mm 筛,取 2.5 mm 筛上料若干,然后对试样进行水洗,除掉表面附着的细粉及混入其中的易漂浮的杂质,再经烘干之后即可备用。

2) 向比重瓶盛入净水,使液面至零刻度附近,用滴管调节液面高度。使液面恰至刻度零处。

3) 称取粗颗粒试样,这样量可参照表 8-3 选取,准确至 0.01 g,实际重量以 G 表示(g)。

表 8-3 粗颗粒试样选取

试样品名	硅石颗粒	镁砂颗粒	高铝熟料颗粒
试样克数	54～59	57～73	65～70

4) 将称好的试样借助玻璃漏斗徐徐倒入比重瓶内,倒入过猛易在比重瓶细颈中间堵塞,操作时尽量使比重瓶保持静止状态,不许摇动比重瓶。

5) 试样倒净后,立即读取液面上升后液面处的刻度读数,依此算出被排出的水的体积,以 V(cc)表示。

(4) 计算颗粒的体积密度

颗粒的体积密度用下式计算求出:

$$D'_{体} = \frac{G(\mathrm{g})}{V(\mathrm{cc})}$$

每实验小组做 3 次,求得的 3 次体积密度的极差(最大值与最小值之差)不得大于 0.03,然后求其平均值,此平均值作为求空隙度的依据。

(5) 实验报告

体积密度实验报告见表 8-4。

表 8-4 体积密度实验报告

学生组别　　　　　　颗粒品种　　　　　　日期

测定次序	比重瓶初始读数 cc	倒入试样后读数 cc	排水体积 cc	试样重 /g	试样体积密度
第 1 次					
第 2 次					
第 3 次					

体积密度平均值为

思考题

(1) 每测定一次后，摇动或倾斜转动比重瓶，注意观察一下有什么现象发生，这个现象说明了什么问题？

(2) 3次测定结果是否一致，如果不一致，试分析其原因在哪里？

(3) 这个测定结果与定义相比是否一致，如果不一致，是偏大了或者偏小了？

(4) 与他组同学所测结果对照一下，是否一致，相差有多少？

8.4.3 粗颗粒堆积密度的测定(粒径在2.5～5.0 mm范围内)

(1) 目的与意义。本次实验是根据颗粒级配计算上的需要而进行的一个测定项目，其目的是为确定粗颗粒堆积后的空隙度提供必要的数据。

从颗粒级配的需要出发，本实验堆积密度(r_D)作如下定义：

$$r_D = \frac{\text{试样的质量}}{\text{振动条件下的堆积体积}}$$

式中，所谓振动条件下的堆积体积是指在自然堆积后，又经人工或机械振动的作用而使颗粒与颗粒之间的排布更趋紧凑。规定这样的实验条件，其目的在于使它能更接近于实际生产上所采用的成型方法的条件。

(2) 仪器与用具：

1) 5 kg台秤：感量5 g；

2) 1 L铁量筒1个；

3) 振动跳桌；

4) 100 mm×100 mm玻璃板，1块；

5) 钢尺、滴管、大瓷盘、5 kg盛料筒等。

(3) 实验步骤A(测定量筒内试样重量)：

1) 称1 kg铁量筒的自重(估计读数至克)；

2) 将试样盛满量筒内，用钢尺刮平；

3）将量筒放在跳桌的中心处，手摇跳桌把手，振动 10 次；

4）振动后试料在量筒内已下陷，再向量筒内盛满试料，再用钢尺刮平；

5）称铁量的筒带料的总量；

6）计算铁量筒内试料的质量，以克表示之。

每实验小组做 3 次，求其平均值，作为求算堆积密度的数据。测定记录见表 8-5。

（4）实验步骤 B（测定量筒体积）：

1）称取量筒及润湿过的玻璃板之自重和（估计至克），以 G_1 表示。

表 8-5　测定记录表

学生组别　　　　颗粒品种　　　　日期

测定顺次	量筒与试样总重/g	量筒自重/g	试样净重/g	平均值/g
1				
2				
3				

2）将净水倒入量筒，使液面高度接近量筒高度，注意不要使水外溢。

3）用润湿过的玻璃板盖在量筒上，玻璃板与量筒之间留有一个开口。

4）从开口处，用滴管向量筒内注入净水，一边注水，一边移动玻璃板，应注意保持玻璃板下无气泡存在，最后将开口封住。

5）称取量筒，玻璃板以及水的总重（估计至克）以 G_2 表示。

每实验小组做 3 次，求其平均值，作为求算堆积密度的依据。

（5）计算试料的堆积密度 r_0：

试料的堆积密度重用下式计算求出

$$r_0 = \frac{G}{V}$$

式中　r_0——堆积密度，g/cm^3；

G——量筒内试料的重量,g;

V——量筒的体积,cm^3。

测定记录见表 8-6。

表 8-6　测定记录表

学生组别　　　　　　量筒编号　　　　　　日期

测定顺次	G_2/g	G_1/g	量筒容积 G_2-G_1/cc	平均值 V/cc
1				
2				
3				

注:假定水的比重为 1。

8.4.4　计算粗颗粒的空隙度

空隙度是表明粗颗粒紧密堆积后,其中空隙所占据空间的程度。为了提高耐火制品的致密度,这些空隙就应当用粒径更小的细料充填。所需要填充的细料量的多少与粗颗粒的空隙度密切相关。为此须计算出粗颗粒空隙度的大小,空隙度的大小通常以%表示。其物理意义:一定质量粗颗粒在紧密堆积的条件下,其中被空隙所占据的体积与粗颗粒紧密堆积条件下所占用的空间体积之比的百分数。

空隙度以 a 表示,其值可按下式求出:

$$a = \left(1 - \frac{r_0}{D'_{体}}\right) \times 100\%$$

式中　r_0——粗颗粒的堆积密度;

$D'_{体}$——粗颗粒的体积密度。

8.4.5　二级颗粒最佳级配实验

为了便于研究起见,首先做如下几点假定:

(1) 本实验所用的粗颗粒与细粉均系同种原料,假定细粉的堆积容量与粗颗粒的堆积密度相同(当原料相同时,实际上细粉的堆积密度较大)。

(2) 假定粗细两种料加以混合以后,粗颗粒的各个颗粒之间是相互直接接触的。

(3) 粗颗粒之间的空隙全部被细料所充填。

令:$V_{粗}$——表示粗粒料的堆积体积;

$V_{细}$——表示细粉料的堆积体积;

a——表示粗粒料的空隙度;

$G_{粗}$——表示粗粒料的用量;

$G_{细}$——表示细粉料的用量;

N——表示细粉料用量占混合料的质量分数,%;

令:$r_{粗}$——表示粗粒料的堆积密度;

$r_{细}$——表示细粉料的堆积密度。

根据假定(2)和(3),可列出如下方程式:

$$V_{细} = V_{粗} \times a \tag{8-4}$$

$$= \frac{r_{细} \cdot V_{细}}{r_{细} \cdot V_{细} + r_{粗} \cdot V_{粗}} \times 100\%$$

$$= \frac{V_{细} \cdot V_{粗} \cdot a}{r_{细} \cdot V_{粗} \cdot a + r_{粗} \cdot V_{粗}} \times 100\%$$

$$= \frac{a}{a + \frac{r_{粗}}{r_{细}}} \times 100\% \tag{8-5}$$

根据假定(1),即 $r_{粗} = r_{细}$,上式(8-2)可改写为

$$N = \frac{a}{1 + a} \times 100\% \tag{8-6}$$

举例计算:已知粗颗粒的堆积密度 $r = 1.358\ \text{g/cm}^3$,其体密度 $D = 2.6\ \text{g/cm}^3$,求 $N = ?$

$$a = \left(1 - \frac{1.358}{2.6}\right) \times 100\% = 47.8\%$$

$$N = \frac{a}{1 + a} \times 100\% = \frac{0.478}{1 + 0.478} \times 100\% = 32.3\%$$

根据计算结果:$N = 32\%$,此结果表明按假定的理想状态所需细粉料含量的百分率。但实际上存在的状态并非与假定条件一

致,其中最突出的差异是粗细两个组分混合并无法保证粗颗粒之间都是相互密切接触,因此要想达到真正的密堆积状态,务必增大细粉含量才行。究竟将细粉增加到什么程度才能使混合料的堆积密度最大?这个问题尚无法凭计算来求得解决,而必须根据实验结果来确定。

如果各个粗颗粒之间不能相互直接接触,实质上就相当于增大了粗颗粒的空隙度 a。为了更接近于实际情况,应将公式(8-3)改写成如下形式:

$$N=\frac{a}{1+a}\cdot K$$

式中,K 称为拨开系数。

目前所要研究的问题,就变成如何确定 K 值的问题。K 值取多大才能使混合料达到最紧密的堆积状态。

K 值的确定方法:必须以实验为手段,通过一系列实验结果从中找出堆积密度与细粉含量之间的关系曲线。为此可按表 8-7 进行测定。

表 8-7 测定混合料堆积密度安排表

细粉含量/% \ 测定顺次	30	33	36	39	42	45	48
第 1 次							
第 2 次							
第 3 次							
堆积密度平均值 r_0							
单位质量的体积 $\frac{1}{r_0}$							

混合物堆积密度的测定方法与前述测定粗粒堆积密度的方法相同。

本实验工作量较大,一个实验小组难以完成全部测定结果,因此须各组协同配合共同完成所需数据,最后归纳在一起作为集体的成果。

从曲线上可以找出相应于混合物堆积密度大时的细粉含量，依此可求算 K 值。

由 $$N=\frac{a}{1+a}K \quad 得\ K=N\frac{1+a}{a} \tag{8-7}$$

K 值的物理意义:为使混合料的堆积密度最大而需要将细粉含量理论值放大的倍数。

计算举例:已知 $a=0.45, N=0.40$

得 $$K=0.4\times\frac{1.45}{0.45}=1.29\sim1.30$$

根据测定所得数据绘制曲线如图 8-1 所示。

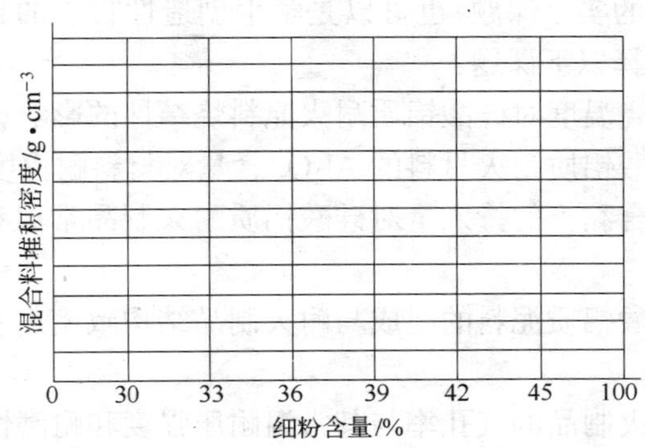

图 8-1 根据测定所得数据绘制成曲线

8.5 综合性实验提纲

8.5.1 目的

(1) 掌握测定耐火材料的一些主要性质的标准试验方法,能达到独立进行操作;

(2) 学习分析影响耐火材料性质的因素的方法,掌握控制耐火材料质量的途径。

综合性实验是根据选题的需要,将各个孤立的实验,通过课题内容的需求，有机地贯穿起来成为一体，由教师指定一种材料为对象，让学生自己设计材料的成分与性质，制定制备(实验)工艺制度(技术路线)，自己动手制备材料，确定要测定的性能和性能测试方法。

8.5.2 建议的综合性实验项目

综合性实验课题的内容以材料制备为主，实验课题以加深学生对专业知识的理解和掌握，培养学生科研能力为主要原则来确定，在此原则基础上考虑课题的灵活性，使课题多样化，它可以是教师命的题，教学方面有关理论探讨的课题，教师的科研课题，生产中待解决的实际课题，也可以是学生创造性自选的感兴趣的课题。建议选择以下课题：

(1) 煅烧温度对硅酸铝质耐火原料烧结性的影响；

(2) 硅酸铝质耐火材料的 Al_2O_3 含量对材料耐火度的影响；

(3) 结合黏土的掺入量对硅酸铝质耐火制品常温和高温强度的影响；

(4) 硅酸铝质泥料的组成与耐火制品结构致密度和均匀性的关系；

(5) 耐火制品的气孔率与其常温耐压强度和耐磨性的关系；

(6) 耐火制品的气孔率与抗热震性的关系；

(7) 耐火制品的气孔率与熔渣浸透深度的关系；

(8) 泥料的混练方式和制度对坯体密度和强度的影响；

(9) 半干成型时，成型制度对耐火制品结构和强度的影响；

(10) 浇注料振动成型制度与合理组成关系的确定；

(11) 轻质耐火制品的体积密度与其强度和导热性的关系；

(12) 各种硅质原料晶型转化点与合理烧成制度的确定；

(13) 各种 Al_2O_3/SiO_2 比的高铝矾土二次莫来石化的分析；

(14) CaO/SiO_2 比对镁质烧结制品矿物组成的影响；

(15) 碳对镁质耐火制品抗渣性的影响；

(16) 气氛对镁铬质烧结制品体积稳定性的影响；

(17) 加水量对高铝水泥耐火浇注料强度的影响。

8.5.3 实验的方法及程序

(1)《耐火材料工艺学》授课一个月后,由专业教研室公布本学期可能进行综合实验项目及指导教师名单。

(2) 参加实验的学生,根据自愿结合与组织分配相结合的原则组成5人左右的综合实验专题组,并选定一项综合实验项目。

(3) 在教师指导下制订综合实验的方案及工作计划,并报告专业教研室和实验室,经统一安排后,付诸实施。

(4) 参加实验的学生,按确定方案及工作计划,在指导教师指导及实验室工作人员配合下,独立进行实验操作工作,若实验工作有必要变动,须经指导教师或再经实验室同意后再进行安排。

(5) 实验过程中,对各种现象应注意观察,对实验数据应详细记录。如果认为某些数据不准,可补做若干实验或采用平行验证实验,对比后决定数据取舍。

(6) 实验结束后,应写出阐述清楚、数据可信、论据充分、分析深入的综合实验报告。

8.5.4 实验时间安排

各项综合实验皆安排在第七学期中期到第八学期中期的时间内进行。每项综合实验总学时以两周计。

8.5.5 考核

本综合实验为必修,每人必须完成。成绩分优、良、中、及格和不及格五等,由指导教师依学生在制订方案、实验操作、实验现象和数据的观察与记录以实验报告等所表现出的工作态度,独立工作能力和水平进行评定,评定的方式以平时考核和实验完成后的集中考核相结合的方法进行,必要时可以答辩。

附　录

一、常用计量单位换算表

国际单位制(SI)见附表1。

附表1　常用计量单位换算表

量值名称	国际单位		非法定计量单位		换算值
	名称	符号	名称	符号	
力、负荷、重量	牛顿 牛顿 牛顿	N N N	千克(力) 吨(力) 克(力)	kgf Tf gf	1 kgf = 9.80665 N 1 Tf = 9.80665×10^{3} N 1 gf = 9.80665×10^{-3} N
线负荷 面负荷	牛/米 牛/米^2	N/m N/m^2	千克(力)/米 千克(力)/米^2	kgf/m kgf/m^2	1 kgf/m = 9.80665 N/m 1 kgf/m^2 = 9.80665 N/m^2
压力(压强)、应力	帕 帕 帕	Pa Pa Pa	千克(力)/厘米^2 毫米水柱 毫米汞柱	kgf/cm^2 mmH_2O柱 mmHg柱	1 kgf/cm^2 = 9.80665×10^{4} Pa ≈0.1 MPa 1 mmH_2O柱 = 9.80665 Pa 1 mmHg柱 = 133.3 Pa
机械应力弹性模数、切变模量	帕 帕	Pa Pa	千克(力)/毫米^2 千克(力)/厘米^2	kgf/mm^2 kgf/cm^2	1 kgf/mm^2 = 9.80665×10^{6} Pa ≈10 MPa 1 kgf/cm^2 = 9.80665×10^{4} Pa ≈0.1 MPa
力矩、力偶	牛·米	N·m	千克(力)·米	kgf·m	1 kgf·m = 9.80665 N·m
功、能	焦耳	J	千克(力)·米	kgf·m	1 kgf·m = 9.80665 J
热量	焦耳 焦耳	J J	卡 千卡	cal kcal	1 cal = 4.1868 J 1 kcal = 4.1868 kJ
功率	瓦特 瓦特 瓦特 瓦特	W W W W	千克(力)·米/秒 马力 卡/秒 千卡/小时	kgf·m/s HP cal/s kcal/h	1 kgf·m/s = 9.80665 W 1 HP = 735.5 W 1 cal/s = 4.1868 W 1 kcal/h≈1.163 W
比热容	焦耳/千克·开	J/kg·K	千卡/千克·℃	kcal/kg·℃	1 kcal/kg·℃ = 4.1868 kJ/kg·K

续附表1

量值名称	国际单位		非法定计量单位		换算值
	名称	符号	名称	符号	
热导率	瓦/米·开 瓦/米·开	W/(m·K) W/(m·K)	卡/厘米·秒·℃ 千卡/米·小时·℃	cal/(cm·s·℃) kcal/(m·h·℃)	1 cal/(cm·s·℃) = 418.68 W/(m·K) 1 kcal/(m·h·℃) = 1.163 W/(m·K)
传热系数	瓦/米^2·开 瓦/米^2·开	W/(m^2·K) W/(m^2·K)	卡/厘米^2·秒·℃ 千卡/米^2·小时·℃	cal/(cm^2·s·℃) kcal/(m^2·h·℃)	1 cal/(m^2·s·℃) = 41.868 kW/(m^2·K) 1 kcal/(m^2·h·℃) = 1.163 W/(m^2·K)

二、各晶系中的常见主要单形

各晶系中的常见主要单形见附表2。

附表2　各晶系中的常见主要单形

晶族	单形名称	单形形状	晶面数目	单形特点
低级晶族	单面		1	由一个晶面组成
	平行双面		2	两个晶面互相平行
	双面		3	两个晶面相交
	斜方柱		4	四个晶面相交之棱互相平行，横断面为菱形
	斜方单锥		4	由四个不等边三角形晶面组成，四个晶面相交于一点，横断面为菱形
	斜方双锥		8	由八个不等边三角形晶面组成，上、下部各四个晶面相交横断面为菱形

续附表 2

晶 族	单形名称	单形形状	晶面数目	单形特点
中级晶族	三方柱		3	三个晶面相交之棱互相平行,横断面呈正三角形
	六方柱	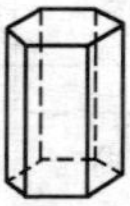	6	六个晶面相交之棱互相平行,横断面呈正六边形
	三方单锥	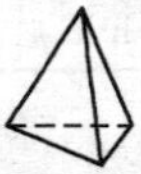	3	由三个等腰三角形晶面组成,三个晶面相交横断面呈正三角形
	六方双锥		12	由十二个等腰三角形晶面组成,上、下各六个晶面相交横断面呈正六边形
	菱面体	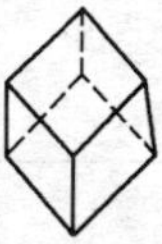	6	由六个菱形晶面组成,晶面呈上下对称交错排列
	复三方偏三角面体		12	可看作由菱面体一个晶面分成两个晶面而成,面呈上下对称交错排列
	四方柱	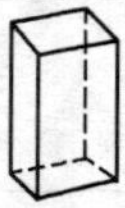	4	四个晶面相交之棱互相平行,横断面为正方形
	四方双锥		8	由八个等腰三角形晶面组成,上下部各四个晶面相交横断面为正方形
	四方四面体		4	由四个等腰三角形组成,上部晶面与下部晶面呈对称交错排列,横断面为正四边形

续附表 2

晶族	单形名称	单形形状	晶面数目	单形特点
高级晶族	四面体		4	由四个等边三角形组成，上部晶面与下部晶面呈对称交错排列，横切面为正四边形
	立方体	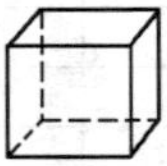	6	由六个正方形晶面组成，晶面两两平行，相邻晶面互相垂直
	八面体	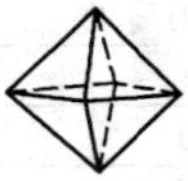	8	由八个等边三角形组成，上、下晶面对称
	菱形十二面体		12	由十二个菱形晶面组成
	五角十二面体	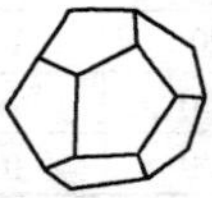	12	由十二个五角形晶面组成，每一五角形晶面上有四个边等长而且较短，另一边则较长

三、光片常用腐蚀试剂

常用化学腐蚀试剂见附表 3，陶瓷及耐火材料光片用化学腐蚀试剂见附表 4，硅酸盐水泥熟料的腐蚀剂和腐蚀条件见附表 5，钢渣的腐蚀剂和腐蚀条件见附表 6。

附表 3　常用化学腐蚀试剂

试　剂	浓　度	试　剂	浓　度
硝　酸	1∶1　HNO_3	氯化铵	浓 NH_4Cl
盐　酸	1∶1　HCl	氯化亚铁	20％FeCl 水溶液
硫　酸	1∶1　H_2SO_4	氢氧化钾	40％KOH 水溶液
王　水	3∶1　$HCl+HNO_3$	无水酒精	
氢氟酸	1∶1　HF	蒸馏水	

附表 4 陶瓷及耐火材料光片用化学腐蚀试剂

化学试剂	腐蚀条件			研究对象
	浓度	温度/℃	时间	
$HF+HCl+HNO_3+H_2O$	1:1.5:2.5:95			$3Al_2O_3·SiO_2$(莫来石)
HF+乳酸+HNO_3	1:5:5		重复浸泡	TiC(碳化钛)
$NaF+K_2CO_2$	3:6	600	10~60 min	SiC(碳化硅)
H_2SO_4		35	60 s	CaF_2(萤石)
		330	5~60 s	Al_2O_3(刚玉)
		200		$MgAl_2O_4$(尖晶石)
H_2PO_4		140	60 s	CaF_2(萤石)
		180~250		Al_2O_3(刚玉)
HF 水溶液	2%(体积分数)	20		Al_2O_3(刚玉)
		20	6~60 s	BaO(氧化钡)
HF		20	数秒	SiO_2(石英)
				ZrO_2(斜锆石)
		20	10 s~5 min	BeO(铍石)
$KHSO_4$			3~15 s	Cr_2O_3(氧化铬)
HNO_3	50%(体积分数)	20	1~5 s	MgO(方镁石)
KOH		650	8 min	TiO_2(金红石)
B_2O_3+PbO	1:10	650	10 min	Fe_2O_3(赤铁矿)

附表 5 硅酸盐水泥熟料的腐蚀试剂和腐蚀条件

	腐蚀试剂名称	腐蚀条件	显形的矿物特征
	不腐蚀	直接观察	方镁石:突起极高,周围有一黑边,呈粉红色 金属铁:反射率极强,呈亮白色
	蒸馏水	20℃,3 s	游离氧化钙:呈彩色 黑色中间相:呈蓝色,棕色
常用腐蚀试剂	1%氯化铵水溶液	20℃,8 s	阿利特:呈蓝色,少数呈深棕色 贝利特:呈浅棕色 游离氧化钙:呈彩色麻面 硫化钙:受轻微腐蚀 黑色中间相:受轻微腐蚀 白色中间相:不受腐蚀
	1%硝酸酒精水溶液	20℃,3 s	阿利特:深棕色 贝利特:黄褐色 游离氧化钙:受轻微腐蚀 黑色中间相:受轻微腐蚀
	1%硫酸镁水溶液	20℃,10 s 腐蚀后,用蒸馏水和酒精各洗 5 s	阿利特:呈天蓝色 贝利特及其他矿物不受腐蚀

续附表 5

	腐蚀剂名称	腐蚀条件	显形的矿物特征
特殊腐蚀剂	10%氢氧化锌水溶液	30℃,15 s	黑色中间相(含高铁玻璃):呈蓝色,棕色 白色中间相:不受腐蚀
	40%HF 蒸气熏	把光片置瓶口上熏 10～30 s,然后用吹风机吹 30 min,以免腐蚀镜头	贝利特:呈鲜艳的蓝色 阿利特:为稻黄色 游离氧化钙:不受腐蚀 此试剂能很好地把阿利特中的贝利特包裹体和由阿利特分解出来的二次贝利特鉴别出来
	1%硼砂酒精溶液(体积分数)	20℃,10 s	阿利特:呈黄色 游离氧化钙:呈彩色
	10 mL 当量浓度草酸加 90 mL 酒精	20℃,5～15 s	黑色中间相:呈红褐色 其他矿物不受腐蚀
	1∶4 份 10%磷酸氢二钠和 10%氢氧化钠混合液	50～55℃,60 s	白色中间相,高铁玻璃:呈蓝色,棕色 阿利特,f-CaO,黑色中间相:仅受一定腐蚀
	多硫化铵$(NH_4)_2SH_x$1∶10水溶液	20℃,15～30 s	阿利特,f-CaO,铁相:受腐蚀并染色 贝利特:受轻微腐蚀,染色弱
	1∶100 冰醋酸和乙醇溶液	20℃,2～5 s	阿利特:f-CaO:受腐蚀,显形明显 贝利特:受轻微腐蚀,显形不明显
	192.6 g 柠檬酸溶于 1 L 水,冷却过程中慢慢地加入 891 mL 33%二甲酸铵溶液,用水稀释至 3 L	20℃,5～10 s	阿利特,贝利特:显结构但不染色 黑色中间相,f-CaO:染色

附表 6　钢渣的腐蚀剂和腐蚀条件

编号	腐蚀剂	腐蚀条件	矿物显形和着色	备　注
1	不侵蚀		RO 相,铁酸盐,尖晶石	
2	蒸馏水	3～10 min	f-CaO 呈彩虹色,圆颗粒 C_3S 呈棕色或蓝色条状或板柱状 C_2S 呈淡棕色或黄色圆粒状,有时有平行条纹	可采用硅酸盐水泥熟料的腐蚀剂

续附表 6

编号	腐蚀剂	腐蚀条件	矿物显形和着色	备　注
3	5% NH_4Cl 水溶液	10～20 s	C_2S 呈彩色，圆粒状 C_3MS_2 呈浅棕色纺锤状 C_3MS_2 与 C_2S 固溶体呈棕色，有明显黑边，呈小棒槌状连在一起	根据腐蚀温度调节腐蚀时间
4	10% HCl 水溶液	6～7 s	C.RO.S 显形，其中 CMS 腐蚀较强烈，表明粗糙呈擦痕状，为黄褐色的柱状或菱形 $(Mg \cdot Fe'')_2SiO_2$ 也显形，基本上不染色	(1) 不同的橄榄石受腐蚀不一样 (2) C_3MS_2 被溶解
5	1% 硝酸酒精溶液	10～20 s	CMS 轮廓清楚 C_2S 呈黄褐色	
6	1:10 氢氟酸溶液	1 s	腐蚀玻璃相	
		3 s	腐蚀 RO 相，不腐蚀尖晶石	
		3～15 s	C_2S 呈彩虹色 C_3MS_2 呈棕色，显形清晰	

参考文献

1 王常珍主编. 冶金物理化学研究方法. 北京:冶金工业出版社,1992
2 刘冀琼,丁成勋译. 冶金实验研究方法. 北京:冶金工业出版社,1986
3 中国科学数学研究所. 常用数理统计方法. 北京:科学出版社,1973
4 刘朝荣. 工业技术应用数理统计方法. 武汉:湖北科学技术出版社,1985
5 陈伟庆. 钢铁冶金实验技术(讲义). 北京:北京科技大学,1990
6 刘元扬,刘德薄主编. 自动检测和过程控制. 北京:冶金工业出版社,1987
7 高里存. 硅酸盐材料实验技术(讲义). 西安:西安建筑科技大学,1992
8 吕崇德主编. 热工参数测量与处理. 北京:清华大学出版社,2001
9 周勇强等. 无机非金属材料专业实验. 哈尔滨:哈尔滨工业大学出版社,2002
10 施惠生主编. 无机非金属材料实验. 上海:同济大学出版社,1999
11 高里存主编. 无机非金属材料实验(讲义). 西安:西安建筑科技大学,1998
12 耐火材料标准汇编组. 耐火材料标准汇编(第2版). 北京:中国标准出版社,2005
13 高里存. 膨胀仪校正值的测定. 耐火材料,1989,23(2):51～55
14 高里存. 耐火制品物理性能的测试误差研究. 西安建筑科技大学学报,1995,27(1):102～105
15 高里存,毛向阳等. $ZrSiO_4$-ZrO_2 质中间包上水口的研究. 硅酸盐通报,2006,25(2):23～26
16 高里存,张永治等. 锆质定径水口热震稳定性的研究. 硅酸盐通报,2006,25(3):204～207
17 左演生,陈文哲,梁伟. 材料现代分析方法. 北京:北京工业大学出版社,2000
18 王培铭,许乾慰. 材料研究方法. 北京:科学出版社,2005
19 曲远方. 无机非金属材料专业实验. 天津:天津大学出版社,2003
20 周志朝等. 无机材料显微结构分析. 杭州:浙江大学出版社,1993
21 高振昕,平增福等. 耐火材料显微结构. 北京:冶金工业出版社,2002
22 杨南如. 无机非金属材料测试方法. 武汉:武汉理工大学出版社,2004
23 杨淑珍,周和平. 无机非金属材料测试实验. 武汉:武汉工业大学出版社,1990

24　张国栋. 材料研究与测试方法. 北京:冶金工业出版社,2002

25　刘粤惠,刘平安. X射线衍射分析原理与应用. 北京:化学工业出版社,2003

26　周玉,武高辉. 材料分析测试技术:材料X射线衍射与电子显微分析. 哈尔滨:哈尔滨工业大学出版社,1998

27　尹洪峰,任耘,罗发. 复合材料及其应用. 西安:陕西科学技术出版社,2003

28　任耘. 无机非金属材料光学显微分析实验指导书(讲义). 西安:西安建筑科技大学,1998

29　任耘. 窑具材料显微结构与热震稳定性相关性研究. 中国陶瓷. 2001,37(5):20～23

30　任耘. 国内外堇青石－莫来石窑具材料对比分析. 中国陶瓷. 2001,37(2):37～39

31　任耘. 堇青石－莫来石窑具材料显微结构研究. 耐火材料. 2001,35(3):141～143

32　任耘. 骨料对堇青石－莫来石窑具材料结构与性能的影响. 陶瓷科学与艺术. 2002,36(2):16～18

33　尹洪峰,任耘. 加热方式对C/SiC复合材料结构与性能的影响. 航空材料学报. 2002,22(3):41～44

冶金工业出版社部分图书推荐

书　　名	定价(元)
筑炉工程手册	168.00
工业窑炉用耐火材料手册	118.00
耐火材料显微结构	88.00
耐火材料厂工艺设计概论	35.00
微粉与新型耐火材料	21.00
耐火材料技术与应用	20.00
钢铁工业用节能降耗耐火材料	15.00
碱性不定形耐火材料	9.80
刚玉耐火材料(第2版)	59.00
高炉砌筑技术手册	66.00
炉窑衬砖尺寸设计与辐射形砌砖计算手册	79.00
短流程炼钢用耐火材料	49.50
耐火材料性能与评价	13.80
特种耐火材料(第3版)	29.00
非氧化物复合耐火材料	36.00
不定形耐火材料(第2版)	36.00
蓝晶石　红柱石　硅线石	32.00
Al_2O_3-SiO_2 系实用耐火材料	18.00
镁铬铝系耐火材料	9.80
MgO-C 质耐火材料	9.80
耐火材料工艺学(第2版)	18.60
钢包用耐火材料	19.00
特种耐火材料实用技术手册	70.00
钢铁用耐火材料	45.00
耐火材料与钢铁的反应及对钢质量的影响	22.00
化学热力学与耐火材料	66.00
炼焦煤性质与高炉焦炭质量	29.00
铝电解炭阳极生产与应用	58.00
耐火材料新工艺技术	69.00
ZrO_2 复合耐火材料(第2版)	26.00
铝用炭阳极技术	46.00
新型耐火材料	20.00